Elektrotechnik anschaulich und leicht verständlich

Markus Kemper · Kai-Uwe Zirk

Elektrotechnik anschaulich und leicht verständlich

Markus Kemper
Garrel, Deutschland

Kai-Uwe Zirk
Hamburg, Deutschland

ISBN 978-3-662-70405-9   ISBN 978-3-662-70406-6   (eBook)
https://doi.org/10.1007/978-3-662-70406-6

Die Deutsche Nationalbibliothek verzeichnet diese Publikation in der Deutschen Nationalbibliografie; detaillierte bibliografische Daten sind im Internet über https://portal.dnb.de abrufbar.

© Der/die Herausgeber bzw. der/die Autor(en), exklusiv lizenziert an Springer-Verlag GmbH, DE, ein Teil von Springer Nature 2025

Das Werk einschließlich aller seiner Teile ist urheberrechtlich geschützt. Jede Verwertung, die nicht ausdrücklich vom Urheberrechtsgesetz zugelassen ist, bedarf der vorherigen Zustimmung des Verlags. Das gilt insbesondere für Vervielfältigungen, Bearbeitungen, Übersetzungen, Mikroverfilmungen und die Einspeicherung und Verarbeitung in elektronischen Systemen.
Die Wiedergabe von allgemein beschreibenden Bezeichnungen, Marken, Unternehmensnamen etc. in diesem Werk bedeutet nicht, dass diese frei durch jede Person benutzt werden dürfen. Die Berechtigung zur Benutzung unterliegt, auch ohne gesonderten Hinweis hierzu, den Regeln des Markenrechts. Die Rechte des/der jeweiligen Zeicheninhaber*in sind zu beachten.
Der Verlag, die Autor*innen und die Herausgeber*innen gehen davon aus, dass die Angaben und Informationen in diesem Werk zum Zeitpunkt der Veröffentlichung vollständig und korrekt sind. Weder der Verlag noch die Autor*innen oder die Herausgeber*innen übernehmen, ausdrücklich oder implizit, Gewähr für den Inhalt des Werkes, etwaige Fehler oder Äußerungen. Der Verlag bleibt im Hinblick auf geografische Zuordnungen und Gebietsbezeichnungen in veröffentlichten Karten und Institutionsadressen neutral.

Planung/Lektorat: Volker Darr
Springer Gabler ist ein Imprint der eingetragenen Gesellschaft Springer-Verlag GmbH, DE und ist ein Teil von Springer Nature.
Die Anschrift der Gesellschaft ist: Heidelberger Platz 3, 14197 Berlin, Germany

Wenn Sie dieses Produkt entsorgen, geben Sie das Papier bitte zum Recycling.

Vorwort

Viele Menschen haben gewisse Berührungsängste zum scheinbar komplexen Fachgebiet Elektrotechnik. Vielleicht haben Sie auch schon einmal den Spruch *„Elektrotechnik ist nichts zum Anfassen – das sollen lieber andere machen ..."* gehört und ja, Strom ist wirklich nichts zum Anfassen, weil er ab einer gewissen Größe lebensgefährlich sein kann. Jedoch gehören Fachkenntnisse der Elektrotechnik heutzutage in unserer hoch automatisierten Welt immer mehr zum Repertoire einer jeden technisch tätigen Person.

Menschen lernen jedoch auf verschiedenste Weise: Der eine versteht beispielsweise alles auf Anhieb, ein anderer benötigt eine zusätzliche Erklärung aus einer alternativen Sicht. Dieses Buch ist daher anders, als die übliche Fachliteratur! Die Autoren möchten die Basis für das grundlegende Verständnis der Elektrotechnik legen. Der Fokus liegt dabei auf dem **Verständnis** der **grundliegenden Zusammenhänge** und nicht auf der stupiden Anwendung von Formeln, sodass in diesem Buch die Theorie der Elektrotechnik oft aus Sicht anderer – aus dem Alltag bekannter – physikalischer Systeme betrachtet werden soll. Frei nach dem Leitspruch

„Wenn du das eine verstehst, verstehst du auch das andere ..."

Daher werden häufig zu Beginn eines Abschnitts die Grundlagen anhand einführender Beispiele, mit entsprechend notwendiger **didaktischer Reduktion**, beschrieben. Ziel dieses Buches ist dann, nach einer verständlichen Einführung, die richtige wissenschaftliche Darstellung aufzuführen. Es richtet sich somit insbesondere an Studierende, Studieninteressierte oder technisch interessierte Personen, die sich einen Einblick in die Elektrotechnik verschaffen wollen.

Dennoch müssen die Autoren gewisse mathematische Grundkenntnisse voraussetzen, die Sie bereits in ihrer Schulzeit erworben haben sollten. Folgende Tabelle zeigt beispielsweise das **griechische Alphabet**.

groß	klein	Bezeichnung
A	α	Alpha
B	β	Beta
Γ	γ	Gamma
Δ	δ	Delta
E	ε	Epsilon
Z	ζ	Zeta
H	η	Eta
Θ	ϑ, θ	Theta
I	ι	Iota
K	κ	Kappa
Λ	λ	Lamda
M	μ	My
N	ν	Ny
Ξ	ξ	Xi
O	o	Omikron
Π	π	Pi
P	ρ	Rho
Σ	σ	Sigma
T	τ	Tau
Y	υ	Ypsilon
Φ	ϕ, φ	Phi
X	χ	Chi
Ψ	ψ	Psi
Ω	ω	Omega

Sie kennen in dieser Tabelle sicher einige griechische Buchstaben, wie das α, β oder γ, andere sind eventuell in Vergessenheit geraten, wieder andere sind sogar unbekannt. In den Lehrveranstaltungen an einer Hochschule verwenden Lehrende jedoch eine Vielzahl dieser Buchstaben, ihre Kenntnis wird vorausgesetzt.

Anhand dieser Darstellung soll verdeutlicht werden, dass Studierende oder Studieninteressierte technischer Fachrichtungen aus der Schulzeit vergessene oder unbekannte Grundlagen unbedingt auffrischen oder erarbeiten müssen.

Entsprechend wird an dieser Stelle darauf hingewiesen, dass auch die notwendigen mathematischen Grundlagen oft vorausgesetzt werden. Daher empfehlen die Autoren an dieser Stelle ausdrücklich das Lehrbuch „*Mindestanforderungen an die Mathematikkenntnisse für einen technischen Studiengang*" (ISBN 978-3-658-26882-4), es gibt einen guten Themenüberblick mit vielen anschaulichen Anwendungs- und Übungsaufgaben.

Oktober 2024

Prof. Dr.-Ing. Markus Kemper
Prof. Dr. Kai-Uwe Zirk

Inhaltsverzeichnis

1	**Einleitung**...	1
	1.1 Physikalische Größen.................................	4
2	**Gleichstromlehre**.....................................	11
	2.1 Ladungen, Strom und Stromdichte	11
	2.2 Das elektrische Potenzial und die elektrische Spannung..............	21
	2.3 Messgeräte für Strom und Spannung........................	28
	2.4 Der elektrische Widerstand	29
	2.5 Elektrische Leistung.................................	35
	2.6 Aufbau von Widerständen	37
	2.7 Spannungs- und Stromquellen.........................	38
	2.8 Kirchhoffsche Gesetze...............................	41
	2.9 Leistungsanpassung und Belastungskennlinie....................	50
	2.10 Lineare Netzwerke (Netzwerkanalyse)	56
3	**Elektrostatik**	79
	3.1 Das Coulombsche Gesetz	79
	3.2 Das elektrische Feld.................................	81
	3.3 Der elektrische Fluss im Vakuum	85
	3.4 Das Gaußsche Gesetz im Vakuum......................	87
	3.5 Das Gaußsche Gesetz mit Dielektrikum	91
	3.6 Kapazität einer Leiteranordnung	95
	3.7 Schaltungen mit Kondensatoren	98
4	**Magnetostatik**	111
	4.1 Das magnetische Feld	111
	4.2 Der magnetische Fluss im Vakuum	113
	4.3 Das Amperesche Gesetz im Vakuum....................	115
	4.4 Das Amperesche Gesetz mit Materie....................	118
	4.5 Induktivität einer Leiteranordnung	125

5 Elektrodynamik.. 135
    5.1   Elektromagnetische Induktion.............................. 135
    5.2   Selbstinduktivität... 138
    5.3   Schaltungen mit Spulen..................................... 141
    5.4   Lorentz-Kraft.. 143

6 Wechselstromlehre... 155
    6.1   Erzeugung von Wechselspannung............................. 157
    6.2   Darstellung harmonischer Wechselspannungen und -ströme..... 161
    6.3   Effektivwert von Wechselspannungen und -ströme.............. 161
    6.4   Elementarzweipole im Wechselstromkreis..................... 166
    6.5   Mathematische Exkursion.................................... 171
    6.6   Impedanzen (Wechselstromwiderstände)....................... 174
    6.7   Gemischte Schaltungen mit Impedanzen....................... 178
    6.8   Linien- und Zeigerdiagramm (graphische Lösung).............. 182
    6.9   Leistung in Wechselstromnetzwerken......................... 185
    6.10   Ortskurve der Impedanz..................................... 190

7 Weitere Strom- und Spannungsverläufe............................... 207
    7.1   Übersicht der Elementarzweipole............................ 209
    7.2   Periodische Spannungen..................................... 211

8 Kurzfragen... 223

Einleitung 1

In der Schule und in vielen Lehrbüchern heißt es etwa: *„Der elektrische Strom ist die gerichtete Bewegung von Ladungsträgern. Die Ladungsträger heißen z. B. Elektronen …"* Abb. 1.1, **links** zeigt einen elektrischen Leiter mit den sich bewegenden, **negativ** geladenen **Ladungsträgern**, den **Elektronen**.

Aber warum fließt dieser elektrische Strom eigentlich? Die typische, elektrotechnische Antwort ist: *„Voraussetzung ist ein elektrischer Leiter, eine Spannungsquelle und ein Verbraucher …"* (siehe Abb. 1.1, **rechts**). Die Frage nach dem „Warum …?" bleibt der interessierten Person jedoch offen.

Doch bevor die Frage beantwortet wird, sollen zunächst einige Grundlagen wiederholt werden, die jeder einmal irgendwann gehört hat.

Jegliche Materie besteht aus Atomen und ein **Atom** besteht aus **Neutronen**, **Protonen** und **Elektronen**. Die Neutronen (elektrisch neutral) sowie die Protonen, die die positiven Ladungsträger darstellen, befinden sich im **Atomkern**. Die negativen Ladungsträger sind die Elektronen und diese befinden sich auf den Atomschalen, sie werden auch **Elektronenschalen** genannt. Diese sind in verschiedenen Entfernungen zum Kern angeordnet. Die innersten Schalen haben niedrigere Energieniveaus und sind näher am Kern, während die äußeren Schalen höhere Energieniveaus haben und weiter vom Kern entfernt sind. Sie sind im Allgemeinen nicht mit Elektronen „gesättigt" (voll). Nach dem **Bohrschen Atommodell** können die Elektronenschalen auch vereinfacht als **Elektronenkreisbahnen** um den Kern betrachtet werden, siehe Abb. 1.2. Dies stellt insgesamt das einfachste Modell dar, was aber an dieser Stelle vollkommen ausreichend ist.

▶ Um eine Vorstellung von den **Entfernungen** zu bekommen, dient häufig das sogenannte **Apfel-Modell**, in dem der Atomkern einem Apfel und ein Elektron einem Sandkorn entspreche. Der Durchmesser eines Kupferatoms entspräche dann etwa $2\,km$ und die Entfernung zur innersten Schale etwa $300\,m$. Dadurch haben die

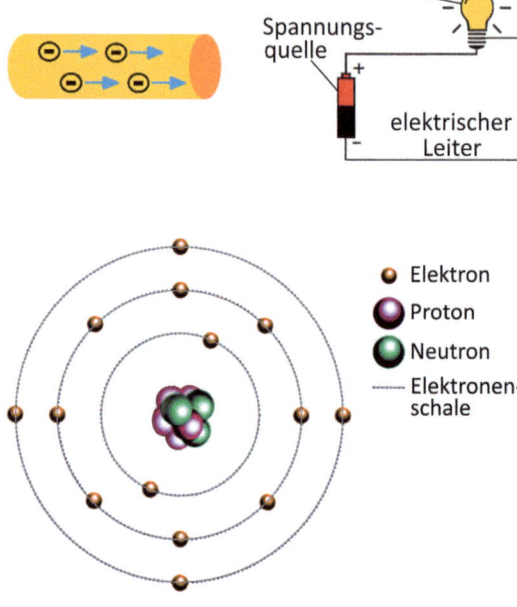

Abb. 1.1 Darstellung freier Ladungsträger (Stromfluss) in einem elektrischen Leiter (**links**) und eines geschlossenen Stromkreises (**rechts**)

Abb. 1.2 Darstellung der Elektronenbahnen nach dem Bohrschen Atommodell

Elektronen auf der äußeren Schale nur sehr kleine Bindungskräfte und können sich relativ leicht vom Atom entfernen. **Kupfer**-Atome haben auf der **äußersten** Schale nur **ein** Elektron, das auch **Valenzelektron** genannt wird. In **Metallen** wie Kupfer sind die Atomkerne in Form eines **Raumgitters** gleichmäßig strukturiert und **fest** an ihren Gitterplätzen gebunden. Da sie sehr dicht aneinander angeordnet sind (wie Äpfel in einer Kiste), kann ein Valenzelektron so nah an ein benachbartes Atom gelangen, dass die Entfernung zum Nachbar-Atomkern genauso groß ist, wie die zum eigenen Kern. In diesem Fall, kann sich das Elektron zwischen den einzelnen Atomkernen immer wieder kurzzeitig **frei** und ungerichtet **bewegen**. Elektrischer Strom entsteht dann durch die Bewegung der Valenzelektronen.

Freie Elektronen können regelmäßig von anderen Atomkernen im Gitter „**eingefangen**" werden. Zugleich entstehen jedoch an anderen Stellen im Leiter neue frei bewegliche Elektronen. Bei gleichbleibender Temperatur des Leiters ist der Mittelwert der frei beweglichen Elektronen im Material immer gleich. Für die sich im Material ausbildenden, freien Elektronen wird manchmal auch das Wort „**Elektronengas**" verwendet, um den Sachverhalt mit einem Wort zu umschreiben. In einem Leiter wie z. B. Kupfer entstehen somit positive Ionen (elektrisch geladenes Atom oder Molekül), wenn die Elektronen ihren Kern verlassen, siehe Abb. 1.3.

Das Metall zeigt nach außen dennoch keine elektrische Ladung, weil die positiven Atomrümpfe und die frei beweglichen Elektronen sich in ihrer Gesamtheit neutralisieren.

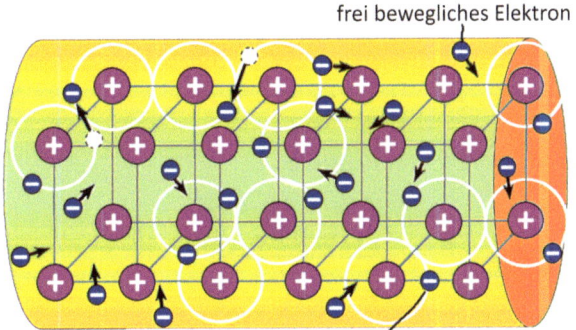

Abb. 1.3 Modelldarstellung von frei beweglichen Elektronen in der dichten Gitterbindung eines Metalls (z. B. Kupfer)

Obwohl rein theoretisch alle Metalle als **Leiter** infrage kommen, begrenzt sich der praktische Einsatz in der Elektrotechnik überwiegend auf die beiden Metalle **Kupfer** und **Aluminium**. Beide werden aufgrund ihrer guten Leitfähigkeiten bei Umgebungstemperaturen von 20 °C und den erschwinglichen Materialkosten als Leitermaterial eingesetzt.

▶ In der Elektrotechnik werden überwiegend Metalle als Leiter verwendet. In diesem Fall bewegen sich nur Elektronen (freie Ladungsträger). Die Metalle sind nach außen elektrisch ungeladen, weil sich die positiven Atomrümpfe und die Elektronen neutralisieren.

In allen technischen Systemen gibt es immer sogenannte **Flussgrößen** und **Differenzgrößen**, die mithilfe ähnlicher mathematischer Formeln beschrieben werden können. In der Elektrotechnik wird vom elektrischen **Strom** (Formelzeichen I) gesprochen, der in einem elektrischen Leiter (z. B. Kabel) **fließt**. Der Strom I ist daher eine Flussgröße, analog strömt in einem Fluss das Wasser.

Um nun verstehen zu können, wie der elektrische Strom eigentlich fließen kann, wird hier zunächst ein anderes technisches System betrachtet, welches intuitiver sein sollte – eine an einen Stausee angeschlossene Wasserleitung, siehe Abb. 1.4, hier fließt Wasser.

Allen ist klar, warum die Wasserleitung ein offenes und durchlässiges Rohr sein muss. *Doch warum müssen im elektrischen Leiter freie Elektronen vorhanden sein?*

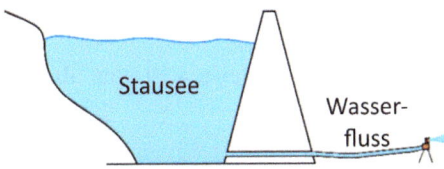

Abb. 1.4 Querschnittdarstellung des Wasserflusses am Beispiel eines Stausees

Tab. 1.1 Vergleich – Wasserleitung und elektrischer Leiter

	Wasserleitung	Elektrischer Leiter
Leiter	Rohr: nicht verstopft, Rohr ist durchlässig	Kabel: leitfähiges Material mit freien Elektronen
Flussgröße	Wasserteilchen	Elektronen
Modell		
Quelle	Wasserquelle, z. B. Stausee	Spannungsquelle, z. B. Batterie
Verbraucher	z. B. Bewässerungsanlage	z. B. Lampe

Zur Verdeutlichung sind in Tab. 1.1 die Zusammenhänge der verschiedenen Systeme aufgeführt. Im elektrischen System bewegen sich **Elektronen**, im Wasser-System bewegen sich die **Wasserteilchen**. Dies wird beim direkten Vergleich deutlich. Sobald auf der Quellen-Seite **Wasserdruck** anliegt, werden an der Verbraucherseite **Wasserteilchen** aus der Wasserleitung **herausgedrückt**. Hierfür muss die Wasserleitung aber mit Wasser gefüllt sein, d. h. die neuen Wasserteilchen aus der Quelle drücken die vorhandenen Teilchen aus der Wasserleitung heraus. Analog hierzu „**schieben**" die Elektronen aus der **Spannungsquelle** die freien Elektronen im elektrischen Leiter heraus, die sich im gesamten Leiter befinden.

Bei einer verstopften Wasserleitung wäre die Bewegung der Wasserteilchen nicht möglich – in der Elektrotechnik wären keine freien Elektronen vorhanden, das Material wäre **nicht leitfähig** – es handelt sich dann um einen **Isolator**.

Anhand dieses einfachen Beispiels sollte deutlich werden, dass es zwischen den verschiedenen Systemen **Ähnlichkeiten** gibt, die mit den physikalischen Gesetzmäßigkeiten beschrieben werden können. Daher werden nun zunächst einige physikalische Grundlagen betrachtet.

▶ Die Elektrotechnik ist ein Teilgebiet der angewandten Physik. Sie behandelt die Wechselwirkungen zwischen ruhenden und bewegten Ladungen. Sie hat sich die Aufgabe gestellt, diese Wechselwirkungen zu beobachten, zu analysieren und die herrschenden Gesetzmäßigkeiten zu beschreiben.

1.1 Physikalische Größen

Das „Grundgesetz der Mechanik" nach Newton ist eine **abgeleitete** Größe, für die Beträge gilt

$$F = m \cdot a$$

1.1 Physikalische Größen

oder auf **Basisgrößen** der Mechanik zurückgeführt

$$F = m \cdot \ddot{x} = m \cdot \frac{d^2 x}{dt^2}$$

Wiederholung aus der Schulzeit.

Die erste Ableitung einer Funktion $y = f(x)$ wird mit $y' = f'(x) = \frac{dy}{dx}$ abgekürzt, dies ist die sogenannte Lagrange-Notation. Zeitliche Ableitungen $\frac{dy}{dt}$ von $y = f(t)$ werden in technischen Fragestellungen oft in der sogenannten Newtonschen Schreibweise mit einem oder mehreren Punkten dargestellt: $\frac{dy}{dt} = \dot{f}(t)$, $\frac{d^2 y}{dt^2} = \ddot{f}(t)$.

▶ Basisgrößen sind voneinander unabhängig. Alle anderen Größen werden durch Basisgrößen ausgedrückt.

Analog werden alle Formeln in der Elektrotechnik hergeleitet. Die in der Elektrotechnik verwendeten **Basisgrößen** sind
Länge, Zeit, Masse und Stromstärke.
Zu jeder Basisgröße gehört eine **Basiseinheit**. Dies sind in der Elektrotechnik
m (Meter), *kg* (Kilogramm), *s* (Sekunde) und *A* (Ampère).
Dieses System von Basiseinheiten wird häufig auch als MKSA-System (**M**eter-**K**ilogramm-**S**ekunde-**A**mpère-System, ein Teilsystem des SI-Systems) bezeichnet.

▶ Die SI-Einheiten stehen kurz für das internationale Einheitensystem „Système International d'unités". Hinweis zur Vertiefung: Seit 2019 werden die Basiseinheiten über Naturkonstanten definiert.

Aus den Basiseinheiten lassen sich weitere Einheiten ableiten. Dabei wird darauf geachtet, dass das Einheitensystem kohärent bleibt. Das heißt, dass abgeleitete Einheiten nur durch Produktbildung aus Basiseinheiten entstehen, ohne dass von eins verschiedene Zahlenwerte als Faktoren vorkommen.

Das SI-System enthält drei weitere Basisgrößen: Die thermodynamische Temperatur T in Kelvin, die Lichtstärke I_v in Candela und die Stoffmenge n in Mol, siehe Tab. 1.2.

▶ Es gilt in der Elektrotechnik die Vereinbarung, dass zeitlich konstante elektrische Größen in der Regel mit großen Formelzeichen dargestellt werden; zeitlich veränderliche Größen erhalten kleine Formelzeichen, siehe Abb. 1.5.

Um sich zudem Schreibarbeit bei sehr großen oder sehr kleinen Zahlen zu ersparen, werden in der Elektrotechnik Zahlenwerte oft mit **Vorsatzzeichen** bzw. **Präfixen** angegeben. Einige wichtige Vorsätze sind in Tab. 1.3 aufgeführt.

Bei jeder physikalischen Größengleichung müssen u. a. auch Einheiten multipliziert werden. Bei reinen SI-Einheiten ist der Vorteil, dass sich als Ergebnis wieder eine SI-Einheit der entsprechenden physikalischen Größe ergibt. Eine Einheitenverknüpfung

Tab. 1.2 Übersicht des SI-Systems

Basisgröße	Formelzeichen	Basiseinheit	Kurzzeichen
Länge	l	Meter	m
Masse	m	Kilogramm	kg
Zeit	t	Sekunde	s
el. Stromstärke	I	Ampére	A
absol. Temperatur	T	Kelvin	K
Lichtstärke	I_v	Candela	cd
Stoffmenge	n	Mol	mol

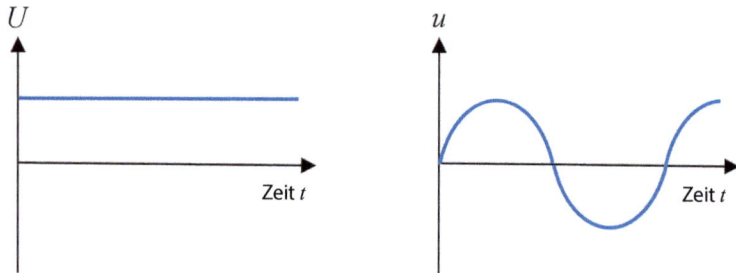

Abb. 1.5 Zeitlich konstante Spannung mit dem Großbuchstabe U (**links**) und zeitlich veränderliche Spannung mit dem Kleinbuchstaben u (**rechts**)

Tab. 1.3 Häufig in der Elektrotechnik vorkommende Vorsatzzeichen bzw. Präfixe

Benennung	Vorsatz	Faktor
Femto	f	10^{-15}
Piko	p	10^{-12}
Nano	n	10^{-9}
Mikro	μ	10^{-6}
Milli	m	10^{-3}
Centi	c	10^{-2}
Kilo	k	10^{3}
Mega	M	10^{6}
Giga	G	10^{9}

ist in diesen Fall nicht unbedingt notwendig, aber sehr ratsam. Bei falscher Formelumstellung oder bei Vergessen eines Multiplikators bzw. Faktors ergibt sich über die Einheitenkontrolle das Auffinden eines Fehlers.

1.1 Physikalische Größen

Beispiel 1.1

Berechnung einer Länge l in der Einheit Meter m.

$$l = \frac{5 \, \mu m \cdot 7 \, cm \cdot (9 \, mm)^2}{30 \, mm \cdot 10 \, cm^2}$$

Einheiten mit Vorsatzzeichen herausstellen

$$l = \frac{5 \, \mu \cdot 7 \, cm \cdot 9^2 \, (mm)^2}{30 \, mm \cdot 10 \, (cm)^2}$$

Vorsatzzeichen ersetzen

$$l = \frac{5 \cdot 10^{-6} \, m \cdot 7 \cdot 10^{-2} \, m \cdot 9^2 \cdot (10^{-3} \, m)^2}{30 \cdot 10^{-3} \, m \cdot 10 \cdot (10^{-2} \, m)^2}$$

umformen

$$l = \frac{5 \cdot 10^{-6} \, m \cdot 7 \cdot 10^{-2} \, m \cdot 9^2 \cdot 10^{-6} \, m^2}{30 \cdot 10^{-3} \, m \cdot 10 \cdot 10^{-4} \, m^2}$$

evtl. zusammenfassen und kürzen

$$l = \frac{5 \cdot 7 \cdot 9^2 \cdot 10^{-14} \, m^4}{30 \cdot 10 \cdot 10^{-7} \, m^3} = \frac{2.835}{300} \cdot 10^{-7} \, m = 9{,}45 \cdot 10^{-7} \, m$$

$l = 0{,}945 \cdot 10^{-6} \, m$ $\quad$ $(0{,}945 \, \mu m)$ vgl. Tab. 1.3

Aus diesem Beispiel ergibt sich folgende schematisierte Reihenfolge, die schließlich zum Ergebnis führen sollte:

- Einheiten herausstellen und durch SI-Einheit bzw. Basiseinheit ersetzen,
- Vorsatzzeichen durch Zehnerpotenzen ersetzen,
- evtl. zusammenfassen und kürzen,
- Zahlenwert berechnen,
- Zahlenwert evtl. mit dekadischen Vielfachen umformen,
- die sich ergebende Einheit mit der zu erwartenden Einheit vergleichen.

In Tab. 1.4 sind, auf Basis der in Tab. 1.2 aufgeführten Größen, gebräuchliche (abgeleitete) Einheiten und die entsprechenden Umrechnungen in SI- bzw. Basiseinheiten mit Formelzeichen aufgeführt. ◄

Tab. 1.4 Abgeleitete Größen mit den üblichen Formelzeichen

(Abgeleitete) Größe	Formelzeichen	Bez. der Einheit	Kurzzeichen	Zusammenhang mit Basiseinheiten
Kraft	F	Newton	N	$1\,N = 1\,kg\frac{m}{s^2}$
Arbeit, Energie	W	Joule	J	$1\,Nm = 1\,kg\frac{m^2}{s^2} = 1\,Ws$
Leistung	P	Watt	W	$1\,W = 1\,kg\frac{m^2}{s^3} = 1\,\frac{Nm}{s} = 1\,VA$
Ladung	Q	Coulomb	C	$1\,C = 1\,As$
Spannung	U	Volt	V	$1\,V = 1\,kg\frac{m^2}{As^3}$
Widerstand	R	Ohm	Ω	$1\,\Omega = 1\,kg\frac{m^2}{A^2s^3} = 1\,\frac{V}{A}$
Leitwert	G	Siemens	S	$1\,S = 1\,\frac{A^2s^3}{kgm^2}$
Kapazität	C	Farad	F	$1\,F = 1\,\frac{A^2s^4}{kgm^2} = 1\,\frac{C}{V}$
Induktivität	L	Henry	H	$1\,H = 1\,\frac{kgm^2}{A^3s^2} = 1\,\frac{Vs}{A}$
Elektr. Fluss	ψ	Coulomb	C	$1\,C = 1\,As$
Magn. Fluss	Φ	Weber	Wb	$1\,Wb = 1\,kg\frac{m^2}{As^2} = 1\,Vs$
Magn. Flussdichte	B	Tesla	T	$1\,T = 1\,\frac{kg}{As^2} = 1\,\frac{Vs}{m^2} = 1\,\frac{Wb}{m^2}$

Beispiel 1.2

Stromstärke in der Einheit Ampère A.

$$I = \frac{4\,W}{0{,}2\,kV}$$

$$1\,W = 1\,VA$$

$$I = \frac{4\,VA}{0{,}2\,kV} = \frac{4\,VA}{0{,}2 \cdot 10^3\,V} = \frac{4\,VA}{2 \cdot 10^{-1} \cdot 10^3\,V} = \frac{4\,VA}{2 \cdot 10^2\,V}$$

$$I = 2 \cdot 10^{-2}\,A = 20 \cdot 10^{-3}\,A \quad (20\,mA) \blacktriangleleft$$

Beispiel 1.3

Widerstand in der Einheit Ω.

$$R = \frac{(0{,}2\,kV)^2}{8\,mW}$$

$$1\,W = 1\,VA;\; 1\,\Omega = 1\,\frac{V}{A}$$

1.1 Physikalische Größen

$$R = \frac{(0{,}2 \cdot 10^3\ V)^2}{8 \cdot 10^{-3}\ VA} = \frac{0{,}04 \cdot 10^6\ V^2}{8 \cdot 10^{-3}\ VA} = \frac{4 \cdot 10^4\ V}{8 \cdot 10^{-3}\ A} = 0{,}5 \cdot 10^7\ \Omega$$

$$R = 5 \cdot 10^6\ \Omega \quad (5\ \text{M}\Omega) \blacktriangleleft$$

Beispiel 1.4

Spannung in der Einheit V.

$$U = \sqrt{4\ MW \cdot 10\ m\Omega}$$

$$1\ W = 1\ VA;\ 1\ \Omega = 1\ \frac{V}{A}$$

$$U = \sqrt{4 \cdot 10^6\ VA \cdot 10 \cdot 10^{-3}\ \frac{V}{A}} = \sqrt{4 \cdot 10^6\ V \cdot 10^{-2}\ V} = \sqrt{4 \cdot 10^4\ V^2}$$

$$U = 2 \cdot 10^2\ V = 200\ V \blacktriangleleft$$

Übungsaufgaben zu Kapitel 1

1.1. Geben Sie den elektrische Strom I in Milliampere an.

$$I = 0{,}1\ A + 0{,}2\ mA + 50\ mA + 30\ \mu A$$

1.2. Geben Sie die elektrische Spannung U in Volt an.

$$U = 0{,}03\ kV + 20{,}5 \cdot 10^{-3}\ V + 0{,}000.044\ MV + 25.000\ \mu V$$

1.3. Berechnen Sie den Widerstand $R\ (= U/I)$ in Ohm (V/A).

$$R = \frac{20\ kV}{10\ mA}$$

1.4. Berechnen Sie den Strom $I\ (= (P/R)^{1/2})$ in Ampere.

$$I = \sqrt{\frac{300\ \mu W}{60\ m\Omega}}$$

Lösungen zu den Aufgaben aus Kapitel 1

1.1) $\quad I = 100\ mA + 0{,}2\ mA + 50\ mA + 0{,}03\ mA = 150{,}23\ mA$

1.2) $\quad U = 0{,}03 \cdot 10^3\ V + 20{,}5 \cdot 10^{-3}\ V +$
$\qquad\qquad + 0{,}000.044 \cdot 10^6\ V + 25.000 \cdot 10^{-6}\ V$
$\quad U = 30\ V + 0{,}0205\ V + 44\ V + 0{,}025\ V = 74{,}0455\ V$

1.3) $$R = \frac{20 \cdot 10^3 \, V}{10 \cdot 10^{-3} \, A} = 2 \cdot 10^6 \, \Omega = 2 \, M\Omega = 2.000.000 \, \Omega$$

1.4) $$I = \sqrt{\frac{300 \cdot 10^{-6} \, VA}{60 \cdot 10^{-3} \, \frac{V}{A}}} = \sqrt{5 \cdot 10^{-3} \, A^2} = 0{,}0707 \, A = 70{,}7 \, mA$$

Gleichstromlehre 2

2.1 Ladungen, Strom und Stromdichte

Wenn sich freie Ladungsträger bewegen, wird von einem elektrischen Strom gesprochen, vgl. Kap. 1. Dabei kann es sich um die Bewegung von positiv (Proton) oder negativ geladenen Teilchen (Elektron) oder beides handeln. Die **bewegten Ladungen** sind immer ein **Vielfaches der Elementarladung,** was der kleinsten Einheit entspricht. Das Elektron ist per Definition negativ geladen und entspricht einer solchen Elementarladung. Die Elementarladung beträgt

$$e = -1{,}602 \cdot 10^{-19} As \tag{2.1}$$

Die Masse m_e eines Elektrons beträgt $9{,}1 \cdot 10^{-31}$ kg und die Einheit der Ladung ist As oder auch *Coulomb* (C).

Mit der elektrischen Ladung q wird der **Elektronenmangel** oder der **-überschuss** beschrieben. Die elektrische Ladung kann z. B. ganz einfach durch Reibung entstehen (Reibungselektrizität). Durch Reibung, wie z. B. zwischen Kleidungsstücken, entstandenen Ladungen sind zwar meist ungefährlich, sie führen jedoch zu **elektrostatischen Entladungen,** die elektronische Geräte und Bauteile beschädigen können. **Funkenentladungen** können leicht entzündliche Stoffe in der direkten Umgebung entflammen, was zum Beispiel an Tankstellen oder auch in der Gegenwart von Mehlstaub zu schweren Unfällen führen kann. In der Praxis wird dieser Effekt als ESD bezeichnet, es ist die Abkürzung für *„Electro Static Discharge"* und bedeutet „elektrostatische Entladung". ESD-Sicherheitsschuhe können bspw. unkontrollierte elektrostatische Entladungen verhindern.

Ein weiteres, bekanntes Beispiel einer Entladung ist der Wetter-Blitz. Bei ausreichend hoher Ladung und/oder geringem Abstand zwischen Wolke und Boden kommt es zur schlagartigen Entladung.

Aus dem Alltag kennen wir die elektrische „Aufladung" bspw.

- durch Reiben eines aufgeblasenen Luftballons über die Haare,
- durch Reibung zwischen Kleidung und textilbespannten Sitzen (zum Beispiel Autositz),
- zwischen Kunststofffolie und damit verpacktem Papier sowie
- beim Abziehen eines Klebstreifens von der Rolle zwischen Kleber und Band – es tendiert dazu wieder „anzukleben".

Dabei werden entweder Elektronen weggenommen oder Elektronen angehäuft, es entsteht ein Elektronenmangel (positive Ladung) oder ein Elektronenüberschuss (negative Ladung). Tab. 2.1 zeigt exemplarisch einige Materialien mit ihren „Aufladungseigenschaften".

Dieser physikalische Zusammenhang wird **Coulomb-Gesetz** genannt, nach dem französischen Physiker Charles Augustin Coulomb. Die **Anziehung** und **Abstoßung** von Ladungen sind Basis vieler elektrotechnischer Zusammenhänge. Ungleiche Ladungen erstreben also einen Ausgleich und durch dieses Ausgleichsbestreben resultiert der **elektrische Strom** – hierzu später mehr.

▶ Die wichtigste Eigenschaft elektrischer Ladung ist, dass sowohl gleichnamige als auch gegensätzliche Ladungen **Kräfte** aufeinander ausüben:

Tab. 2.1 Ausgewählte Materialen und ihre Eigenschaften im Hinblick auf Abgabe oder Aufnahme von Elektronen

Material	
Menschliche Hand (trocken)	gibt eher Elektronen ab, wird positiv ⇧
Leder	
Tierfell (Hase)	
Glas	
Nylon	
Wolle	
Blei	
Seide	
Aluminium	
Papier	
Baumwolle	
Eisen	
Holz	
Bernstein	
Hartgummi	
Kupfer	
Polyester	
Schaumstoff	nimmt eher Elektronen auf, wird negativ ⇩
PVC	
Silikon	

2.1 Ladungen, Strom und Stromdichte

Gleiche Ladungen stoßen sich ab,
Ungleiche Ladungen ziehen sich an.
Die auftretenden Kräfte werden Coulomb-Kräfte (vgl. Kap. 3) genannt.

Die Nettoladung q eines Körpers ist die Differenz zwischen der Anzahl an Protonen N_p und der Anzahl an Elektronen N_e, die in ihm enthalten sind, multipliziert mit der Stärke der jeweiligen Elementarladung e.

$$q = e \cdot (N_p - N_e) \quad [q] = As = C \tag{2.2}$$

Wie bereits erwähnt wird der elektrische Strom oder die **elektrische Stromstärke** kurz **Strom I** genannt. Damit ist die Übertragung elektrischer Energie gemeint. Der elektrische **Strom** ist die gezielte und gerichtete (geordnete) **Bewegung freier Ladungsträger**. Die Ladungsträger können Elektronen oder Ionen (elektrisch geladenes Atom oder Molekül) sein. Der elektrische Strom kann nur fließen, wenn zwischen zwei unterschiedlich elektrischen Ladungen genügend freie und bewegliche Ladungsträger vorhanden sind, zum Beispiel in einem leitfähigen Material (Metall, Flüssigkeit, etc.). In Metallen leiten nur die freien Elektronen und in einem Elektrolyten, wie z. B. Kochsalz (NaCl) in Wasser dissoziiert (getrennt), sowohl Na$^+$ als auch Cl$^-$.

Der Strom I wird in einem Leiter von einem Punkt 1 zu einem Punkt 2 positiv gerechnet, wenn positive Ladungsträger sich von 1 nach 2 **oder** negative Ladungsträger sich von 2 nach 1 bewegen, siehe Abb. 2.1.

Diese Definition legt die sogenannte **technische Stromrichtung** auch vor dem Hintergrund fest, dass historisch zuerst die die Bewegung von positiven Ladungsträgern in Elektrolyten beobachtet wurde. Wenn sich jedoch nur Elektronen bewegen, wie es häufig der Fall ist, bewegen sich diese **entgegen** der technischen Stromrichtung. Die sogenannte **physikalische Stromrichtung** ist überwiegend Grundlage des Physikunterrichts in der Schule.

▶ Die technische Stromrichtung wird auch als konventionelle Stromrichtung bezeichnet, basierend auf einer historischen Konvention. In der Praxis ist sie daher häufig diejenige, die in Schaltplänen, Diagrammen und technischen Spezifikationen verwendet wird. Es wird dabei angenommen, dass der elektrische Strom von einem

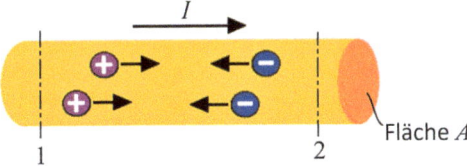

Abb. 2.1 Bewegung von positiven und negativen Ladungsträgern. Der Strom I gibt die technische Stromrichtung an, die mit der Bewegungsrichtung der positiven Ladungsträgern überein stimmt

Bereich mit einem höheren elektrischen Potenzial zu einem Bereich mit einem niedrigeren Potenzial fließt, vgl. Kap. 3. Dies entspricht der Bewegung von positiv geladenen Teilchen, obwohl es in den meisten Fällen tatsächlich die Elektronen sind, die sich bewegen.

Doch wie ist eigentlich die Stärke des Stromes zu verstehen?
Im Kontext zu Tab. 1.1 soll an dieser Stelle erneut das Wassermodell zur weiteren Klärung dienen. In Tab. 2.2 ist ein Stausee, mit vielen Wasserteilchen, sowie ein elektrischer Leiter dargestellt. Im elektrischen System bewegen sich Elektronen, im Wasser-System bewegen sich die Wasserteilchen. Die Wasserteilchen werden aufgrund der *Erdbeschleunigung* nach unten gezogen und die Anzahl der Teilchen entspricht dem **Volumen** des Stausees. Wird dem Stausee nun Wasser entnommen, so ist die „Stärke" des Wasserstroms vom Volumen abhängig. In der Fluiddynamik wird auch vom **Durchfluss** oder **Volumenstrom** (Formelzeichen $\dot{V}$) gesprochen. Es gilt dann

$$Volumenstrom = \frac{Volumen\text{\"a}nderung}{Zeitintervall}$$

Im elektrischen System entspricht somit die Nettoladung bzw. Ladung in etwa dem Volumen, sodass analog für den elektrischen Strom

$$elektrischer Strom = \frac{\text{\"A}nderung\ der\ Ladungsmenge}{Zeitintervall}$$

gilt.

Um die Bewegung (ohne Ursache) der Ladungen zu beschreiben wird nachfolgend die Größe **Strom** (= **Stromstärke**) definiert. Dabei muss die Ladungsmenge $\Delta q = N \cdot e$ (vgl. Gl. 2.2) bestimmt werden, die die Querschnittsfläche eines Leiters innerhalb eines bestimmten Zeitintervalls Δt durchdringen (siehe Tab. 2.2).

Tab. 2.2 Vergleich der physikalischen Modelle – Volumen und Nettoladung

	Wasserteilchen	Elektronen im el. Leiter
Modell	Stausee, $\downarrow g$	technische Stromrichtung
Zusammenhang	Wasserteilchen werden nach unten gezogen, Strömungsrichtung wird durch Erdanziehung festgelegt	Technische Stromrichtung wird entgegen der Bewegungsrichtung der Elektronen definiert, die von einer positiven Ladung angezogen werden
Anzahl der Teilchen/ Beeinflussung der „Stärke"	Volumen des Stausees	Nettoladung

2.1 Ladungen, Strom und Stromdichte

$$I = \lim_{\Delta t \to 0} \frac{\Delta q}{\Delta t} = \frac{dq}{dt} \quad [I] = \frac{C}{s} = \frac{As}{s} = A \qquad (2.3)$$

Je nach Anwendung können die typischen Stromstärken sehr unterschiedlich sein, z. B.:

Ströme in Elektronikschaltungen	ca. 1 μA bis 1 A
Heizlüfter 230 V / 2000 W	8,7 A
Anlasser im Verbrenner-PKW	ca. 100 A
Aluminium-Schmelzofen	ca. 10.000 A

Ist die Stromstärke I bekannt und soll die transportierte Ladungsmenge q innerhalb einer gewissen Zeit T ermittelt werden, ergibt sich:

$$I = \frac{dq}{dt} \to dq = I\,dt \to \int dq = \int I\,dt \to q = \int I\,dt$$

$$q = \int_0^T I\,dt \qquad (2.4)$$

Da die Ladungsmenge q in As gemessen wird, ist die Einheit des Stroms I das *Ampère* (A).

Beispiel 2.1

Ein Blitz mit konstanten 100.000 A entlädt sich innerhalb von 2 ms. Damit beträgt die Ladungsmenge

$$q = \int_0^T I\,dt = [I \cdot t]_0^T = I \cdot T = 100.000\,A \cdot 0{,}002\,s = 200\,As = 200\,C \quad \blacktriangleleft$$

Beispiel 2.2

Es liegt ein neuer Akkumulator (Akku) vor, der aufgeladen werden soll. Im mitgelieferten Datenblatt ist lediglich die Kennlinie des Ladungsverlaufs angegeben, mit dem der Akku geladen werden soll. Um den Akku optimal zu laden, soll die Stromstärke des Akkus zu Beginn (in den ersten 30 min) des Ladevorgangs bestimmt werden.

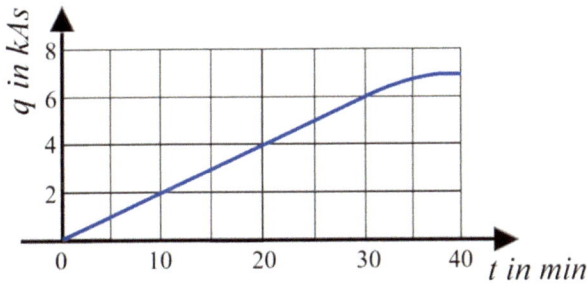

Es gilt für die Stromstärke die Gl. 2.3. Zwischen 0 *min* und 30 *min* liegt ein linearer Verlauf vor. Demnach ergibt sich für die gesuchte Stromstärke

$$I = \frac{\Delta q}{\Delta t} = \frac{6 \cdot 10^3 \, As - 0 \, As}{30 \, min \cdot \frac{60 \, s}{min} - 0 \, min \cdot \frac{60 \, s}{min}} = 3{,}3 \, A \blacktriangleleft$$

Beispiel 2.3

Die folgende Abbildung zeigt den zeitlich nicht konstanten Stromverlauf eines Gewitterblitzes mit $i_0 = 3 \cdot 10^4 \, A$ und $t_1 = 0{,}1 \, s$. Es soll die insgesamt zur Erde transportierte Ladungsmenge q mit $q_0 = q(t = 0) = 0$ berechnet werden.

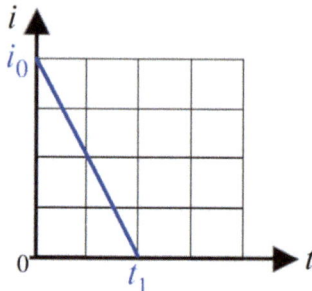

Es gilt für die Ladungsmenge die Gl. 2.4. Die Ladungsmenge entspricht demnach der Fläche unter der Geraden. Die Gleichung der Geraden lautet

$$i(t) = -\frac{i_0}{t_1} \cdot t + i_0$$

Somit kann das Integral (Ladungsmenge) berechnet werden

$$q = -i_0 \int_0^{t_1} \left(\frac{1}{t_1} \cdot t - 1 \right) dt = -i_0 \left[\frac{1}{2 \cdot t_1} \cdot t^2 - t \right]_0^{t_1} = -i_0 \left(\frac{t_1}{2} - t_1 \right)$$

$$q = \frac{1}{2} i_0 t_1 = \frac{1}{2} \cdot 3 \cdot 10^4 \, A \cdot 0{,}1 \, s = 1500 \, As = 1500 \, C$$

Die transportierte Ladungsmenge beträgt demnach 1500 C. Die Aufgabenstellung hätte auch einfacher über die Dreiecksfläche bestimmt werden können. Die allgemeine Lösung des Integrals $q = \frac{1}{2} i_0 t_1$ entspricht der Dreiecksflächenformel. ◀

Die Materialeigenschaften der durchdrungenen Stoffe sind sehr unterschiedlich, sie hängen von der Anzahl der freien Ladungsträger ab. Es gibt gute elektrische Leiter, weniger gute Leiter und Isolatoren, die praktisch gar nicht leiten.

Wenn zwischen der Ladungsquelle und der Ladungssenke ein Draht aus Kupfer (guter elektrischer Leiter) mit konstantem Querschnitt angebracht wird und sich darum herum ein schlechter Leiter (z. B. Luft) befindet, wird über der gesamten Länge des Leiters an

2.1 Ladungen, Strom und Stromdichte

jeder Stelle derselbe Gesamtstrom zwischen Quelle und Senke gemessen. Es werden keine Ladungsträger seitlich von außen in den Leiter eintreten oder austreten.

Die Anzahl N_e der beweglichen Elektronen in $1\,mm^3$ Kupfer beträgt $8{,}43 \cdot 10^{19}$. Sehr häufig wird auch von der **Ladungsträgerdichte n_e** gesprochen, also Anzahl pro Volumen $8{,}43 \cdot 10^{19}\, 1/mm^3$. Sie ist abhängig von der Anzahl der Elektronen der äußeren Schale des Atoms (Valenzelektronen). Die ionisierten Atomrümpfe ($N_p = 0$) des Kupfers können sich nicht bewegen, da sie fest in das Metallgitter eingebunden sind, vgl. Kap. 1. Der gesamte, im Leiter fließende Strom I ist dann.

$$I = \frac{dq}{dt} = \frac{d\left(e \cdot (N_p - N_e)\right)}{dt} = \frac{d\left(e \cdot (\overset{=0}{\cancel{N_p}} - n_e \cdot V)\right)}{dt} = \frac{d(-e \cdot n_e \cdot A \cdot x)}{dt}$$

wobei A die Querschnittfläche des Leiters ist und x der Weg, den die Elektronenwolke zurückgelegt hat.

Aus dieser Gleichung kann die **Bewegungsgeschwindigkeit v_e** (**Driftgeschwindigkeit** oder auch **mittlere Geschwindigkeit**) der einzelnen Elektronen bestimmt werden.

$$I = (-e \cdot n_e \cdot A) \cdot \frac{dx}{dt} = -e \cdot n_e \cdot A \cdot v_e$$

$$v_e = \frac{I}{-e \cdot n_e \cdot A} \tag{2.5}$$

Beispiel 2.4

Es wird angenommen, dass es sich um eine gleichförmige Strömung mit konstanter Stromstärke $1\,A$ handelt. Dieser Strom wird übrigens **Gleichstrom** (**engl. *Direct Current* (DC)**) genannt, der immer in **dieselbe** Richtung fließt. Der Querschnitt des Kupferleiters sei $1\,mm^2$.

Dann beträgt die Bewegungsgeschwindigkeit

$$v_e = \frac{I}{-e \cdot n_e \cdot A} = \frac{1\,A}{-1{,}602 \cdot 10^{-19}\,As \cdot 8{,}43 \cdot 10^{19}\,mm^3 \cdot 1\,mm^2}$$

$$v_e = -0{,}074\,\frac{mm}{s}$$

Die der technischen Stromrichtung entgegengesetzte Richtung der Elektronen wird durch das Minuszeichen ausgedrückt. Die Geschwindigkeit erscheint zunächst sehr klein (ähnlich der Fallgeschwindigkeit eines Staubpartikels in der Luft). Es ist jedoch nicht diese Geschwindigkeit von Interesse, sondern eher die Tatsache, dass – wie bei der Strömung einer Flüssigkeit durch ein Rohr konstanten Querschnitts (z. B. ein Gartenschlauch) – die Bewegungsgeschwindigkeit an jeder Stelle des Leiters zu jeder

Zeit gleich groß ist (Kontinuitätsgleichung). D. h. eine Stromquelle schiebt Elektronen nach, vgl. Tab. 2.2. ◀

Die Kontinuitätsgleichung kann anschaulich anhand eines Gartenschlauches mit verstellbarer Düse erklärt werden. Der Gartenschlauch hat eine Querschnittsfläche $A_{Schlauch}$, das Wasser fließt mit der Geschwindigkeit $w_{Schlauch}$. Das Produkt beider Größen ergibt den Volumenstrom, der von der Quelle (Wasserhahn) zur Verfügung gestellt wird.

▶ Die Kontinuität setzt voraus, dass derselbe Volumenstrom, der auf der einen Seite „hineingepumpt" wird, auf der anderen Seite wieder hinausfließt. Wird der Querschnitt an der Düse $A_{Düse}$ kleiner, muss entsprechend die Geschwindigkeit $w_{Düse}$ am kleineren Querschnitt größer werden. Es gilt

$$\dot{V} = const. = A_{Schlauch} \cdot w_{Schlauch} = A_{Düse} \cdot w_{Düse}$$

In der Elektrotechnik ist es ganz ähnlich, vgl. Tab. 2.3, statt der Wasserteilchen fließen jedoch Elektronen.

▶ Innerhalb eines Leiters driften die Elektronen mit der mittleren Geschwindigkeit v_e. Wenn einem elektrischen Strom I hintereinander angeordnete Leiterabschnitte mit unterschiedlichen Querschnitten angeboten werden, dann ist die Bewegungsgeschwindigkeit v_e der Elektronen (wie bei Flüssigkeiten in Rohrabschnitten mit unterschiedlichen Querschnitten) in den einzelnen Abschnitten unterschiedlich groß. Obwohl in den Leiterabschnitten derselbe Strom fließt, erwärmt sich

Tab. 2.3 Veränderungen der Querschnitte haben Veränderungen der Bewegungsgeschwindigkeiten zur Folge

	Wasserschlauch	Elektrischer Leiter
Modell		
Wirkungsweise	Wasserteilchen bewegen sich mit der Geschwindigkeit w	Elektronen bewegen sich mit der Geschwindigkeit v_e
Zusammenhang	$w = \frac{1}{A}\frac{\Delta V}{\Delta t} = \frac{\dot{V}}{A}$ Wird ein kleiner Wasserschlauch an eine Wasserquelle angeschlossen, ist die Strömungsgeschwindigkeit w groß	$v_e \sim \frac{1}{A}\frac{\Delta q}{\Delta t} = \frac{I}{A}$ Je kleiner der Leiterquerschnitt, desto größer ist die Driftgeschwindigkeit v_e

2.1 Ladungen, Strom und Stromdichte

der Bereich mit dem kleinsten Querschnitt am stärksten. Es stehen **weniger freie Ladungsträger** (Elektronen) für **denselben Strom** zur Verfügung. Die Elektronen müssen sich daher schneller bewegen. Eine schnelle Bewegung führt zu heftigeren Zusammenstößen und Reibung zwischen den Elektronen und Atomen (oder Kristallgitter). Die Zusammenstöße setzen Wärmeenergie frei und die Erwärmung des Leiters steigt. Dies bedeutet, dass sich der **dünne Leiter stärker erwärmt**.

Daher ist der Quotient aus Strom und Querschnittsfläche in der Elektrotechnik eine wichtige Größe. Diese Größe wird **Stromdichte** genannt und erhält oft das Formelzeichen S. Die in der Technik üblicherweise angegebene Einheit ist A/mm^2. Für konstanten Strom in einem Leiter eines bestimmten Querschnittes A gilt

$$S = \frac{I}{A} \quad [S] = \frac{A}{m^2} \tag{2.6}$$

sowie für einen über den Querschnitt nicht-konstanten Strom

$$S = \frac{dI}{dA} \tag{2.7}$$

Bei der praktischen **Auslegung** elektrischer Schaltungen ist zu beachten, dass zum einen die maximale Stromdichte (**Stromdichten in Kupfer** liegen im Bereich 3 bis 20 A/mm^2) berücksichtigt werden muss und zum anderen, dass keine unstetigen Querschnitts- oder Richtungsänderungen des Leiters „verbaut" werden, siehe Abb. 2.2.

Diese Ausführungen hätten zur Folge, dass die Stromdichte in den Ecken erheblich zunähme, da sich dort sehr viele, sich bewegende, Teilchen ansammeln würden. Eine zu große **Stromdichte** S führt zur Zerstörung des Metallgitters und damit zum „Durchbrennen" des Leiters.

Beispiel 2.5

Die Stromdichte einer 12-Volt-Kupferleitung im Auto wird im Allgemeinen auf 6 A/mm^2 ausgelegt, damit unter Dauerlast keine unzulässige Erhitzung vorkommt. Es soll der zulässige Leitungsquerschnitt für die Zuleitung einer Scheinwerferlampe ermittelt werden, wenn ein Strom von 3,75 A fließt. Die verfügbaren Querschnitte

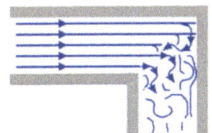 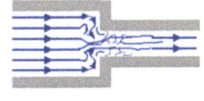

Abb. 2.2 Unstetige Richtungs- und Querschnittsänderungen eines elektrischen Leiters

A_{norm} sind genormt: $0{,}25\ mm^2 - 0{,}34\ mm^2 - 0{,}5\ mm^2 - 0{,}75\ mm^2 - 1\ mm^2 - 1{,}5\ mm - 2{,}5\ mm^2 - 4\ mm^2 - \ldots$

Mit der Gl. 2.6 ergibt sich eine Querschnittsfläche

$$A \geq \frac{I}{S} = \frac{3{,}75\,A}{6\,\frac{A}{mm^2}} = 0{,}625\ mm^2$$

Daraus ergibt sich eine Normquerschnittsfläche von $0{,}75\ mm^2$. ◀

Beispiel 2.6

Gegeben ist ein Draht mit rechteckigem Querschnitt der Höhe $1\ mm$ und der Breite $5\ mm$. Durch den Draht fließt ein zeitlich konstanter Strom mit der Stromdichte $200\ \frac{mA}{mm^2}$. Es sollen der Strom, die Ladungsmenge die jede Sekunde durch den Querschnitt fließt und die entsprechende Anzahl der Elektronen berechnet werden.

Mit der Gl. 2.6 ergibt sich der Strom

$$I = S \cdot A = S \cdot h \cdot b = 200 \cdot 10^{-3}\,\frac{A}{mm^2} \cdot 1\,mm \cdot 5\,mm = 1\,A$$

Damit kann mit Gl. 2.3 die Ladungsmenge

$$I = \frac{dq}{dt} \rightarrow q = \int_{0\,s}^{1\,s} I\,dt \rightarrow q = [I \cdot t]_{0\,s}^{1\,s} = 1\,A \cdot 1\,s = 1\,C$$

sowie mit Gl. 2.2 die Anzahl der Elektronen berechnet werden.

$$N_e = \frac{q}{e} = \frac{1\,As}{\left|-1{,}602 \cdot 10^{-19}\,As\right|} = 6{,}24 \cdot 10^{18}$$

◀

Beispiel 2.7

In einem Kupferdraht von $2{,}5\ mm^2$ Querschnitt fließt der Strom $12\,A$. Die Dichte der freien Elektronen beträgt $8{,}43 \cdot 10^{19}\ mm^{-3}$. Die mittlere Strömungsgeschwindigkeit (Driftgeschwindigkeit) der freien Elektronen im Leiter berechnet sich mit Gl. 2.5

$$v_e = \frac{I}{-e \cdot n_e \cdot A} = \frac{12\,A}{1{,}602 \cdot 10^{-19}\,As \cdot 8{,}43 \cdot 10^{19}\,\frac{1}{mm^3} \cdot 2{,}5\,mm^2} =$$

$$v_e = 0{,}355\ mm/s\ ◀$$

2.2 Das elektrische Potenzial und die elektrische Spannung

Der Begriff **Potenzial** stammt ursprünglich aus dem Gebiet der Mechanik, es heißt dort: Befindet sich eine Masse in einem Gravitationsfeld in einer bestimmten Höhe, kann damit die potenzielle Energie bestimmt werden. Oder nachfühlbar: Wenn einem Menschen ein Stein aus großer Höhe auf den Kopf fällt, ist der Schmerz größer, als wenn der Stein aus niedriger Höhe fällt (vgl. Abb. 2.3). Der Schmerz (die Kraft des Steines) fließt in den Körper. Beim elektrischen Potenzial ist es ganz ähnlich.

Bisher wurde davon ausgegangen, dass ein Strom fließt, ohne nach der Ursache für den Stromfluss zu fragen. Tatsächlich muss es für den Stromfluss eine **treibende Kraft** geben.

Neben den zuvor behandelten Flussgrößen gibt es auch Differenzgrößen, siehe Tab. 2.4. Flussgrößen sind Größen, die irgendwo hindurchfließen. Vielleicht ist aus der Schule noch bekannt, dass der elektrische Strom – die Stromstärke mit der Einheit *Ampére* [A] – immer direkt im Stromkreis gemessen wird. Der Strom fließt also durch das Messgerät. Die elektrische Stromstärke I ist demnach eine Flussgröße.

Die elektrische Spannung (Formelzeichen U) mit der Einheit *Volt* [V] ist die Potenzialdifferenz $\Delta \varphi$ und wird an **zwei** Punkten gemessen. Das Messgerät misst am oberen sowie unteren Punkt und bildet daraus die Differenz – dies ist dann die **elektrische Spannung** – sie ist eine **Differenzgröße**.

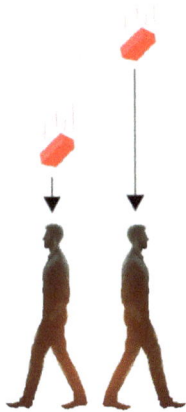

Abb. 2.3 Anschauliche Definition des (Schmerz-)Potenzials

Tab. 2.4 Gegenüberstellung der Fluss- und Differenzgrößen im Wasser- und elektrischen System

	Wassersystem	Elektrisches System
Flussgröße	Durchfluss bzw. Volumenstrom $\dot{V}$	Elektrischer Strom I
Messung der Flussgröße		
Differenzgröße	Druckdifferenz Δp	Potenzialdifferenz $\Delta \varphi$
Messung der Differenzgröße		

Anschaulich ist in Tab. 2.4 zu erkennen, dass der Durchfluss (oder auch: Volumenstrom) des Wassers eine **Flussgröße** ist, wohingegen sich aus dem Wasserdruck an der Wasseroberfläche (Druck 2, Formelzeichen p_2) und dem Wasserdruck in der Nähe des Bodens (Druck 1, Formelzeichen p_1) die **Differenzgröße** ergibt.

Der Wasserdruck drückt demnach Wasserteilchen aus der Wasserleitung – oder allgemein: „Neue" Teilchen aus einer Quelle schieben vorhandene Teilchen aus einer Leitung heraus. Die Wasserteilchen haben demnach an der Wasseroberfläche eines Stausees eine höhere potenzielle Energie (höheres Potenzial) als am Boden (niedrigeres Potenzial) im Schwerefeld der Erde. Die Wasserteilchen „verrichten somit Arbeit", wenn Sie von oben nach unten gelangen.

▶ Mechanische **Arbeit** W wird verrichtet, wenn z. B. ein Körper (oder ein Wasserteilchen) durch eine **Kraft** F entlang eines **Weges** s bewegt wird.

Es gilt für jedes Wasserteilchen mit der Masse m, welches die Höhe s des Stausees überwindet, wenn nur die Beträge betrachtet werden.

$$W_{mech} = F \cdot s = m \cdot g \cdot s \quad [W_{mech}] = Nm = J = Ws \tag{2.8}$$

Damit ist das **mechanische Potenzial** φ_m definiert, das ein Maß für die potenzielle Energie ist.

$$\varphi_{mech} = \frac{W_{mech}}{m} \tag{2.9}$$

2.2 Das elektrische Potenzial und die elektrische Spannung

Es sollte nachvollziehbar sein, dass das Wasser nur dann fließen kann, wenn ein Potenzialunterschied und damit auch ein Druckunterschied Δp vorhanden ist. Der Druck ist definiert als Kraft pro Fläche.

$$p = \frac{F}{A} \tag{2.12}$$

Um diese Zusammenhänge noch besser verstehen zu können, wird Abb. 2.4 betrachtet. Jede Taucherin und jeder Taucher weiß aus eigener Erfahrung, dass der Wasserdruck mit zunehmender Tiefe steigt, da die Wassermassen von oben auf den Körper „drücken", d. h. Druck 1 ist größer als Druck 2 bzw. $p_1 > p_2$. p_1 und p_2 haben unterschiedliche **Potenziale.**

Zudem wird aus Abb. 2.4. deutlich:

Die **Druckdifferenz** Δp ist die **Ursache** für den **Wasserdurchfluss/Volumenstrom** $\dot{V}$.

Beim Term $(p_1 - p_2) = \Delta p$ wird ebenfalls von einer **Potenzialdifferenz** gesprochen. Entsprechend erhöht sich der Druck auf den Ohren der Taucherin oder des Tauchers erst dann, wenn sie oder er in die Tiefe taucht – je größer der Potenzialunterschied, desto größer der Schmerz. Bewegen sie sich auf gleichem Potenzial, erhöht sich der Druck nicht. Dieser Effekt sollte aus dem Schwimmbad gut bekannt sein.

Aus diesem simplen Beispiel wird deutlich, dass es keinen Wasserfluss (Volumenstrom) geben kann, wenn keine Druckdifferenz Δp vorhanden ist, die Potenzialdifferenz ist also die **Ursache** für den Wasserfluss.

Wie bereits mehrfach erwähnt, verhalten sich elektrische Ladungen ähnlich wie Wasserteilchen. Demnach ist zu vermuten, dass elektrischer Strom wie das Wasser in der Leitung nur dann fließen kann, wenn eine Potenzialdifferenz vorhanden ist. Dies soll nun näher betrachtet werden.

Werden zwei ungleichnamige, dicht beieinanderliegende Ladungen um eine Entfernung s verschoben (siehe Abb. 2.5), muss entgegen der **Coulombschen Anziehungskraft** F_C (siehe Abschn. 3.1) eine Kraft aufgewendet werden.

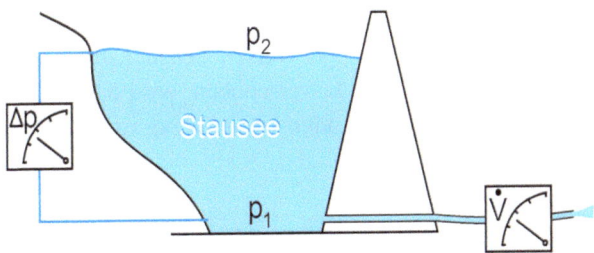

Abb. 2.4 Messung der Druckdifferenz und des Volumenstroms

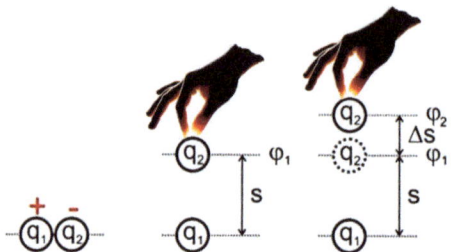

Abb. 2.5 Ladungsverschiebung von zwei ungleichnamigen Ladungen (q_1 positive, q_2 negativ), die direkt nebeneinander angeordnen sind (**links**) und um die Strecke s (**mittig**) sowie $s + \Delta s$ (**rechts**) verschoben sind – angedeutet durch eine Trennung der Ladungen durch eine Hand

Wird die Ladung getrennt, muss entlang eines Weges Kraft aufgebracht werden, d. h. es wird Arbeit verrichtet, die von außen kommt. Erfolgt die Bewegung durch die **Coulombsche Anziehungskraft**, dann „verrichten die Ladungen Arbeit".

Die bei der Ladungstrennung aufgebrachte Arbeit ist eine skalare, d. h. ungerichtete Größe. Wie zuvor in Gl. 2.8 behandelt, ist sie definiert als Produkt aus der längs des Weges wirkenden Kraft (oder Kraftanteil) und dem zurückgelegten Weg, also

$$W_{elek} = F \cdot s \quad [W_{elek}] = Nm = J = Ws \tag{2.10}$$

wenn nur die Beträge betrachtet werden.

Vergleich: Wird eine Masse von der Höhe h_1 auf h_2 im Schwerefeld der Erde gebracht, so muss Arbeit gegen dieses Schwerefeld verrichtet werden. Die potenzielle Energie der Masse wird verändert, indem das Höhenpotenzial im Gravitationsfeld der Erde verändert wird. Für die aufzubringende Arbeit ist nur Δh interessant und nicht die absolute Höhe.

Es wird das **elektrische Potenzial** φ definiert, das ein Maß für die potenzielle Energie ist.

Wird z. B. die negative **Ladung** q_2 um s in Abb. 2.5 **verschoben** („angehoben"), hat sie die an ihr verrichtete Arbeit in **potenzieller Energie** gespeichert, analog wie ein um h angehobener Körper der Masse m im Schwerefeld eine potenzielle Energie enthält.

Die Ladung q_2 hat in Bezug auf die positive Ladung q_1 das **elektrische Potenzial**

$$\varphi_1 = \frac{W_{elek,1}}{q_2} \tag{2.11}$$

was der gespeicherten Energie $W_{elek,1}$ der verschobenen Ladung q_2 entspricht. Wird die Ladung q_2 um ein weiteres Stück Δs verschoben, wird die potenzielle Energie der Ladung q_2 weiter erhöht. Dann hat die Ladung q_2 in Bezug zur Ladung q_1 das elektrische Potenzial

2.2 Das elektrische Potenzial und die elektrische Spannung

$$\varphi_2 = \frac{W_{elek,2}}{q_2}$$

was wieder einer Erhöhung der gespeicherten Energie auf $W_{elek,2}$ der verschobenen Ladung q_2 entspricht. Für die Verschiebung der negativen Ladung q_2 von der positiven Ladung q_1 um die Entfernung Δs ist die aufzuwendende Energie immer gleich groß, gleichgültig in welche Richtung die Ladung von q_1 aus verschoben wird. Den Punkten mit demselben Abstand Δs von der Ladung q_1 ist dasselbe Potenzial zuzuordnen. Auf solchen Flächen mit demselben Potenzial, den sogenannten **Potenzialflächen,** geschieht eine Verschiebung energielos, vgl. das zuvor betrachtet Beispiel mit dem (der) Taucher(in). Die Differenz an potenzieller Energie beim Verschieben der negativen Ladung q_2 in der Umgebung der positiven Ladung q_1 von s nach $s + \Delta s$ beträgt

$$\Delta W = W_{elek,2} - W_{elek,1} = (\varphi_2 - \varphi_1) \cdot q_2 \qquad (2.12)$$

Es gilt die **Vereinbarung,** dass **Arbeit als positiv bezeichnet** wird, wenn diese **von den Coulombschen Anziehungskräften** verrichtet wird (d. h. die Kraft zeigt in Wegrichtung) und **negativ,** wenn **gegen die Coulombschen Anziehungskräfte** (von außen) „gearbeitet" wird.

Die Energiedifferenz kann auf die zu verschiebende Ladung q_2 bezogen werden und wird **elektrische Spannung U** genannt.

$$U = (\varphi_2 - \varphi_1) = \Delta\varphi = \frac{\Delta W}{q_2} \qquad [U] = \frac{Nm}{As} = V \qquad (2.13)$$

Die **elektrische Spannung U** (eine erweiterte Definition ist im Abschn. 3.2 zu finden) ist also gleich der **Differenz der elektrischen Potenziale φ,** mit der abgeleiteten Einheit *Volt (V)*. Jedem Raumpunkt in der Umgebung einer elektrischen Ladung kann somit ein elektrisches Potenzial zugeordnet werden. Zwischen zwei Punkten herrscht eine Spannung von 1 V, wenn beim Transport der Ladung 1 C zwischen diesen Punkten die Arbeit 1 Nm verrichtet wird.

Die elektrische **Spannung U** ist also die **Ursache** für den **Stromfluss.**
In Tab. 2.5 sind die Gleichungen für die Arbeit in den verschiedenen Systemen aufgeführt.

Insbesondere der Vergleich der Arbeit $W = V \cdot \Delta p$ und der elektrischen Arbeit $W = q \cdot \Delta\varphi$ lässt nun die einfachen Schlussfolgerungen zu, dass

- der Wasserdurchfluss vom bewegten Volumen V, also dem Volumenstrom $\frac{\Delta V}{\Delta t} = \dot{V}$, abhängt und damit für den elektrischen Strom $I = \frac{\Delta q}{\Delta t}$ steht. Die Druckdifferenz Δp steht dann entsprechend für die Potenzialdifferenz $\Delta\varphi$ und damit für die elektrische Spannung U,

Tab. 2.5 Arbeit entlang eines Weges s in verschiedenen Systemen

	Wassersystem	Schwerefeld	Elektrisches System
Arbeit	$W = F \cdot s = V \cdot \Delta p$	$W = F_g \cdot s = m \cdot g \cdot \Delta h$	$W = F_C \cdot s = q \cdot \Delta \varphi$

- **kein** elektrischer **Strom** fließen kann, wenn **keine** elektrische **Spannung** vorhanden ist,
- eine Potenzialdifferenz immer ein Bezugspotenzial benötigt. Im Falle der elektrischen Spannung U ist dieses Bezugspotenzial oft der **Minuspol**, die **Masse**, die **Erde** oder das **Nullpotenzial**.

▶ Wenn Wasser in eine Wasserleitung hineinpumpt wird und dabei das andere Ende zugehalten wird, erhöht sich der Druck, wobei dann nur sehr wenig Wasser in die Leitung hineinkommt. Ganz ähnlich verhält es sich mit den Elektronen. Elektronen können auch in den Leiter „hineingepumpt" werden, wodurch sich das elektrische Potenzial erhöht. So wie der Druckunterschied das Wasser durch eine Leitung fließen lässt, bewirkt ein Potenzialunterschied zwischen Plus- und Minuspol einer Batterie die Bewegung der Elektronen, sodass der Strom fließt.

Mit diesen Grundlagen kann eine oft gestellte **Frage** der Elektrotechnik beantwortet werden: „Warum bekommt eine Taube, die auf einer Hochspannungsleitung sitzt, keinen tödlichen Stromschlag – der Mensch aber schon?", siehe Abb. 2.6.

Die Taube „sitzt" auf der Hochspannungsleitung. Damit berühren beide Füße dasselbe Potenzial 2. Wie zuvor festgestellt, kann ein elektrischer Strom nur dann fließen, wenn eine elektrische Spannung, also eine **Potenzialdifferenz** vorhanden ist. Der Mensch hingegen berührt unterschiedliche Potenziale (Erde und Leitung), sodass ein tödlicher Strom durch den Körper von Potenzial 2 zu Potenzial 1 fließen kann.

In elektrischen Systemen kommt vereinbarungsgemäß der **Strom aus** dem **Plus-Pol** einer **Spannungsquelle,** vgl. Abschn. 2.7. Er fließt dann durch einen Verbraucher zum Minus-Pol und wird innerhalb der Spannungsquelle zum Plus-Pol „chemisch gepumpt". Die Batterie ist leer, wenn keine „Pumpenergie" (z. B. chemischer Prozess in Batterien) mehr vorhanden ist, nicht wenn die Ladung verbraucht ist (vergleiche Abb. 2.7, Strom- und Wasserkreis).

2.2 Das elektrische Potenzial und die elektrische Spannung

Abb. 2.6 Darstellung der Frage "Warum bekommt eine Taube auf einer Hochschpannungsleitung keinen Stromschlag?"

▶ Beim **Erzeuger** (z. B. Batterie) sind Strom und Spannung **entgegengesetzt** gerichtet, der („technische") Strom kommt vereinbarungsgemäß aus dem Pluspol. Der Minuspol ist das sog. Bezugspotenzial. Beim **Verbraucher** haben Strom und Spannung **dieselbe Richtung.**

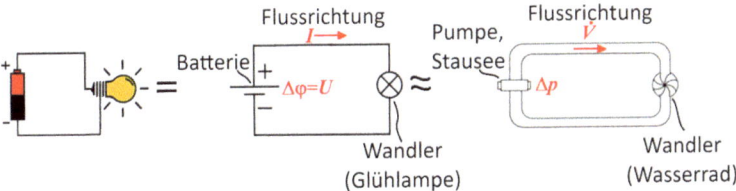

Abb. 2.7 Gegenüberstellung von Strom- und Wasserkreis. In der Batterie haben die Elektronen durch einen chemischen Prozess („Pumpprozess") höhere potenzielle Energie, was im Wasserkreis durch das Pumpen des Wassers auf ein höheres Niveau erreicht wird

---

Beispiel 2.8

Eine Knopfzelle (Typ 1,5 V LR44) hat im Neuzustand eine Energie von nominell 150 J gespeichert. Es soll berechnet werden, wie lange ein Taschenrechner mit einer konstanten Stromaufnahme von 0,5 μA damit ununterbrochen betrieben werden könnte.

Mit Gl. 2.4

$$q = \int_0^T I\, dt = [I \cdot t]_0^T = I \cdot T$$

und Gl. 2.13

$$U = (\varphi_2 - \varphi_1) = \Delta\varphi = \frac{\Delta W}{q}$$

ergibt sich

$$\frac{\Delta W}{U} = I \cdot T \rightarrow T = \frac{\Delta W}{U \cdot I} = \frac{150\,Ws}{1{,}5\,V \cdot 0{,}5 \cdot 10^{-6}\,A} = \frac{150\,Ws}{0{,}75 \cdot 10^{-6}\,W}$$

$$T = 2 \cdot 10^8\,s = 55.556\,h \approx 2315\,d \blacktriangleleft$$

2.3 Messgeräte für Strom und Spannung

Mit einem Volt- und Amperemeter kann der **Betrag** (= Größe) und **Richtung** des Stromes bzw. **Polarität** der Spannung in dem Messmodus *Direct Current* (*DC*) gemessen werden. Die Messgeräteanschlüsse sind bei einem elektromechanischen **Drehspulinstrument** (Abb. 2.8, **links**) mit „+ " und „–" gekennzeichnet. Mit Drehspulinstrumenten ist jeweils nur eine Strom- oder Spannungsmessung möglich. Die Messgeräteanschlüsse sind bei einem elektronischen **Multimeter** (Abb. 2.8, **rechts**) farblich (**rot** entspricht „+", **schwarz** entspricht „–") gekennzeichnet. Mit einem Multimeter ist sowohl eine Strom- als auch eine Spannungsmessung möglich.

Die Anzeigen der Messgeräte zeigen positive Werte an, wenn beim

- A-Meter der Strom in den Plus-Pol (rot) des Messgerätes fließt,
- V-Meter der Plus-Pol (rot) des Messgerätes am +-Pol der Spannungsquelle angeschlossen ist.

(vgl. jeweils Abb. 2.8 **rechts**)

Bei einer **Strommessung** muss das Messgerät **in den Stromkreis,** damit der Strom „durch" das Messgerät fließen kann. Daher sollte das **Amperemeter** einen möglichst **kleinen Innenwiderstand** haben, damit der Spannungsabfall am Innenwiderstand des Messgerätes möglichst klein ist (**siehe** Abschn. 2.8).

Bei einer **Spannungsmessung** muss das Messgerät **parallel zum Stromkreis** angeschlossen werden. Daher sollte das **Voltmeter** einen möglichst **großen Innenwiderstand** haben, damit der Strom durch das Messgerät möglichst klein ist (**siehe** Abschn. 2.8).

▶ Bei einer Strommessung muss das Messgerät in den Stromkreis und bei einer Spannungsmessung parallel zum Stromkreis angeschlossen werden.

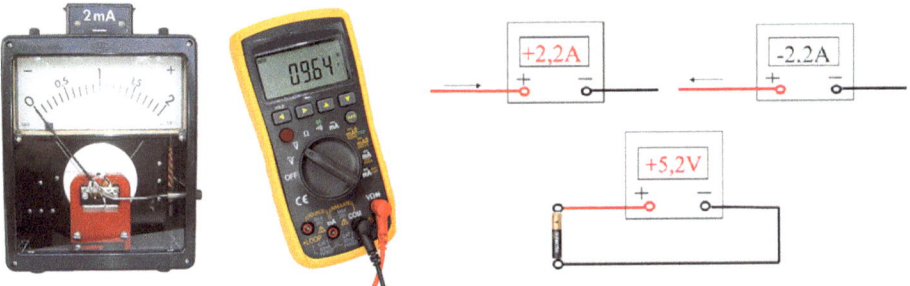

Abb. 2.8 Foto von einem Drehspulinstrument (**links**) und einem Multimeter (**mittig**) sowie die Anzeige eines Messgerätes (**rechts**)

2.4 Der elektrische Widerstand

Als motivierendes Beispiel soll zunächst wieder das Wassermodell betrachtet werden: Vielleicht kennen Sie aus der Bewässerung des Gartens das Phänomen, dass wenn Sie einen Gartenschlauch verlängern, am Ende weniger Wasser aus dem Schlauch fließt. Dies liegt am sog. Strömungswiderstand: Die strömenden Wasserteilchen „reiben" an der Schlauchwand, dadurch wird die Strömung gebremst und der Durchfluss verringert sich, der Wasserdruck nimmt ab. Erst die Vergrößerung des Schlauchdurchmessers, bei gleicher Länge, bietet Abhilfe. Anhand dieses Beispiels wird deutlich, dass die Leitungslänge und der Durchmesser einen Einfluss auf die Durchflussmenge haben. Im elektrischen Leiter ist es ganz ähnlich, dies wird in Abb. 2.9 verdeutlicht.

▶ Je größer der Widerstand R, desto mehr wird dem Stromfluss entgegengewirkt, d. h. es fließt weniger Strom oder anders: Je dicker und kürzer der Leiter ist, desto mehr Durchfluss ist vorhanden.

Beim Stromdurchgang durch einen Körper wird analog die Antriebsenergie der Ladungsträger längs des Stromkreises vermindert. Der elektrische Widerstand eines Körpers ist ein Maß dafür, wie sich der Körper dem Stromdurchgang widersetzt. Er wird wesentlich von den Materialeigenschaften und der Geometrie bestimmt.

Bei der Stromleitung in Metallen lässt sich die Eigenschaft des elektrischen Widerstandes durch die Vorstellung erklären, dass die bewegten Elektronen durch die positiven Atomrümpfe abgelenkt und abgebremst werden. Die Eigenschaften der unterschiedlichen Stromleitung fester Materialien lässt sich auch durch das sogenannte Bändermodell der Atome präziser erläutern, hier wird jedoch auf weiterführende Literatur verwiesen.

Abb. 2.9 Veranschaulichung des Einflusses des Widerstandes auf die Durchflussmenge

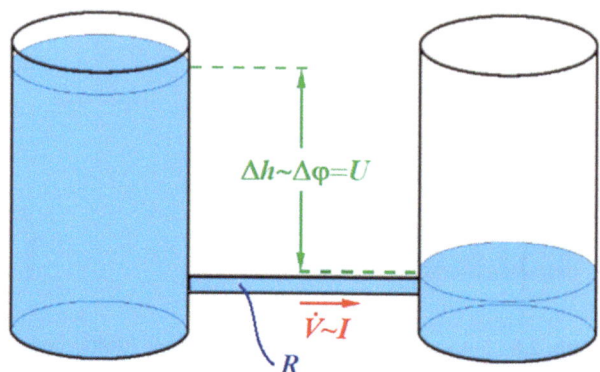

▶ Ähnlich einer halbwegs verstopften Wasserleitung, in der der Wasserfluss durch die Verstopfung behindert wird, stellt der elektrische Widerstand ein Hindernis für den Stromfluss dar.

Wird an einem elektrischen Leiter eine Spannung U angelegt, dann verursacht der Spannungsabfall einen bestimmten Strom I, der von dem Material und von der Geometrie des Leiters abhängt. In sehr vielen Fällen ist die Spannung proportional zum Strom, mit der Proportionalitätskonstanten „elektrischer Widerstand R", was als **ohmsches Gesetz** bezeichnet wird.

$$U = R \cdot I \quad [U] = V = \Omega \cdot A \tag{2.14}$$

Die Einheit des **ohmschen Widerstandes** ist *Ohm* ($\Omega = 1\,V/1\,A$).

Der Widerstand ist der Proportionalitätsfaktor zwischen der an einem Leiter anliegenden Spannung und dem sich daraufhin einstellenden Strom. Er ist vom Material (**spezifischer elektrischer Widerstand**, z. B. $\rho_{Cu} = 0{,}0178\,\Omega mm^2/m$) und der Geometrie (Länge l und Querschnittsfläche A) abhängig (siehe auch Abschn. 3.2).

$$R = \frac{\rho \cdot l}{A} \quad [R] = \Omega \tag{2.15}$$

Manchmal wird auch der **Kehrwert** des elektrischen **Widerstandes** verwendet, der als **elektrischer Leitwert** bezeichnet wird.

$$G = \frac{1}{R} = \frac{I}{U} \quad [G] = \frac{1}{\Omega} = S \tag{2.16}$$

Der Leitwert hat die Einheit *Siemens* ($S = 1\,A/1\,V = 1/\Omega$).

2.4 Der elektrische Widerstand

Beispiel 2.9

Bei Gleichströmen kann ab 40 mA für den Menschen Lebensgefahr bestehen. Es soll die gefährliche Spannung gegen Erde berechnet werden, wenn der Widerstand des menschlichen Körpers 2.500 Ω beträgt.

$$U = R \cdot I = 2{,}5 \cdot 10^3 \, \Omega \cdot 40 \cdot 10^{-3} \, A = 100 \, V \blacktriangleleft$$

Beispiel 2.10

Eine Spannungsversorgung 230 V ist mit einer Sicherung von 6 A abgesichert. Es soll der kleinste Widerstand einer Maschine berechnet werden, damit diese an die Spannungsversorgung angeschlossen werden darf.

Mit der Gl. 2.14

$$U = R \cdot I$$

ergibt sich der Widerstand

$$R = \frac{U}{I} = \frac{230 \, V}{6 \, A} = 38{,}3 \, \Omega \blacktriangleleft$$

Beispiel 2.11

Ein Generator und ein Verbraucher sind mit Kupferleitungen verbunden. Hin- und Rückleiter haben zusammen eine Länge von 600 m. Der Verbraucher hat eine Stromaufnahme von 200 A. Der Spannungsabfall an Hin- und Rückleitung soll 40 V nicht überschreiten. Es soll der Durchmesser der Leitung berechnet werden.

Der Spannungsabfall wird durch den Leiterwiderstand R_L in Wärme umgesetzt

$$R_L = \frac{U_{ab}}{I} = \frac{40 \, V}{200 \, A} = 0{,}2 \, \Omega$$

Mit Gl. 2.15 und der Fläche

$$A = \frac{\pi}{4} d^2$$

ergibt sich

$$R = \frac{4 \cdot \rho_{Cu} \cdot l}{\pi \cdot d^2} \rightarrow$$

$$d = \sqrt{\frac{4 \cdot \rho_{Cu} \cdot l}{\pi \cdot R}} = \sqrt{\frac{4 \cdot 0{,}0178 \, \frac{\Omega mm^2}{m} \cdot 600 \, m}{\pi \cdot 0{,}2 \, \Omega}} = 8{,}25 \, mm$$

Dies entspricht einer Leiterfläche bzw. einem Leiterquerschnitt von

$$A = \frac{\pi}{4}d^2 = \frac{\pi}{4}(8{,}25\,mm)^2 = 53{,}5\,mm^2$$

In der Praxis wäre der Querschnitt viel zu dick. Gängige Leiterquerschnitte liegen bei 0,75 mm^2, 1,5 mm^2, 2,5 mm^2, 4 mm^2, 6 mm^2, 10 mm^2, 16 mm^2 oder 25 mm^2. ◂

Die Bezeichnung **ohmscher Widerstand** beschreibt eine bestimmte Gruppe von Leitern mit **linearer Charakteristik.** Bei diesen Widerständen reicht die Angabe eines Zahlenwertes (z. B. 470 Ω), um das elektrische Verhalten (bei einer Temperatur) zu kennzeichnen, da das Verhältnis aus Spannung und Strom immer gleich (konstant) ist.

Im Wassermodell kann eine Verringerung des Durchflusses z. B. durch eine Verengung erreicht werden – eine gewollte Reduktion des Durchflusses wird oft durch einen Schieber/eine Blende bewirkt. In der Elektrotechnik werden keine Verengungen in die elektrischen Leiter eingebracht, Blenden hingegen sind die elektrischen Widerstände, die Schieber sind die Potentiometer, vgl. Tab. 2.6.

Neben den linearen Widerständen gibt es aber auch **nicht-lineare Widerstände** (häufig in der Elektronik), bei denen das Verhältnis aus Spannung und Strom nicht konstant ist. Zur Beschreibung des elektrischen Verhaltens wird üblicherweise die Strom-Spannungs-Kennlinie als Diagramm oder Gleichung angegeben (siehe Abb. 2.10).

Neben dem ohmschen Widerstand (auch **Gleichstromwiderstand,** Gl. 2.14)

$$R = \frac{U}{I}$$

Tab. 2.6 Gegenüberstellung der Widerstände im Wasser- und elektrischen System

Wassersystem	Elektrisches System
Verengung	(baut natürlich Niemand bewusst ein)
Blende	Ohmscher Widerstand
Schieber	Potentiometer

2.4 Der elektrische Widerstand

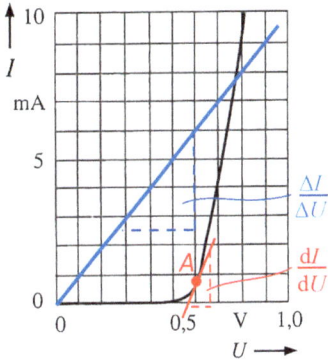

Abb. 2.10 Kennlinie eines nicht-linearen Widerstandes (Halbleiterdioden-Kennlinie, **schwarz**) und eines linearen (ohmschen) Widerstandes (100 Ω, **blau**). Der Arbeitspunkt A (differenzieller Widerstand) ist willkürlich gewählt

muss bei nicht-linearen Widerständen der sogenannte **differenzielle Widerstand** (Steigung der Tangente)

$$r = \frac{dU}{dI} \quad [r] = \Omega = \frac{U}{I} \tag{2.17}$$

angegeben werden. Beim **ohmschen Widerstand** R ist $r = R$ unabhängig vom Arbeitspunkt (eingestellte Spannung und Strom) und beim **nicht-linearen Widerstand** sind beide Werte abhängig vom Arbeitspunkt auf der Kennlinie.

Wird ein **elektrischer Widerstand** von Leitern aus verschiedenen Materialien als Funktion der Temperatur betrachtet, besteht in den meisten Fällen eine Abhängigkeit. Dabei ist sowohl eine Erhöhung als auch eine Verringerung des elektrischen Widerstandes mit steigender Temperatur zu beobachten. Die Gründe sind z. B., dass zum einen durch eine zunehmende Gitterschwingung (die Atome schwingen um ihre Ruhelage) die Beweglichkeit der Elektronen sinkt oder, dass die Anzahl der beweglichen Ladungsträger von der Temperatur abhängt. Es gibt Widerstände, bei denen der Widerstand mit zunehmender Temperatur zunimmt (**PTC** Verhalten, **engl.** *Positiver Temperatur Coeffizient*) und solche bei denen der Widerstand abnimmt (**NTC** Verhalten, **engl.** *Negativer Temperatur Coeffizient*).

Der **Temperaturkoeffizient** α ist das Maß für die Temperaturabhängigkeit, er gibt die relative Widerstandsänderung ΔR pro Grad (Kelvin) an und hat die Einheit %/°C (%/K) oder ‰/°C (‰/K) oder 1/°C (1/K). Es gilt

$$\Delta R = \alpha \cdot \Delta T \cdot R \tag{2.18}$$

$$\alpha = \frac{1}{R} \frac{\Delta R}{\Delta T} \tag{2.19}$$

In einem Punkt der meist nicht-linearen Kennlinie ($\Delta T \to 0$) gilt

$$\alpha = \lim_{\Delta T \to 0} \frac{\Delta R}{R \Delta T} = \frac{1}{R} \frac{dR}{dT} \qquad (2.20)$$

Beispiel 2.12

Ein Widerstand hat bei 25 °C einen Wert von 375 Ω und bei 30 °C einen Wert von 382 Ω (PTC-Verhalten). Der Temperaturkoeffizient beträgt

$$\alpha = \frac{1}{R_{25}} \frac{\Delta R}{\Delta T} = \frac{1}{R_{25}} \frac{(R_{30} - R_{25})}{(T_{30} - T_{25})} = \frac{1}{375\,\Omega} \frac{7\,\Omega}{5°C} = 3{,}7 \cdot 10^{-3} \frac{1}{°C}$$

$$\alpha = 3{,}7 \frac{‰}{°C} \blacktriangleleft$$

Hierbei ist der untere (R_{25}) und nicht der obere Widerstandwert (R_{30}) als Bezugswert gewählt worden. Bei der exakten Definition werden infinitesimal kleine Änderungen betrachtet, sodass die Steigung dR/dT ist.

Sehr häufig wird der Temperaturkoeffizient bei einer **Bezugstemperatur R_{T0}** (z. B. 20 °C) angegeben. Dadurch ergibt sich der Widerstandswert

$$R(T) = R_{T0} + \Delta R \qquad (2.21)$$

mit Gl. 2.18

$$\Delta R = \alpha_{T0} \cdot \Delta T \cdot R_{T0}$$

ergibt sich somit

$$R(T) = R_{T0} + \alpha_{T0} \cdot \Delta T \cdot R_{T0} = R_{T0} \cdot (1 + \alpha_{T0} \cdot \Delta T) \qquad (2.22)$$

Einige wenige Legierungen weisen ein α von nahezu 0/K auf, Konstantan (Legierung aus Kupfer und Nickel sowie geringen Anteilen anderer Metalle) hat z. B. daher seinen Namen.

Konstantan $\quad \alpha_{20} = 0{,}01 \cdot 10^{-3} \frac{1}{K}$

Kupfer $\quad \alpha_{20} = 3{,}92 \cdot 10^{-3} \frac{1}{K}$

Aluminium $\quad \alpha_{20} = 4{,}00 \cdot 10^{-3} \frac{1}{K}$

In der Mess- und Regelungstechnik wird die Temperaturabhängigkeit des elektrischen Widerstandes als Messeffekt ausgenutzt, zum Beispiel bei Widerstandsthermometern, Thermostaten oder Einschaltstrombegrenzern.

Es gibt auch verschiedene spezielle Legierungen, die sich durch einen, über weite Temperaturbereiche annähernd linear ansteigenden, elektrischen Widerstand auszeichnen, wie es z. B. für einen Messwiderstand erforderlich ist. Wohlbekannt sind die genormten **Platin-Widerstandsthermometer Pt100, Pt1000** etc., auch **RTD** (**engl.** *Resistance Temperature Detector*) genannt. Konkret besteht so ein Widerstandsthermometer aus einem Kabel und einem Messwiderstand. Dieser Messwiderstand ändert seinen elektrischen Widerstand mit der Temperatur. Bei einer Temperatur von 0 °C hat ein Pt100 Messwiderstand einen Nennwiderstand von 100 Ω und ein Pt1000 respektive 1000 Ω. Jede Kennlinie hat dabei eine Steigung, die in einer DIN-Norm festgelegt ist.

Beispiel 2.13

Ein Elektromotor hat eine Wicklung aus Kupferdraht ($\alpha_{Cu} = 3{,}9 \cdot 10^{-3} \frac{1}{K}$). Bei 20 °C beträgt der Widerstand der Wicklung 324 $m\Omega$. Im Betrieb erwärmt sich der Motor, dadurch steigt der Wicklungswiderstand auf 382 $m\Omega$. Es soll die Temperatur der Wicklung berechnet werden.

Aus Gl. 2.18

$$\Delta T = \frac{\Delta R}{\alpha_{T0} \cdot R_{T0}} = \frac{382\,m\Omega - 324\,m\Omega}{3{,}9 \cdot 10^{-3} \frac{1}{K} \cdot 324\,m\Omega} = 45{,}9\,K \quad (45{,}9\,°C)$$

Die Ausgangstemperatur muss nun der Temperaturerhöhung hinzuaddiert werden

$$T_{Wick} = T_{20} + \Delta T = 20\,°C + 45{,}9\,°C = 65{,}9\,°C \blacktriangleleft$$

2.5 Elektrische Leistung

Wenn ein bestimmter **Strom I** durch einen Leiter mit dem **Widerstand R** fließen soll, ist dazu die **Spannung U** notwendig. Wie gezeigt, ist die Spannung ein Maß für die Energie, die eine bestimmte Ladungsmenge aufnimmt oder abgibt, wenn sie eine Potenzialdifferenz durchwandert.

Aus Gl. 2.3

$$I = \frac{\Delta q}{\Delta t}$$

und Gl. 2.13

$$U = \frac{\Delta W}{\Delta q}$$

ergibt sich die **elektrische Leistung** mit der Einheit *Watt (W)*

$$P = U \cdot I = \frac{\Delta W}{\Delta t} \qquad [P] = \frac{Nm}{s} = W \qquad (2.23)$$

die an einem elektrischen Widerstand in Wärme umgesetzt wird und aus dem **Produkt Spannung und Strom** berechnet werden kann.

Mit dem ohmschen Gesetz (Gl. 2.14) kann die elektrische Leistung

$$P = R \cdot I^2 = \frac{U^2}{R} \qquad (2.24)$$

berechnet werden, die an einem ohmschen Widerstand umgesetzt wird.

Nach Umformung der Gl. 2.23 gilt demnach für die in einem elektrischen Widerstand umgesetzte Energie *W*

$$\Delta W = P \cdot \Delta t$$

Damit ergibt sich für die umgesetzte Energie *W* in einer sehr kleinen (d. h. infinitesimale) Zeitdauer *dt*

$$dW = P \cdot dt = R \cdot I^2 \cdot dt$$

bzw. in einem bestimmten Zeitintervall *T*

$$W = R \int_0^T I^2 dt \qquad (2.25)$$

In einem ohmschen Widerstand verlieren die Ladungen demnach Energie. Diese Energie wird in Form von Wärme frei (analog: *Reibungswiderstand* in der Mechanik).

Überall wo Strom fließt, muss ein elektrischer Widerstand überwunden werden. Durch diesen **Widerstand wird Wärme erzeugt.** Der **Wirkungsgrad** η

$$\eta = \frac{P_{nutzbar}}{P_{zugeführt}} \qquad (2.26)$$

beschreibt das Verhältnis aus Nutzleistung $P_{nutzbar}$ und zugeführter Leistung $P_{zugeführt}$. Die Differenz aus beiden Leistungen ist die Verlustleistung.

Beispiel 2.14

Eine von einem Elektromotor betriebene Pumpe fördert pro Stunde aus einem Brunnen 40 m^3 Wasser aus 50 m Tiefe. Der Wirkungsgrad der Pumpe η_P beträgt 55 %, der Wirkungsgrad des Motors η_M ist 85 %. Es soll die Nennleistung des Motors, die dem System zugeführt werden muss, berechnet werden.

2.6 Aufbau von Widerständen

Die Förderleistung beträgt mit Gl. 2.23

$$P_{nutzbar} = \frac{\Delta W}{\Delta t} = \frac{m \cdot g \cdot \Delta h}{\Delta t} = \frac{40 \cdot 10^3 \, kg \cdot 9{,}81 \, \frac{m}{s^2} \cdot 50 \, m}{3.600 \, s} = 5.450 \, W$$

und die Nennleistung mit Gl. 2.26

$$P_{zugeführt} = \frac{P_{nutzbar}}{\eta_M \cdot \eta_P} = \frac{5.450 \, W}{0{,}85 \cdot 0{,}55} = 11{,}66 \, kW \quad \blacktriangleleft$$

Beispiel 2.15

Für den Gewitterblitz aus einem vorausgegangenen Beispiel gilt der zeitlich nicht konstante Verlauf des Stromes $i = i_0 \left(1 - \frac{t}{t_1}\right)$. Es soll die Energie des Blitzes berechnet werden, wenn gleichzeitig ein quadratischer Spannungsverlauf der Form $u = u_0 \left(1 - \left(\frac{t}{t_1}\right)^2\right)$ vorherrscht. Außerdem gilt, bei $t = 0 \, s$ ist die Tangente der Parabel waagerecht und $i_0 = 2 \cdot 10^4 \, A$, $u_0 = 5 \cdot 10^8 \, V$ sowie $t_1 = 0{,}1 \, s$.

Mit Gl. 2.23

$$dW = P \cdot dt = u \cdot i \cdot dt$$

ergibt sich

$$W = \int_{t_0}^{t_1} u_0 \left(1 - \left(\frac{t}{t_1}\right)^2\right) \cdot i_0 \left(1 - \frac{t}{t_1}\right) dt$$

$$W = u_0 \cdot i_0 \int_{t_0}^{t_1} \left(1 - \frac{t}{t_1} - \frac{t^2}{t_1^2} + \frac{t^3}{t_1^3}\right) dt$$

$$W = u_0 \cdot i_0 \left(t - \frac{t^2}{2 t_1} - \frac{t^3}{3 t_1^2} + \frac{t^4}{4 t_1^3}\right) \bigg|_{0\,s}^{0{,}1\,s}$$

$$W = \frac{5}{12} u_0 \cdot i_0 \cdot t_1 = \frac{5}{12} \cdot 5 \cdot 10^8 \, V \cdot 2 \cdot 10^4 \, A \cdot 0{,}1 \, s = 416 \, MWh \quad \blacktriangleleft$$

2.6 Aufbau von Widerständen

Es existieren verschiedene Technologien, um elektrische Widerstände herzustellen. Jede Technologie hat dabei Vor- und Nachteile.

Drahtwiderstände bestehen zum Beispiel aus einem aufgewickelten Draht, sie sind teuer und werden nur bei höheren Leistungen eingesetzt, vgl. Abb. 2.11, **rechts**.

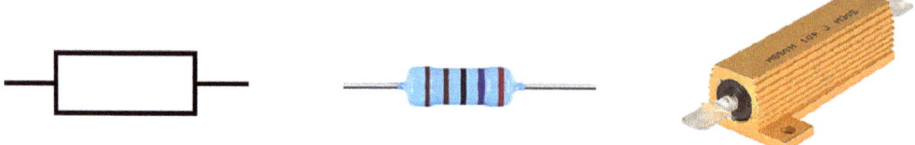

Abb. 2.11 Schaltungssymbol eines ohmschen Widerstandes (**links**), Foto eines Schichtwiderstandes (**mittig**) und Foto eines Drahtwiderstandes (**rechts**)

Schichtwiderstände (Abb. 2.11, **Mitte**), die in der Praxis am häufigsten den Einsatz finden, werden durch unterschiedliche Technologien hergestellt.

- **Kohleschicht-Widerstände** haben meist einen zylindrischen Keramik- oder Porzellankörper, der als Träger der Widerstandsschicht aus kristalliner Kohle dient. Die Kohleschicht wird durch Tauchen oder Aufdampfen unter Vakuum auf den Träger aufgebracht.
- **Metalloxidschicht-Widerstände** haben ein Metalloxid, welches ebenfalls auf einen keramischen Träger aufgedampft wird. Anschließend wird der Widerstand mit Silikonzement überzogen. Dadurch wird die Schicht sehr hart und mechanisch fast unzerstörbar.
- **Metallschicht-Widerstände** haben eine Edelmetallschicht, die als Widerstandswerkstoff dient. Bei EMS-Widerständen (**E**del **M**etall **S**chicht) wird die Edelmetallschicht in einen Hartglasträger eingebrannt. Der Abgleich auf den geforderten Widerstandswert erfolgt durch Einschaben von Wendeln. EMS-Widerstände zeichnen sich durch hohe Genauigkeit, kleinen Temperaturbeiwert und geringe Widerstandsänderung aus. EMS-Widerstände werden hauptsächlich als Präzisionswiderstände verwendet.

2.7 Spannungs- und Stromquellen

Energiequellen müssen das notwendige Energieniveau inkl. der zu erwartenden Verluste bereitstellen. Dies kann z. B. auf chemischem Wege erfolgen. Im **galvanischen Element** (Primärzelle = Batterie / Sekundärzelle = Akkumulator = Akku) wird den Ladungen ein hohes Energieniveau verliehen, indem die positiven und negativen Ladungsträger räumlich voneinander getrennt werden. Dies ist messbar in Form einer elektrischen Spannung zwischen den beiden Klemmen (Plus- und Minus-Pol).

Zwischen den Polen galvanischer Elemente kommt nur ein Stromfluss zustande, wenn die Pole mit einem elektrischen Leiter, z. B. mit einem ohmschen Widerstand verbunden werden. Die Zelle gibt dann elektrische Leistung ab und der Widerstand nimmt sie auf. Der Vorgang kann nicht ewig dauern, denn die in der Zelle gespeicherte chemische Energie ist begrenzt. Ist sie „aufgebraucht" (es ist keine Ladungstrennung mehr möglich) fällt die Spannung zu stark ab und damit auch die Leistungsabgabe (die Zelle ist „leer").

2.7 Spannungs- und Stromquellen

Quellen elektrischer Energie treten in der Regel entweder als **Spannungsquellen** oder als **Stromquellen** auf.

Damit ist im Falle der Spannungsquelle gemeint, dass sich aufgrund der internen Prozesse an den Klemmen eine Spannung bildet. Durch Anschluss eines Verbrauchers an die Klemmen kommt dann ein Stromfluss (und damit ein Energiefluss) durch „Zusammenführung" der Ladungsträger zustande, wobei die Höhe des **Stromes** vom **ohmschen Widerstand** des **Verbrauchers** abhängt. Im Falle der Stromquelle fließt ständig ein bestimmter Strom und die sich einstellende **Spannung** hängt vom **Verbraucher** ab. Spannungsquellen sind wesentlich **häufiger** anzutreffen als Stromquellen, die meist elekronisch aufgebaut werden und nicht als galvanisches Element vorliegen. Daher werden auch nur Spannungsquellen betrachtet. Die Art und Weise, wie die Spannung in der Spannungsquelle erzeugt wird, sei ohne Belange, es wird auf entsprechende Literatur verwiesen. Die Spannung soll ständig dieselbe Polarität haben (Gleichspannung).

Eine **Gleichspannungsquelle** wird, wie der ohmsche Widerstand, mithilfe von einem Schaltungssymbol dargestellt. Zur Kennzeichnung der Klemme der Quelle, die gegenüber der anderen Klemme das höhere Potenzial besitzt, wird diese Klemme durch einen längeren Strich dargestellt, siehe Tab. 2.7, **rechts oben**. Beim ohmschen Widerstand verändert sich durch Vertauschen der Klemmen nichts. Daher ist auch das Schaltungssymbol symmetrisch.

Die **ideale Spannungsquelle** liefert die sogenannte **Quellenspannung** U_q. Sie ist durch sehr gut leitende Verbindungen (also ohmscher Widerstand der Leitungen klein, d. h. großer Querschnitt, kurze Länge) mit dem Verbraucher (dem Widerstand R) verbunden. Die leitenden Verbindungen werden in den Schaltbildern durch einfache Striche dargestellt und der Widerstand bestimmt den nun fließenden Strom. Die gesamte Quellenspannung ist auch direkt an den Anschlüssen des Widerstandes zu messen, wird hier jedoch als **Spannungsabfall** bezeichnet (Widerstand erzeugt Energieverlust – Wärme).

Der Strom fließt vom Pluspol der Quelle über den Widerstand zum Minuspol und in der Quelle vom Minus- zum Pluspol. Es handelt sich also um einen geschlossenen **Stromkreis.** Die gerade definierte Stromrichtung ist die **technische** Stromrichtung. Wie zuvor erwähnt, besteht der Strom in metallischen Leitern aus bewegten Elektronen. Diese wandern als Träger der Ladung genau entgegen der dargestellten Stromrichtung. Der **Spannungsabfall** am Widerstand wird mit einem Pfeil gekennzeichnet, der in Richtung des Stromflusses weist.

Bei **realen Spannungsquellen** muss der **Innenwiderstand** R_i berücksichtigt werden, siehe Abb. 2.12. Eine reale Zelle kann als eine Serienschaltung aus einer idealen, also sehr konstanten Spannungsquelle mit einer **Quellenspannung** U_q und einem Innenwiderstand R_i betrachtet werden. Es ist natürlich nicht wirklich ein Widerstand eingebaut, es ist nur eine schematische Zeichnung, ein sogenanntes **Ersatzschaltbild**, vgl. Tab. 2.7, **rechts.** Da der Spannungsabfall am Innenwiderstand einen Verlust der Energie durch Wärmeentwicklung bedeutet, wirkt diese entgegen der Quellenspannung, also wieder in Richtung des Stromflusses. Zu Tab. 2.7 ist anzumerken, dass im realen

Tab. 2.7 Reales System mit zwei in Reihe geschalteten Batterien (**links**) und Schaltbild sowie Ersatzschaltbild (**rechts**)

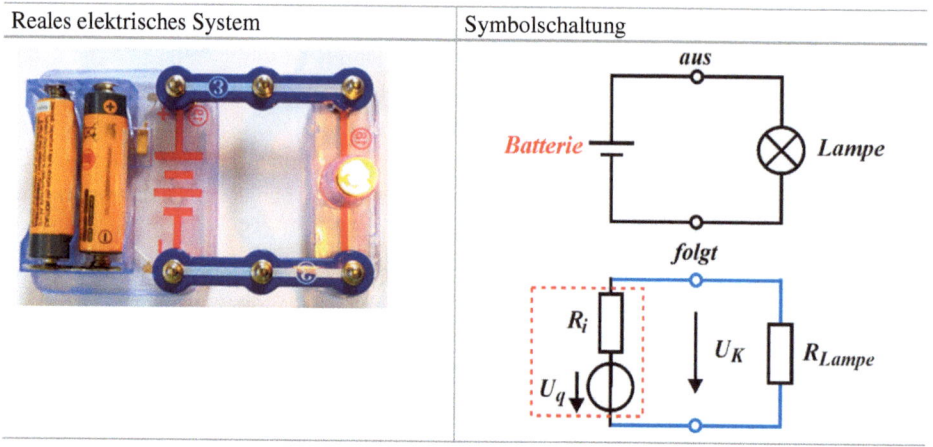

Reales elektrisches System	Symbolschaltung

Abb. 2.12 Reale Spannungsquelle mit der Quellenspannung U_q, der Klemmenspannung U_K und dem Innenwiderstand R_i

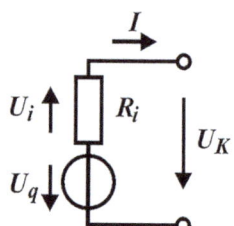

System zwei Batterien in Reihenschaltung vorhanden sind. Diese Reihenschaltung wurde in der Symbolschaltung vernachlässigt, in dem Wissen, dass die Quellenspannung $U_q = 2 \cdot 1{,}5\,V = 3\,V$ beträgt.

Die **Klemmenspannung** U_K oder **Polspannung** bezeichnet die elektrische Spannung, die zwischen den beiden Anschlüssen einer Strom- oder Spannungsquelle gemessen werden kann.

Beispiel 2.16

Eine Autobatterie mit der Quellenspannung $12\,V$ hat einen Innenwiderstand von $50\,m\Omega$. Es soll der Strom und die Klemmenspannung berechnet werden, wenn ein Verbraucher (z. B. eine Lampe) mit dem Widerstand von $3\,\Omega$ angeschlossen wird.

Ohne Innenwiderstand würde gemäß dem ohmschen Gesetz der folgende Strom am Verbraucher fließen

$$I_o = \frac{U_q}{R_V} = \frac{12\,V}{3\,\Omega} = 4\,A$$

Am **Innenwiderstand** in der Spannungsquelle wird der Strom „gebremst" und teilweise in Wärme umgesetzt. Der Strom am Verbraucher muss kleiner sein

$$I = \frac{U_q}{R_V + R_i} = \frac{12\,V}{3\,\Omega + 50 \cdot 10^{-3}\,\Omega} = 3{,}93\,A$$

Die **Klemmenspannung** U_K ist dann

$$U_K = R_V \cdot I = 3\,\Omega \cdot 3{,}93\,A = 11{,}79\,V \triangleleft$$

2.8 Kirchhoffsche Gesetze

Die folgende Abb. 2.13 zeigt ein Gartenbewässerungssystem. Es sind Wasserquellen mit Schiebern etc. sowie verschiedene Verbraucher und Leitungen dargestellt. Je nach Querschnitt sowie Länge der Wasserleitungen bzw. nach Art des Verbrauchers sind andere Widerstände und damit jeweils andere Volumenströme zu erwarten.

In der Elektrotechnik ist es ganz ähnlich, vgl. Abb. 2.14. Je nach Art, Anzahl und Anordnung der Verbraucher leuchten die Lampen mal mehr, mal weniger oder gar nicht – bei selber Spannungsversorgung.

Häufig sind elektrische Stromkreise also nicht immer so simpel wie bisher, mit einer Quelle und einem Verbraucher, sondern sie sind überwiegend verzweigte und **„vermaschte" elektrische Netze** (daher auch der Name elektrische *Netze*). Zur mathematischen Beschreibung sind daher das erste und zweite Kirchhoffsche Gesetz von fundamentaler Bedeutung.

Die realen elektrischen Systeme werden zunächst als Ersatzschaltbild dargestellt, um dann alle Spannungen und Ströme bestimmen zu können, vgl. Abb. 2.15.

▶ Jeder Leiter hat einen ohmschen Gleichstromwiderstand. Der Leitungsgesamtwiderstand R_Leiter wird in der Praxis oft gemessen. Nur bei bekannter Länge, bekanntem Durchmesser von Hin- und Rückleiter und konstantem spezifischen Widerstand kann R_Leiter berechnet werden.

Das **erste Kirchhoffsche Gesetz** wird auch als **Knotenpunktsatz** bezeichnet.

Im Abschn. 2.1 wurde gezeigt, dass es sich beim elektrischen Strom um den Transport von Ladungsträgern handelt. Wenn im Knotenpunkt, der die Verbindungsstelle mehrerer elektrischer Leiter darstellt, von verschiedenen Stellen eine bestimmte Anzahl von Ladungsträgern pro Zeiteinheit hineinfließt und der Knotenpunkt selbst keine Speicherfähigkeit besitzt, muss dieselbe Anzahl von Ladungsträgern auf anderen Wegen wieder hinaus fließen. Für den Knotenpunkt (Abb. 2.16) muss also gelten, dass die in den Knoten hineinfließenden Ströme positiv und die herausfließenden negativ gezählt werden.

$$I_1 - I_2 + I_3 + I_4 - I_5 = 0$$

Abb. 2.13 Gartenbewässerungssystem mit verschiedenen Verbrauchern und Wasserleitungen in einem Wassernetzwerk

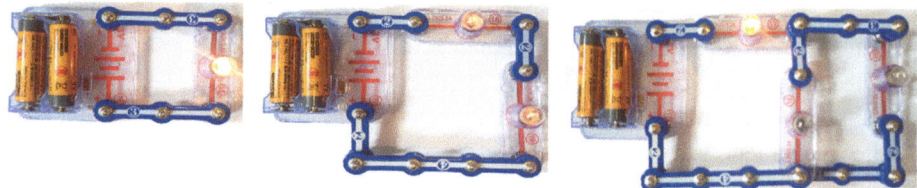

Abb. 2.14 Unterschiedliche elektrische reale Schaltungen, die den Einfluss der Verbraucher-Anzahl und -Anordnung verdeutlichen

oder allgemein

$$\sum_{k=1}^{n} I_k = 0 \qquad (2.27)$$

In einem Knotenpunkt ist die Summe aller Ströme Null. Diese Gleichung gilt übrigens auch dann, wenn die tatsächlichen Stromrichtungen in den einzelnen Leitern noch gar nicht bekannt sind. Sie gilt nach willkürlicher Festlegung einer Stromrichtung für jeden Leiter (**Zählpfeil**). Wenn sich durch Rechnung oder Messung herausstellt, dass die angenommene Stromrichtung falsch angenommen wurde, muss einfach das Vorzeichen des betreffenden Stroms „umgekehrt" (mit -1 multipliziert) werden.

Das **zweite Kirchhoffsche Gesetz** wird auch als **Maschensatz** bezeichnet. Eine Masche ist ein geschlossener Umlauf in einem elektrischen Netzwerk. Ein stark „vermaschtes" Netzwerk enthält möglicherweise viele unterschiedliche geschlossene Umläufe. Es wird zunächst nur eine einzige Masche betrachtet.

2.8 Kirchhoffsche Gesetze

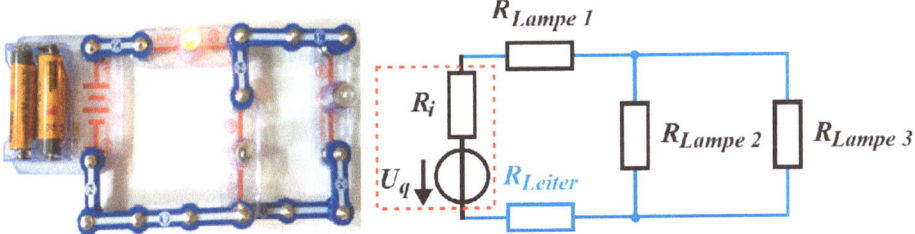

Abb. 2.15 Reale „vermaschte" elektrische Schaltung (**links**) und Ersatzschlatbild (**rechts**)

Abb. 2.16 Knotenpunkt in einem elektrischen Netz, mit den Strömen I_1 bis I_5

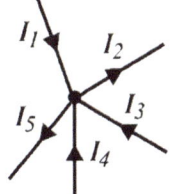

In dem abgebildeten Umlauf (Abb. 2.17) sind zwei Spannungsquellen und drei ohmsche Widerstände enthalten. Es fließt überall derselbe Strom I. Die ohmschen **Widerstände** stellen **Verbraucher** dar, sie nehmen **Leistung auf.** Diese Leistung muss von den beiden Quellen bereitgestellt werden. In diesem Beispiel ist leicht und ohne Rechnung zu bestimmen, welche Richtung der Strom nehmen wird. Die **Spannungsabfälle** an den einzelnen Widerständen weisen in **dieselbe Richtung.**

Wenn die Zählpfeile für Spannung und Strom, wie hier an Verbrauchern, in dieselbe Richtung und an Quellen in unterschiedliche Richtung zeigen, wird von einem **Verbraucher-Zählpfeilsystem** gesprochen. In diesem Buch wird nur dieses System Anwendung finden.

Bei einem Maschenumlauf müssen die vorhandenen Spannungen in der Weise addiert werden, dass Spannungen, die in Richtung des Umlaufs weisen, positiv und entgegen gerichtete Spannungszählpfeile negativ gezählt werden. Die Summe aller Spannungen in der Masche muss **Null** sein.

$$U_1 + U_2 - U_{q2} + U_3 - U_{q1} = 0$$

oder allgemein

$$\sum_{k=1}^{n} U_k = 0 \qquad (2.28)$$

Abb. 2.17 Maschenumlauf in einem Netzwerk, mit den Spannungen U_1 bis U_3 (ohmsche Widerstände) sowie U_{q1} und U_{q2} (Spannungsquellen)

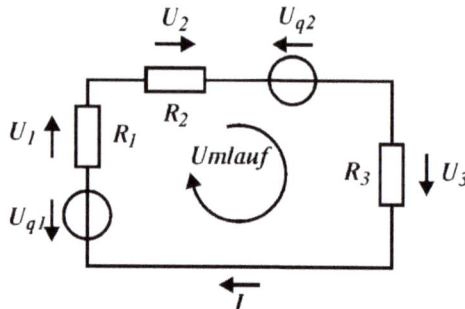

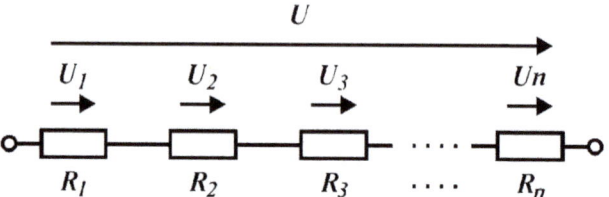

Abb. 2.18 Reihenschaltung von n ohmschen Widerständen

In einer **Masche** eines elektrischen Netzwerks ist die **Summe aller Spannungen Null**. Oder anders ausgedrückt: Die Ladungsträger haben in einem Maschenumlauf wieder dasselbe Potenzial (dieselbe potenzielle Energie) wie vor dem Umlauf.

Mit den beiden Kirchhoffschen Gesetzen ist es möglich, auch komplizierte elektrische Netzwerke mathematisch zu beschreiben.

Vergleich: Die Analogie zwischen der Mechanik bzw. Strömungsmechanik im Wassersystem und Elektronen-Strömen wurde zuvor schon an der ein oder anderen Stelle erwähnt. Insbesondere bei Fluidströmungen wird von „einer vollkommenen Ähnlichkeit zweier unähnlicher Systeme" gesprochen. So lassen sich etwa die Gesetze für Serien und Parallelschaltung und die Kirchhoffschen Regeln direkt auf Fluidströmungen übertragen.

Werden mehrere Widerstände in **Reihe**, also hintereinandergeschaltet, so gilt für jeden einzelnen das **ohmsche Gesetz**. Der elektrische Strom I durchfließt alle Widerstände, weil **kein Knoten** vorliegt.

An jedem einzelnen Widerstand ist entsprechend seines Wertes ein Spannungsabfall gemäß dem ohmschen Gesetz zu messen. Die Summe aller Spannungsabfälle ist gleich der außen angelegten Spannung, was dem **Maschensatz** (Gl. 2.28) entspricht.

2.8 Kirchhoffsche Gesetze

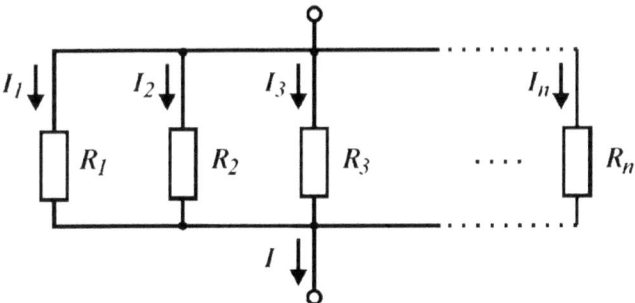

Abb. 2.19 Parallelschaltung von n ohmschen Widerständen

$$U_{ges} = U_1 + U_2 + \cdots + U_n$$
$$U_{ges} = I \cdot R_1 + I \cdot R_2 + \cdots + I \cdot R_n = I \cdot R_{ges}$$
$$U_{ges} = I \cdot (R_1 + R_2 + \cdots + R_n)$$

$$R_{ges} = R_1 + R_2 + \cdots + R_n \qquad (2.29)$$

Der von der Spannungsquelle aus „gesehene" Gesamtwiderstand R_{ges} ist gleich der Summe der Einzelwiderstände.

Bei der **Parallelschaltung** liegen alle Widerstände an **derselben Spannung**. Es muss wiederum für jeden Einzelwiderstand das ohmsche Gesetz gelten.

Damit ergeben sich unterschiedliche Ströme in den einzelnen Widerständen, die in Summe den Gesamtstrom ergeben, was dem **Knotensatz** (Gl. 2.27) entspricht.

$$U = I_1 \cdot R_1 = I_2 \cdot R_2 = \cdots = I_n \cdot R_n$$

$$\frac{U}{R_{ges}} = I_1 + I_2 + \cdots + I_n = I_{ges}$$

$$\frac{U}{R_{ges}} = \frac{U}{R_1} + \frac{U}{R_2} + \cdots + \frac{U}{R_n}$$

$$\frac{1}{R_{ges}} = \frac{1}{R_1} + \frac{1}{R_2} + \cdots + \frac{1}{R_n} \qquad (2.30)$$

Der **Gesamtwiderstand** R_{ges} der Anordnung ist **kleiner als der kleinste** der **Einzelwiderstände**.

In der Praxis sind häufig zwei Widerständen parallel geschaltet, es gilt dann

$$\frac{1}{R_{ges}} = \frac{1}{R_1} + \frac{1}{R_2} = \frac{R_2 + R_1}{R_1 \cdot R_2}$$

$$R_{ges} = \frac{R_1 \cdot R_2}{R_1 + R_2} \qquad (2.31)$$

Außerdem ergeben sich aus der Reihen- und Parallelschaltung (siehe Abb. 2.20) auch die zwei wichtigen **Spannungs- und Strom-Teiler-Formeln.**

Für die Reihenschaltung gilt die nachfolgende **Spannungs-Teiler-Formel:**

$$U_1 = I_g \cdot R_1 = \frac{U_g}{R_g} \cdot R_1 = U_g \frac{R_1}{R_1 + R_2}$$

$$U_2 = I_g \cdot R_2 = \frac{U_g}{R_g} \cdot R_2 = U_g \frac{R_2}{R_1 + R_2} \qquad (2.32)$$

$$I_g = \frac{U_1}{R_1} = \frac{U_2}{R_2} \rightarrow \frac{U_1}{U_2} = \frac{R_1}{R_2}$$

▶ Die Teilspannungen an den Widerständen in einer Reihenschaltung verhalten sich zueinander wie die Teilwiderstände.

Für die Parallelschaltung gilt die nachfolgende **Strom-Teiler-Formel:**

$$U_g = I_1 \cdot R_1 = I_2 \cdot R_2$$

$$I_g = I_1 + I_2 = I_1 + \frac{R_1}{R_2} I_1 \quad \text{und} \quad I_g = I_1 + I_2 = \frac{R_2}{R_1} I_2 + I_2$$

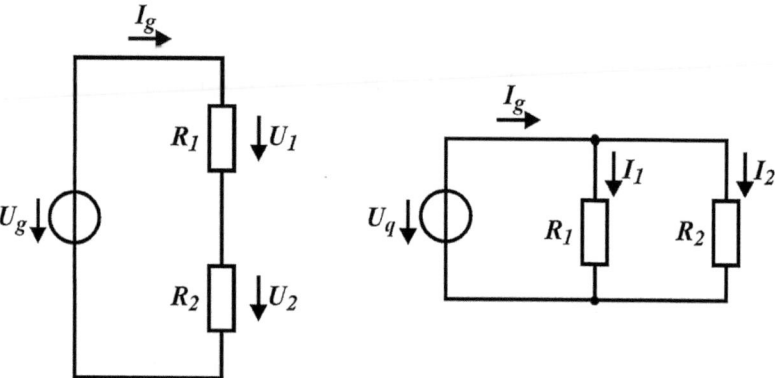

Abb. 2.20 Reihenschaltung (**links**) und Parallelschaltung (**rechts**) jeweils bestehend aus einer Spannungsquelle und zwei ohmschen Widerständen

2.8 Kirchhoffsche Gesetze

$$I_g = I_1 \frac{R_1 + R_2}{R_2} \quad und \quad I_g = I_2 \frac{R_1 + R_2}{R_1}$$

$$I_1 = I_g \frac{R_2}{R_1 + R_2} \quad und \quad I_2 = I_g \frac{R_1}{R_1 + R_2} \tag{2.33}$$

$$\frac{I_1}{I_2} = \frac{R_2}{R_1} = \frac{G_1}{G_2}$$

▶ Die Teilströme in zwei parallel geschalteten Widerständen verteilen sich auf die Widerstände im Verhältnis der Leitwerte, also im umgekehrten Verhältnis der Widerstandswerte.

Beispiel 2.17

Mit dem erworbenen Wissen soll nun der Frage nachgegangen werden, warum zwei Lampen in Abb. 2.15 nicht leuchten. Der Leitungsgesamtwiderstand soll vernachlässigt werden. Gegeben ist das folgende Ersatzschaltbild mit Lampen-Widerstandswerten von $1{,}6\,\Omega$, dem Innenwiderstand $0{,}1\,\Omega$ und einer Quellenspannung von $3\,V$. Da u. a. die Höhe der Spannung U für die Helligkeit maßgeblich ($P = U^2/R$) ist, sollen die Spannungen über den Lampen U_1, U_2 und U_3 berechnet werden.

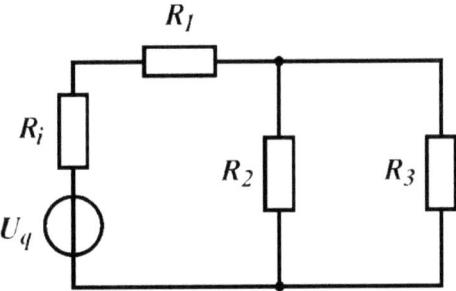

Das Ersatzschaltbild kann übersichtlicher dargestellt werden.

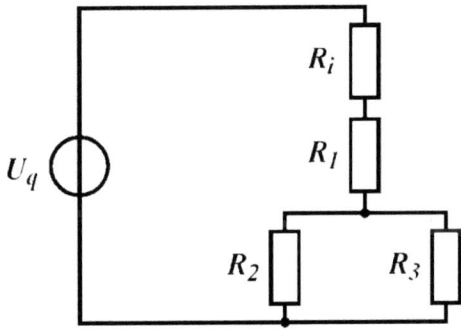

Die Widerstände R_2 und R_3 sind parallel zueinander. Der Ersatzwiderstand ergibt sich nach Gl. 2.31 zu

$$R_{23} = \frac{R_2 \cdot R_3}{R_2 + R_3} = \frac{R^2}{2R} = \frac{R}{2} = 0{,}8\,\Omega$$

Damit ergibt sich ein verändertes Ersatzschaltbild, die Stromrichtung sowie Spannungsrichtungen wurden hinzugefügt. Zudem ist die positive Maschenzählrichtung notiert.

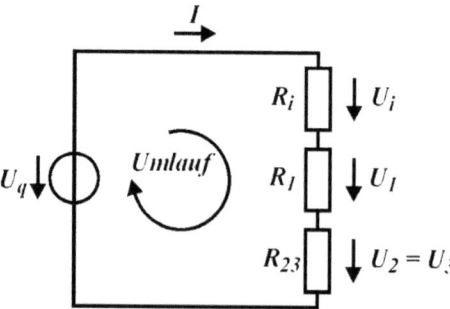

Der Gesamtwiderstand der dargestellten Reihenschaltung (vgl. Gl. 2.29) ist dann

$$R_g = R_i + R_1 + R_{23} = 0{,}1\,\Omega + 1{,}6\,\Omega + 0{,}8\,\Omega = 2{,}5\,\Omega$$

In einer Reihenschaltung ist der Strom überall derselbe, es ergibt sich mit dem Knotensatz (Gl. 2.27).

$$I = \frac{U_q}{R_g} = \frac{3\,V}{2{,}5\,\Omega} = 1{,}2\,A$$

Damit können die folgenden drei Teilspannungen berechnet werden.

$$U_i = R_i \cdot I = 0{,}1\,\Omega \cdot 1{,}2\,A = 0{,}12\,V$$

$$U_1 = R_1 \cdot I = 1{,}6\,\Omega \cdot 1{,}2\,A = 1{,}92\,V$$

$$U_{23} = R_{23} \cdot I = 0{,}8\,\Omega \cdot 1{,}2\,A = 0{,}96\,V = U_2 = U_3$$

Die Spannung U_{23}, die an den beiden parallelen Lampen anliegt, reicht demnach nicht aus, diese zu Leuchten zu bringen.

Nun soll mit dem Maschensatz (vgl. Gl. 2.28) überprüft werden, ob die Rechnung plausibel ist. Dazu müssen die Teilspannungen in der Summe den Wert 3 V der Quellenspannung ergeben, was auch erfüllt ist.

$$U_q = U_i + U_1 + U_{23} = 0{,}12\,V + 1{,}92\,V + 0{,}96\,V = 3\,V$$

Erweiterung: Die Ströme durch die Widerstände R_2 und R_3 können auch berechnet werden.

2.8 Kirchhoffsche Gesetze

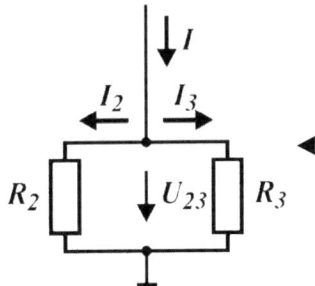

Mit dem Knotensatz (vgl. Gl. 2.27)

$$I = I_2 + I_3$$

ergibt sich, wenn beide Widerstände gleich sind

$$I_2 = I_3 = \frac{I}{2} = 0{,}6\,A$$

oder mittels Stromteiler-Formel (vgl. Gl. 2.33)

$$I_2 = I\frac{R_3}{R_2 + R_3} = I\frac{R}{2R} = \frac{I}{2} = 0{,}6\,A = I_3$$

Beispiel 2.18

Ein Spannungsmessgerät, an das maximal $100\,V$ angelegt werden darf, soll nicht beschädigt werden. Es muss jedoch eine Spannung von $1.000\,V$ gemessen werden, deshalb wird ein Vorwiderstand R_V in Reihe zum Messwiderstand R_M geschaltet, damit ein Teil der Messspannung am Vorwiderstand abfällt.

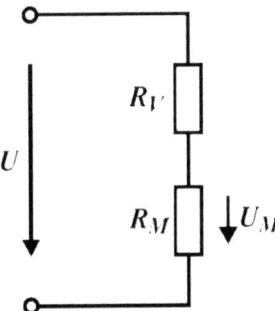

Mit der Spannungsteiler-Formel (vgl. Gl. 2.32)

$$U_M = U\frac{R_M}{R_M + R_V}$$

ergibt sich das Verhältnis

$$\frac{R_V}{R_M} = \frac{U}{U_M} - 1 = 9$$

Der Vorwiderstand muss demnach neun Mal so groß sein, wie der Innenwiderstand. Der **Innenwiderstand (Messwiderstand R_M) des Messgeräts** ist dem Datenblatt zu entnehmen. ◀

2.9 Leistungsanpassung und Belastungskennlinie

Bisher wurde davon ausgegangen, dass sich jede beliebige Spannung und jeder beliebige Strom durch ideale Spannungs- bzw. Stromquellen erzeugen lassen. In der Realität gibt es jedoch **selten ideale** Quellen. Es entstehen bereits in der Spannungs- oder Stromquelle Verluste, die sich in Form von Wärmeentwicklung äußern.

Daher wird, wie bereits erwähnt, bei der Beschreibung von realen Quellen in der Regel ein **Innenwiderstand** als diskretes Bauteil **zusätzlich** zu einer idealen Quelle verwendet, vgl. Tab. 2.7. Durch diese Form der Beschreibung kann das reale Verhalten technischer Spannungs- und Stromquellen sehr gut nachgebildet werden. Der gesamte **Innenwiderstand** verteilt sich mehr oder weniger **gleichmäßig** über die **stromführenden Teile** der gesamten Quelle und soll konstant bleiben, was in der Praxis jedoch nicht der Fall ist. Auch der Ladezustand, die Temperatur und das Alter der Quelle (z. B. Batterie) beeinflussen den Innenwiderstand.

Es werden nur ohmsche Lasten und unverzweigte Stromkreise betrachtet. Der Grundstromkreis besteht aus einer idealen (linearen) Spannungsquelle (mit der Quellenspannung U_q) mit konstantem Innenwiderstand und einem ohmschen Verbraucher, siehe Abb. 2.21. Er bildet eine Masche, auf die das 2. Kirchhoffsche Gesetz angewendet werden kann.

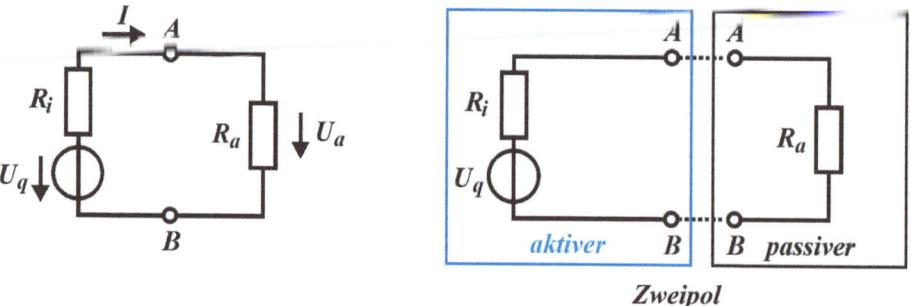

Abb. 2.21 Grundstromkreis, bestend aus der Quellenspannung, Innenwiderstand und Außenwiderstand (**links**), und dessen Bestandteile, die aus einem **aktiven** (Quellenspannung mit Innenwiderstand) sowie **passiven** (Verbraucher) Zweipol (**rechts**) bestehen

2.9 Leistungsanpassung und Belastungskennlinie

Die beiden **Zweipole** in Abb. 2.21 haben ihren Namen daher, dass sie jeweils **zwei** elektrische **Anschlüsse** (A und B) besitzen. Werden ein **aktiver** und ein **passiver Zweipol** zusammen geschaltet, so bildet sich ein Stromkreis. Dasselbe gilt übrigens auch für die Zusammenschaltung zweier aktiver Zweipole. Wird ein aktiver Zweipol (Spannungsquelle) mit einem passiven Zweipol (Verbraucher) verbunden, wird dies auch als belastete Spannungsquelle bezeichnet.

Der Strom I ergibt sich aus der im Kreis wirkenden Quellenspannung U_q und dem gesamten wirksamen Widerstand R_g, in diesem Falle also aus der Summe von R_i (Innenwiderstand) und R_a (Außen- oder Lastwiderstand).

Der Strom I ist somit leicht mit dem ohmschen Gesetz zu berechnen

$$I = \frac{U_q}{R_g} = \frac{U_q}{R_i + R_a} \tag{2.34}$$

Die Spannung U_a an R_a wird in diesem Fall auch **Klemmenspannung** U_K genannt (vgl. Abschn. 2.7), da sie zwischen den Klemmen A und B zu messen ist.

$$U_a = R_a \cdot I = U_K$$

Die Klemmenspannung ist um den Spannungsabfall an R_i kleiner als U_q.

$$U_a = U_q - U_i = U_K \tag{2.35}$$

Die von der Quelle abgegebene elektrische Leistung P muss gleich der Summe der aufgenommenen elektrischen Leistungen an den beiden Verbrauchern sein.

Es wird nun der Widerstand R_a, der die Quelle belastet, variiert und dadurch ermittelt, wie viel Leistung (vgl. Abschn. 2.5) bei gegebenem aktivem Zweipol an R_a umgesetzt wird. Mit Gl. 2.14 und 2.23 ergibt sich

$$P = U_a \cdot I = R_a \cdot I^2 = R_a \frac{U_q^2}{(R_i + R_a)^2}$$

$$I^2 = U_q^2 \frac{1}{(R_i + R_a)^2}$$

$$I = U_q \frac{1}{R_i + R_a}$$

Daraus ergibt sich:

1. **Kurzschluss:** Wenn der Widerstand R_a gegen Null geht, d. h. er wird praktisch durch ein sehr gut leitendes kurzes und dickes Leiterstück (Kurzschlussbrücke) ersetzt, fließt der größtmögliche Strom, der Kurzschlussstrom genannt wird.

$$I_{kurz} = \frac{U_q}{R_i}$$

Die übertragene Leistung P wird allerdings wegen der fehlenden Spannung zu Null. Jedoch fällt die gesamte Leistung am Innenwiderstand ab.

$$P_{Ri} = U_q \cdot I_{kurz}$$

$$P_{Ri} = \frac{U_q^2}{R_i}$$

Der Kurzschlussstrom erzeugt am Innenwiderstand der Spannungsquelle eine hohe Leistung, die die Spannungsquelle stark erhitzt und ggf. zerstören kann.

2. **Leerlauf**: Wenn der Widerstand R_a gegen einen sehr großen Wert geht, d. h. durch Unterbrechung des Stromkreises, wird der Strom I zu Null. Jetzt wird die Spannung an den Klemmen maximal $U_K = U_q$. Die übertragene Leistung P wird wieder zu Null, weil der Strom fehlt. Diesmal bleibt die Spannungsquelle jedoch kalt, weil keine Leistung am Innenwiderstand umgesetzt wird.

Wird die Klemmenspannung U_K (U_a) in Abhängigkeit vom Strom I der Quelle bei Anschluss unterschiedlicher **Lastwiderstände** aufgetragen, ergibt sich die sogenannte **Belastungskennlinie** (siehe Abb. 2.22).

$$U_K = U_q - R_i \cdot I = U_q - \frac{\Delta U_K}{\Delta I} I$$

Es wird nun betrachtet, was zwischen den beiden Extremzuständen (**Kurzschluss** und **Leerlauf**) passiert. Offenbar gibt es irgendwo ein Maximum der Leistung, die von der Quelle an den Verbraucher R_a abgegeben wird. Dazu wird die zuvor bestimmte Leistung nach dem Widerstand R_a abgeleitet und gleich Null gesetzt (Extremstelle berechnen).

$$P = R_a \frac{U_q^2}{(R_i + R_a)^2}$$

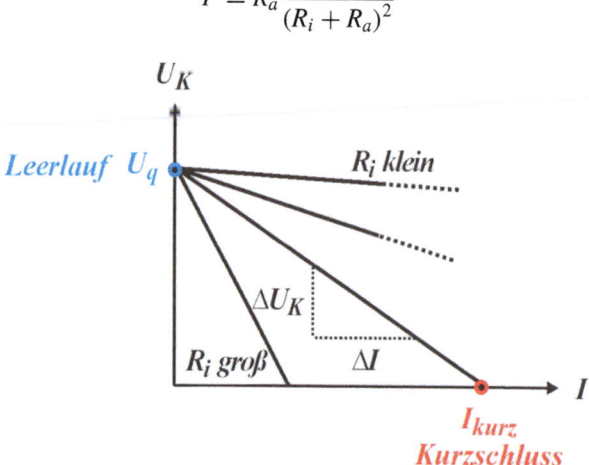

Abb. 2.22 Belastungskennlinien einer linearen Spannungsquelle mit unterschiedlichen Innenwiderständen R_i. Die Steigung $\Delta U_K / \Delta I$ legt die Größe des Innenwiderstandes R_i fest

2.9 Leistungsanpassung und Belastungskennlinie

$$\frac{dP_{max}}{dR_a} = 0$$

Es ergibt sich

$$R_i = R_a$$

Wenn der Außenwiderstand (**Lastwiderstand**) R_a gleich dem Innenwiderstand R_i ist, wird die übertragene Leistung maximal. In diesem Fall wird von **Anpassung** des Verbrauchers an die reale Quelle gesprochen. Bei Anpassung ist die Leistung, die der Verbraucher aufnimmt, genau so groß wie die Leistung am Innenwiderstand der Spannungsquelle.

Die Bestimmung von Strom und Spannung in einem Grundstromkreis (Reihenschaltung) ist auch **graphisch** einfach möglich. Daher ist nachfolgend die graphische Methode der Arbeitspunktermittlung dargestellt.

Für den aktiven und den passiven Zweipol, aus denen der Grundstromkreis besteht, kann jeweils eine Kennlinie anhand der Funktionen

$$U_K(I) = U_q - R_i \cdot I \quad \text{(aktiver Zweipol)}$$

und

$$U_K(I) = R \cdot I \quad \text{(passiver Zweipol)}$$

gezeichnet werden, wobei jeweils die messbare Spannung über den dazugehörigen Strom aufgetragen wird. Im zweiten Schritt werden die beiden Kennlinien in ein gemeinsames Diagramm gezeichnet (Abb. 2.23). Der Schnittpunkt der beiden Kennlinien ergibt den gemeinsamen Strom I (in einer Reihenschaltung ist der Strom derselbe) sowie den Spannungsabfall U_a am ohmschen Widerstand R.

Die Fläche, die durch den Strom I und der Spannung U_a im Arbeitspunkt A gebildet wird, entspricht der vom Widerstand R_a aufgenommenen Leistung ($P = U_a \cdot I$). Wie oben gezeigt, ergibt sich für gleich große Widerstände ($R_i = R_a$) die maximale Leistungsabgabe, d. h. die Beträge der Steigungen der Kennlinien müssen bei selber Skalierung gleich sein.

In der graphischen Darstellung ist es relativ einfach, auch Schaltungskomponenten mit nicht-linearen Kennlinien zu berücksichtigen, was beispielhaft in der Abb. 2.24, **links** dargestellt ist.

Erläuterung zur linearen (*l*) und nicht-linearen (*nl*) Kennlinien, die in Abb. 2.24 dargestellt sind.

Der Strom (Kennlinie $I = f(U_{nl})$) durch die nicht-lineare Komponente (z. B. Diode) kann mathematisch wie folgt beschrieben werden

$$I = I_S \left(e^{\frac{U_{nl}}{U_T}} - 1 \right)$$

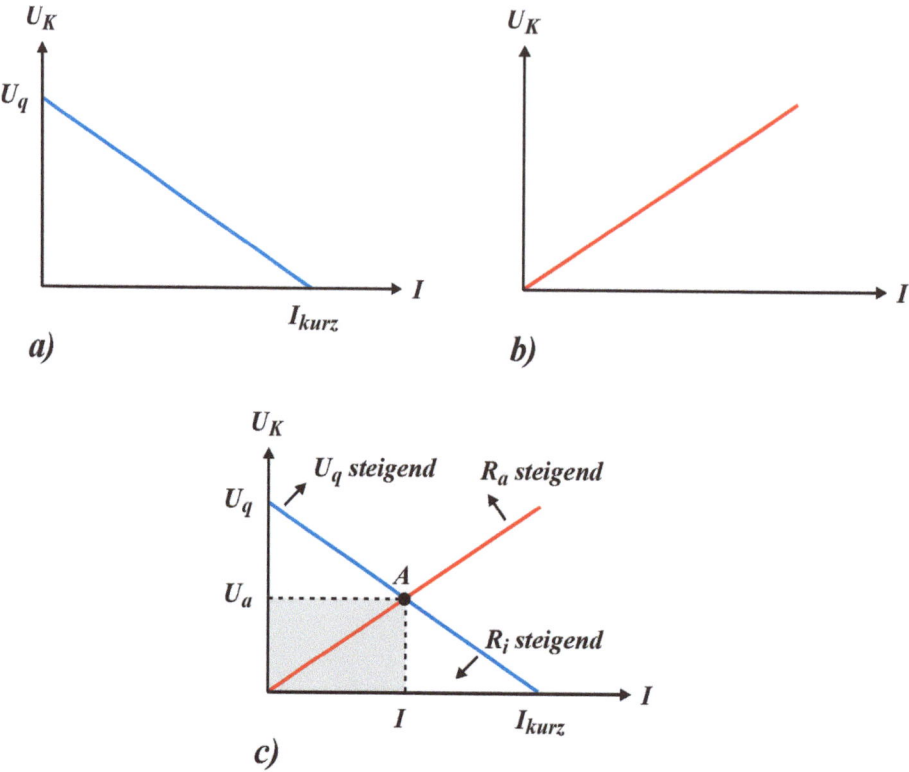

Abb. 2.23 Kennlinien des aktiven (**a**) und passiven Zweipols (**b**) (**oben**) sowie die Arbeitspunktbestimmung (Arbeitspunkt A) in einem gemeinsamen Diagramm (**c**) (**unten**). Die graueFläche ($P = U_a \cdot I$) entspricht der Leistungsaufnahme durch R_a

Der Strom (Kennlinie $I = f(U_l)$) durch die lineare Komponente (z. B. ohmscher Widerstand) kann durch das ohmsche Gesetz (lineare Funktion) beschrieben werden

$$I = \frac{U_l}{R} = \frac{U_q - U_{nl}}{R} = \frac{U_q}{R} - \frac{1}{R} U_{nl}$$

Beispiel 2.19

Um eine Lampe G_A mit einer Nennspannung von 12 V an eine Spannungsquelle mit 20 V anschließen zu können, soll der Vorwiderstand R_1 ausgelegt werden. Aus dem Datenblatt der Lampe ist die Strom-Spannungscharakteristik bekannt.

2.9 Leistungsanpassung und Belastungskennlinie

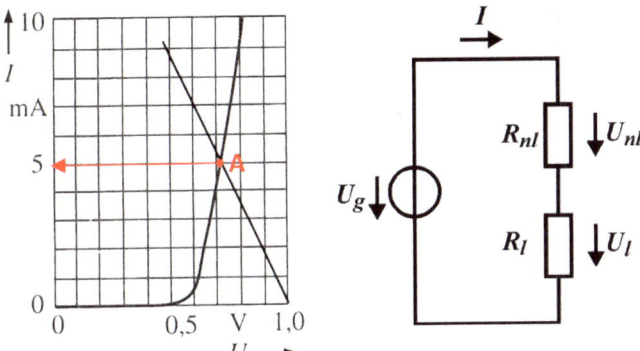

Abb. 2.24 Kennlinien eines nicht-linearen und eines linearen (ohmschen) Widerstandes, die in Reihe geschaltet sind (**links**) und ein Ersatzschaltbild der Reihenschaltung (**rechts**). Im Arbeitspunkt A fließt der gemeinsame Strom I (5mA)

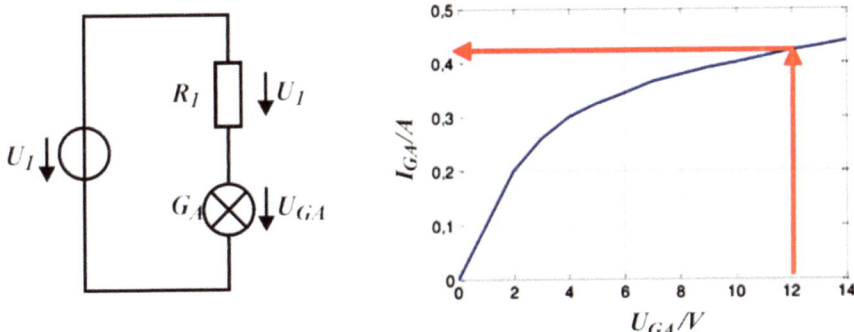

Bei einer Nennleistung $U_N = U_{GA}$ von 12 V kann dem Diagramm ein Strom I_{GA} von 0,42 A entnommen werden.

Der Spannungsabfall am Widerstand R_1 ergibt

$$U_{R1} = U_1 - U_{GA} = 20\,V - 12\,V = 8\,V$$

Daraus folgt der Wert des Vorwiderstandes

$$R_1 = \frac{U_{R1}}{I_{GA}} = \frac{8\,V}{0{,}42\,A} = 19{,}1\,\Omega \quad \blacktriangleleft$$

2.10 Lineare Netzwerke (Netzwerkanalyse)

Bisher wurden einfache elektrische Netze betrachtet. Ist ein elektrisches Netzwerk aber sehr „vermascht" und befinden sich mehr als eine Spannungsquelle an unterschiedlichen Orten im System, so ist eine ganzheitliche Berechnungsmethode notwendig, um Spannungen und Ströme an allen Netzwerkelementen zu bestimmen. Die Zusammenfassung von parallel oder in Reihe geschalteten Widerständen reichen dann nicht mehr aus.

Dazu gibt es mehrere Berechnungsverfahren (**Zweipol-, Überlagerungs-, Maschenstrom-, Knotenpotenzial-** und **Zweigstromverfahren** etc.), um die jeweiligen Ströme und Spannungen in dem Netzwerk zu berechnen. Hier soll nur das **Zweigstromverfahren** näher betrachtet werden, bei dem die Gesetze von Kirchhoff und das Lösen von Gleichungssystemen zur Anwendung kommen.

In einem linearen Netzwerk kann im Allgemeinen auf Anhieb nicht vorhergesagt werden, in welcher Richtung der Strom an den verschiedenen Stellen fließt. Es kann nur angegeben werden, dass der entsprechende Spannungsabfall an den Widerständen in Richtung des Stromes wirkt. Die richtige Wirkrichtung kommt somit erst am Ende der Berechnung heraus. Daher wird willkürlich eine Stromrichtung für die verschiedenen Zweige festgelegt (als Zweig wird jede Verbindung benachbarter Knoten bezeichnet) und es werden sogenannte Zählpfeile eingetragen. Wenn für jeden Zweig die Stromrichtung definiert ist, liegen damit auch die Richtungen für die Spannungsabfälle an den passiven Netzwerkselementen fest. Wenn am Ende für einen Strom ein negativer Wert berechnet wird, muss nur die angenommene Stromrichtung umgekehrt werden, weil die Richtung „falsch" angenommen wurde.

Die **allgemeine Berechnung** eines Netzwerkes nach dem **Zweigstromverfahren** kann wie folgt beschrieben werden:

1. Schaltung vereinfachen, Widerstände in Reihen- und/oder Parallelwiderstände möglichst zusammenfassen.
2. Quellenspannungen mit ihren Polungen (Pfeile) einzeichnen.
3. Stromzählpfeile in den Zweigen (beliebig) einzeichnen.
4. Spannungszählpfeile an den Widerständen in derselben Richtung wie Stromzählpfeile einzeichnen.
5. Knotengleichungen aufstellen (bei k Knoten ergeben sich $k-1$ Gleichungen). Die k-te Knotengleichung ist eine Linearkombination der unabhängigen Knotengleichungen.
6. Umlaufsinn der Maschen festlegen und Maschengleichungen aufstellen. Für z Gleichungen (Zweige) ergeben sich $m = z - (k-1)$ Maschengleichungen. Alle übrigen möglichen Maschengleichungen können als Linearkombinationen aus den unabhängigen Maschengleichungen hergeleitet werden.
7. Ohmsches Gesetz ($U = R \cdot I$) einsetzen, damit sich nur Gleichungen für die unbekannten Ströme ergeben

2.10 Lineare Netzwerke (Netzwerkanalyse)

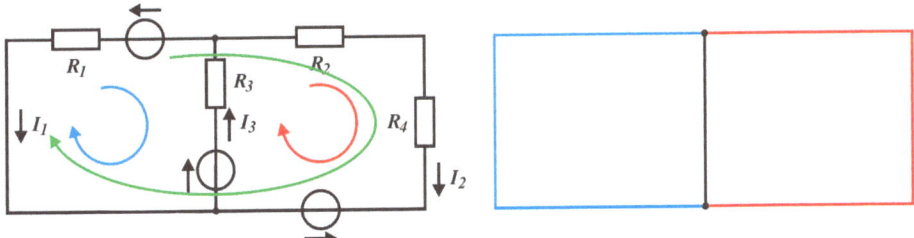

Abb. 2.25 Willkürliches Beispiel eines linearen Netzwerkes (**links**), das zwei Knoten (schwarz) sowie drei Maschen besitzt. Die drei Zweige des Netzwerkes sind farblich dargestellt (**rechts**)

8. Lineares Gleichungssystem aufstellen (Matrix) und lösen. Ist das Gleichungssystem nicht sehr umfangreich, kann auch auf eine Matrizenrechnung verzichtet werden: Hier können das Gleichsetzungs-/Einsetzungs- bzw. das Additionsverfahren angewendet werden, wie z. B. auch in den Lösungen zu den Übungsaufgaben für elektrische Netzwerke gezeigt.

Die Vorgehensweise wird anhand eines **Beispiels** ausführlich dargestellt.

In dem dargestellten Netzwerk (Abb. 2.25) sind zwei Maschen (kleine Pfeile mit Umlaufsinn) sofort sichtbar, eine dritte Masche (großer Pfeil mit Umlaufsinn) ergibt sich bei einem äußeren Umlauf. Außerdem sind zwei Knoten (schwarze Punkte) zu erkennen.

Für die **konkrete Berechnung** des Netzwerkes ergibt sich gemäß der allgemeinen Vorgehensweise:

1. Es könnten die Widerstände R_2 und R_4 zusammen gefasst werden, was jedoch bei dem gewählten einfachen Beispiel nicht unbedingt notwendig ist.
2. Die Polung der Quellenspannungen wird in Abb. 2.26 eingetragen.

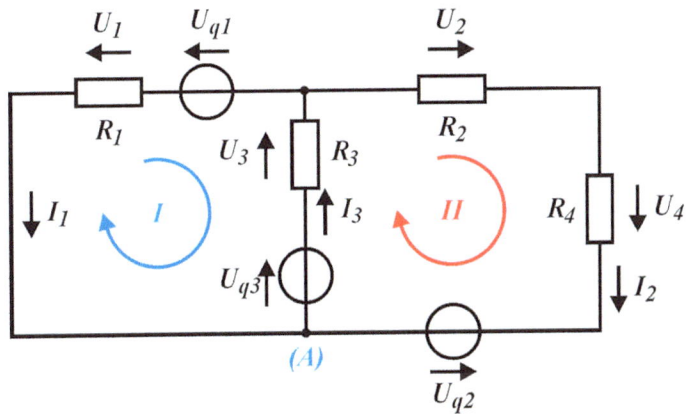

Abb. 2.26 Umsetzung der Arbeitsschritte 2., 3. und 4. in dem Beispiel-Netwerk

3. Die Stromzählpfeile werden in Abb. 2.26 eingetragen.
4. Die Spannungszählpfeile an den Widerständen werden in Abb. 2.26 eingetragen.
5. Bei zwei Knoten ergibt sich eine Knotengleichung (vgl. Gl. 2.27), die z. B. für den Konten A folgendes ergibt.

$$I_1 + I_2 - I_3 = 0$$

6. Bei drei Zweigen ergeben sich zwei unabhängige Maschengleichungen. Der Umlaufsinn der beiden gewählten Maschen I und II sind in Abb. 2.26 eingetragen, für die sich die folgenden Maschengleichungen ergeben.

$$-U_{q1} - U_{q3} - U_1 - U_3 = 0$$

$$-U_{q2} + U_{q3} + U_2 + U_4 + U_3 = 0$$

7. Die Spannungen U_1 bis U_4 werden durch die unbekannten Ströme I_1, I_2 und I_3 ersetzt (Ohmsche Gesetz)

$$-U_{q1} - U_{q3} - I_1 R_1 - I_3 R_3 = 0$$

$$-U_{q2} + U_{q3} + I_2(R_2 + R_4) + I_3 R_3 = 0$$

8. Die Gleichungen werden als **Gleichungssystem (Matrix)** aufgestellt.

$$\underline{U} = \underline{R} \cdot \underline{I}$$

$$\begin{bmatrix} 0 \\ U_{q1} + U_{q3} \\ U_{q2} - U_{q3} \end{bmatrix} = \begin{bmatrix} 1 & 1 & -1 \\ -R_1 & 0 & -R_3 \\ 0 & R_2 + R_4 & -R_3 \end{bmatrix} \cdot \begin{bmatrix} I_1 \\ I_2 \\ I_3 \end{bmatrix}$$

Um die Lösung zu ermitteln wird zunächst die **Determinante D** der Koeffizientenmatrix ermittelt (Regel von Sarrus).

$$D = \begin{vmatrix} 1 & 1 & 1 \\ -R_1 & 0 & -R_3 \\ 0 & R_2 + R_4 & -R_3 \end{vmatrix} = R_1(R_2 + R_4) + R_3(R_2 + R_4) + R_1 R_3$$

Nach der Cramerschen Regel ergibt sich für den Strom I_1

$$I_1 = \frac{D_{I1}}{D} = \frac{\begin{vmatrix} 0 & 1 & -1 \\ U_{q1} + U_{q3} & 0 & -R_3 \\ U_{q2} - U_{q3} & R_2 + R_4 & -R_3 \end{vmatrix}}{D}$$

2.10 Lineare Netzwerke (Netzwerkanalyse)

$$I_1 = \frac{-R_3\left(U_{q1} + U_{q2}\right) - \left(U_{q1} + U_{q3}\right)(R_2 + R_4)}{R_1(R_2 + R_3 + R_4) + R_3(R_2 + R_4)}$$

und für den Strom I_2

$$I_2 = \frac{D_{I2}}{D} = \frac{\begin{vmatrix} 1 & 0 & -1 \\ -R_1 & U_{q1} + U_{q3} & -R_3 \\ 0 & U_{q2} - U_{q3} & -R_3 \end{vmatrix}}{D}$$

$$I_2 = \frac{R_3\left(U_{q1} + U_{q3}\right) + \left(U_{q2} - U_{q3}\right)(R_1 + R_3)}{R_1(R_2 + R_3 + R_4) + R_3(R_2 + R_4)}$$

Der Strom I_3 kann mit der Knotengleichung

$$I_3 = I_1 + I_2$$

ermittelt werden, wenn die korrekte Stromrichtung eingesetzt wird.

Für konkrete Zahlenwerte

$$U_{q1} = 4{,}5\,V$$

$$U_{q2} = 6\,V$$

$$U_{q3} = 7{,}5\,V$$

$$R_1 = 3\,\Omega$$

$$R_2 = 5\,\Omega$$

$$R_3 = 4\,\Omega$$

$$R_4 = 1\,\Omega$$

ergeben sich die Ströme

$$I_1 = -2{,}111\,A$$

$$I_2 = 0{,}694\,A$$

$$I_3 = I_1 + I_2 = -2{,}111\,A + 0{,}694\,A = -1{,}417\,A$$

Es stellt sich heraus, dass die Stromrichtung für I_1 und I_3 falsch herum angenommen, aber die Richtung von I_2 richtig gewählt wurde.

Betrachtet wird jetzt noch die Leistungsbilanz des beispielhaften Netzwerks. An den ohmschen Widerständen wird elektrische Leistung in Wärme umgewandelt. Es ergeben sich die Leistungen

$$P_{R1} = I_1^2 \cdot R_1 = 13{,}37 \text{ W}$$

$$P_{R2} = I_2^2 \cdot R_2 = 2{,}41 \text{ W}$$

$$P_{R3} = I_3^2 \cdot R_3 = 8{,}03 \text{ W}$$

$$P_{R4} = I_2^2 \cdot R_4 = 0{,}48 \text{ W}$$

Die Summe aller aufgenommenen Leistungen P_{auf} an den Widerständen ist damit

$$\sum P_{auf} = P_{R1} + P_{R2} + P_{R3} + P_{R4}$$

$$\sum P_{auf} = 13{,}37 \text{ W} + 2{,}41 \text{ W} + 8{,}03 \text{ W} + 0{,}48 \text{ W} = 24{,}29 \text{ W}$$

Die Summe aller aufgenommenen und abgegebenen Leistungen muss Null sein. Es ergibt sich für die Leistung P_q der drei Quellen.

$$\sum P_q = P_{q1} + P_{q2} + P_{q3}$$

$$\sum P_q = P_{q1} + P_{q2} + P_{q3} = U_{q1} \cdot I_1 - U_{q2} \cdot I_2 + U_{q3} \cdot I_3$$

$$\sum P_q = -9{,}50 \text{ W} - 4{,}16 \text{ W} - 10{,}63 \text{ W} = -24{,}29 \text{ W}$$

Die Leistung an allen Quellen P_q ist in diesem Falle negativ. Das bedeutet, dass alle Quellen Leistung abgegeben haben, was nicht immer so sein muss. Werden andere Zahlenwerte gewählt, könnte die Leistung an einer oder zwei Quellen auch positiv sein. Dann wären auch diese Quellen Verbraucher und nähmen Leistung auf, die von den Quellen mit negativer Leistung bereitgestellt werden müsste.

Übungsaufgaben zu Kap. 2
2.1 Wie viel Ladungsträger (Elektronen) bewegen sich, wenn in einem Kupferkabel für eine Sekunde ein konstanter Strom von einem Ampere fließt?
2.2 Um eine Vorstellung von der Ladungsträger-Menge aus der vorherigen Aufgabe zu bekommen, soll die Anzahl als Fläche veranschaulicht werden. Wie oft könnte die Fläche der Erde ($A_{\text{Erde}} \approx 5 \cdot 10^{14} \, m^2$) mit der Anzahl der Ladungsträgen (Elek-

2.10 Lineare Netzwerke (Netzwerkanalyse)

tronen) überdeckt werden, wenn jedes Elektron die Größe eines Tischtennisballs (Durchmesser etwa 40 *mm*) hätte?

2.3 Eine Powerbank (Ladungsspeicher) kann gemäß Herstellerangabe 10.000 *mAh* elektrische Ladung speichern. Die Powerbank wird mit einem konstanten Strom von 1,5 *A* geladen. Zu wie viel Prozent ist der Ladungsspeicher nach 180 *min* geladen, wenn dieser zuvor vollständig entladen war?

2.4 Versehentlich kommt ein Kupferrohr mit einer ungesicherten Stromleitung in Kontakt, sodass ein homogener Strom von 87 *A* über das Rohr fließt. Wie groß ist die Stromdichte im Kupferrohr, wenn der Außen- und Innendurchmesse 20 *mm* bzw. 15 *mm* betragen?

2.5 Die Stromdichte pro Breiteneinheit in einem Bandleiter aus Halbleitermaterial mit der Gesamtbreite b von 20 *mm* ist örtlich unterschiedlich und eindimensional, weil die Höhe des Bandleiters viel kleiner als die Breite ist. Die Stromdichte hängt somit nur von der betrachteten Breite x ab und kann durch $S = \left(1 - e^{-\frac{x}{b}}\right) A/m$ beschrieben werden. Wie groß ist der Strom durch den Bandleiter?

2.6 Es sind drei baugleiche Autobatterien mit je 12,8 *V* in Reihe geschaltet. Wie groß sind die Potenziale jeweils an den Anschlüssen der Batterien?

2.7 Ein vollgeladener 6,5-Volt-Akkumulator mit der Kapazität 75 *Ah* versorgt für drei Stunden zwei Lampen mit einem konstanten Strom von 2,5 *A* und danach für vier Stunden drei Lampen mit einem konstanten Strom von 4 *A*. Welche Ladungsmenge und elektrische Energie wird dem Akkumulator entnommen, wenn die Akkumulator-Spannung als konstant angenommen wird, was in der Praxis nicht der Fall ist?

2.8 Eine 3,5-Volt-Lithium-Batterie kann gemäß Herstellerangaben einen konstanten Strom von 1,5 *A* für 90 *min* bereitstellen. Wie groß ist dabei die abgegebene elektrische Energie, wenn die Akkumulator-Spannung wieder als konstant angenommen wird?

2.9 Zwischen zwei um 6 *m* voneinander entfernten Punkte einer Starkstromleitung aus Kupfer ($\rho_{Cu} = 0{,}0178\ \Omega mm^2/m$) wird die Spannung 0,23 *V* gemessen. Welcher Strom fließt durch die Leitung, wenn diese einen Nenndurchmesser von 9,44 *mm* hat?

2.10 Eine 1.000 *m* lange Kupferleitung (Querschnitt 4 mm^2, $\rho_{Cu} = 0{,}0178\ \Omega mm^2/m$) ist an 230 *V* angeschlossen und führt zu einem Verbraucher, von dem ein Strom von 15 *A* aufgenommen wird.
   a) Welche Spannung steht am Verbrauchsort zur Verfügung?
   b) Auf welchen Wert muss die Stromstärke reduziert werden, damit der Verlust nur noch 40 *V* beträgt.
   c) Welchen Querschnitt müsste die Leitung haben, wenn bei 15 *A* höchstens 40 *V* verloren gehen sollen?

2.11 Ein nichtlinearer Widerstand hat die gezeichnete Kennlinie.
   a) Wie groß sind die Gleichstromwiderstände in den Arbeitspunkten A.
   b) Wie groß sind die differentiellen Widerstände in den Arbeitspunkten?

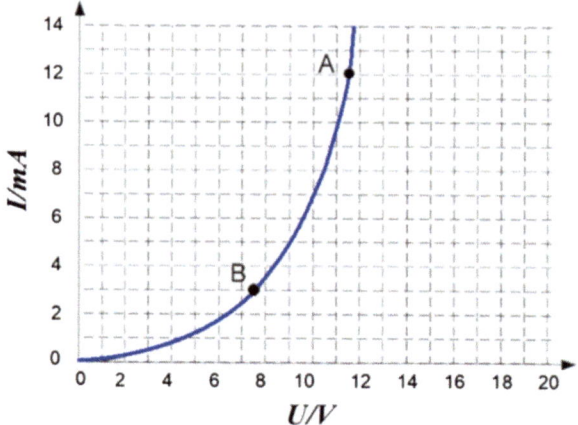

2.12 Die Kupferwicklung ($\alpha_{Cu} = 0{,}0039\ 1/K$) eines Transformators hat bei 20 °C einen elektrischen Widerstand von 8 Ω. Während des Transformator-Betriebs erhöht sich der Widerstand auf 9,56 Ω. Welche Temperatur hat sich in der Kupferwicklung eingestellt?

2.13 Um wie viel Prozent nimmt der Spannungsverlust in einer Kupferleitung ($\alpha_{Cu} = 0{,}0039\ 1/K$) zu, wenn bei gleichbleibender Stromstärke die Temperatur um 20 °C steigt?

2.14 Welcher Strom fließt durch eine Lampe, wenn die Wirkleistung 25 W betragen soll und die Lampenspannung 230 V beträgt?

2.15 Ein elektrischer Heizstrahler mit einem Widerstand von 52,9 Ω liegt an einer Spannung von 230 V. Wie groß ist seine Wirkleistung?

2.16 Welche Wirkleistung geht in einem 200 m langen Kupferdraht ($\rho_{Cu} = 0{,}0178\ \Omega mm^2/m$) von 1,5 mm^2 Querschnitt, durch den ein Strom von 8,5 A fließt, durch Erwärmung verloren?

2.17 Wie groß ist der Leistungsverlust, wenn eine Wirkleistung von 15 kW über eine Entfernung von 1000 m mit einer Kupferleitung ($\rho_{Cu} = 0{,}0178\ \Omega mm^2/m$) übertragen wird? Es soll die einfache Länge betrachtet werden.
   a) bei einer Verbraucherspannung von 230 V (Leitungsquerschnitt 16 mm^2)
   b) bei einer Verbraucherspannung von 2.300 V (Leitungsquerschnitt 16 mm^2)
   c) bei einer Verbraucherspannung von 2.300 V (Leitungsquerschnitt 1 mm^2)

2.18 Es liegt ein Netzwerk bestehend aus vier Widerständen ($R_1 = 1$ Ω, $R_2 = 2$ Ω, $R_3 = 3$ Ω und $R_4 = 4$ Ω) vor. Wie groß ist der Gesamtwiderstand?

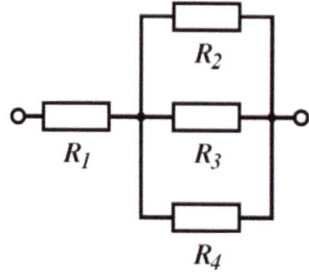

2.10 Lineare Netzwerke (Netzwerkanalyse)

2.19 Es liegt ein Netzwerk bestehend aus sechs Widerständen (je 3 Ω) vor. Wie groß ist der Gesamtwiderstand?

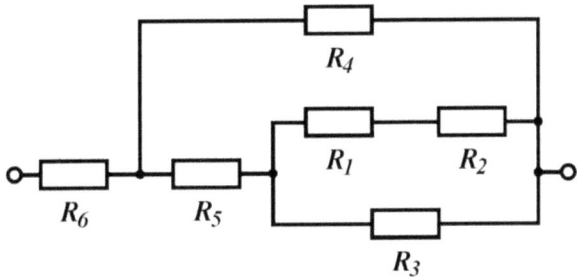

2.20 Zwei Widerstände R_1 und $R_2 = R_1 + 32$ Ω ergeben als Parallelschaltung 12 Ω. Welche Werte haben R_1 und R_2?

2.21 Zu einem Widerstand von 650 Ω soll parallel ein zweiter angeschlossen werden, sodass bei der angelegten Spannung von 125 V ein Gesamtstrom von 0,2 A fließt.
  a) Wie groß ist der Parallelwiderstand?
  b) Wie groß sind die Teilströme?

2.22 In einer Kochplatte befinden sich zwei Heizwiderstände von je $R = 132{,}25$ Ω, die wahlweise geschaltet werden können. Die Netzspannung für die Widerstände beträgt 230 V.
Welche Wirkleistungs-Aufnahme entspricht.
  a) ein einzeln geschalteter Widerstand?
  b) zwei hintereinander geschaltete Widerstände?
  c) zwei parallel geschaltete Widerstände?

2.23 Eine Lampe für 3,8 V und 0,02 A soll an eine Spannungsquelle von 6 V angeschlossen werden.
Welchen Wert muss der Vorschaltwiderstand haben?

2.24 Zwei Widerstände ($R_1 = 5$ Ω und $R_2 = 8$ Ω) sind parallel an 10 V angeschlossen. Welche Werte haben der Gesamtwiderstand R_g sowie die Ströme I_1, I_2 und I?

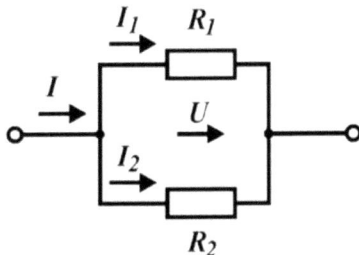

2.25 Zwei Widerstände ($R_2 = 5$ kΩ) sind parallel an 6,5 V angeschlossen, (vgl. Abb. in Aufgabe 2.24). Der Strom I_1 beträgt 5 mA. Welche Werte haben der Widerstand R_1 sowie die Ströme I_2 und I?

2.26 An eine lineare Spannungsquelle wird ein Widerstand (Außenwiderstand) angeschlossen. Die Quellenspannung beträgt 4 V, der Innenwiderstand und der Außenwiderstand (Verbraucher) haben die Werte 10 Ω bzw. 60 Ω.
Welche Werte haben der Gesamtwiderstand R_g, der Strom I sowie die Spannungen U_i und U_K?

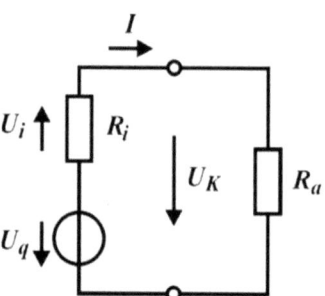

2.27 An eine lineare Spannungsquelle wird ein Widerstand (Außenwiderstand) angeschlossen (vgl. Abb. in Aufgabe 2.26). Die Quellenspannung und Spannung über den Innenwiderstand betragen 12 V bzw. 1 V und der Strom hat den Wert 0,5 A.
Welche Werte haben die Spannung U_K sowie die Widerstände R_a, R_i und R_g?

2.28 An eine lineare Spannungsquelle werden zwei Widerstände (Außenwiderstände $R_1 = 10\ \Omega$; $R_2 = 15\ \Omega$; $R_3 = 0\ \Omega$) in Reihe angeschlossen. Die Klemmenspannung und der Innenwiderstand betragen 6 V bzw. 5 Ω.
Welche Werte haben die Widerstände R_a und R_g, der Strom I sowie die Spannungen U_q, U_i, U_1 und U_2?

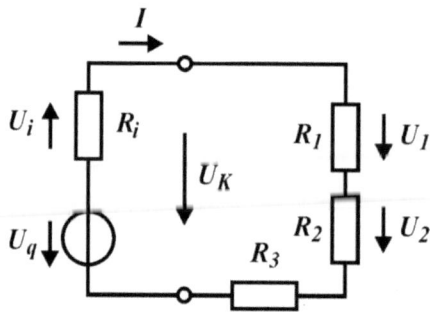

2.29 An eine lineare Spannungsquelle werden drei Widerstände (Außenwiderstände $R_1 = 15\ \Omega$ und $R_2 = 8\ \Omega$) in Reihe angeschlossen (vgl. Abb. in Aufgabe 2.28). Die Quellenspannung und die Spannung über den Widerstand R_3 betragen 60 V bzw. 20 V und der Strom hat den Wert 1,1 A.

Welche Werte haben die Widerstände R_g, R_3 und R_i sowie die Spannungen U_K, U_i, U_1, U_2 und U_3?

2.30 In der dargestellten Schaltung sind die Spannung $U = 48\,V$ sowie die Widerstände $R_1 = 90\,\Omega$, $R_2 = 50\,\Omega$, $R_3 = 40\,\Omega$ und $R_4 = 60\,\Omega$ bekannt. Es sollen die Ströme I_1, I_2, I_3, I_4 und I_x berechnet werden.

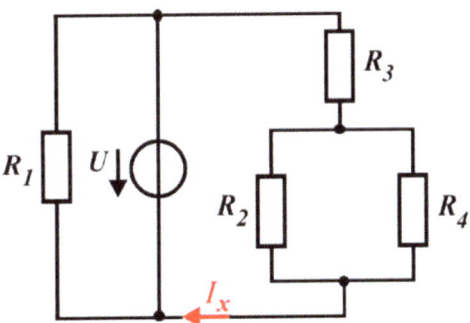

2.31 Ein Gleichstromgenerator (lineare Quelle) mit $1{,}8\,\Omega$ innerem Widerstand speist zwei in Reihe geschaltete Heizgeräte von $14\,\Omega$ und $18\,\Omega$. Zum Anschluss dient eine Kupferleitung ($\rho_{Cu} = 0{,}0178\,\Omega mm^2/m$) von $17{,}5\,m$ Einfachlänge und $1{,}5\,mm$ Durchmesser. Am Generator wird eine Klemmspannung von $215\,V$ gemessen.
 a) Wie groß ist die Stromstärke und Leistungsverlust durch die Leitung?
 b) Wie groß sind die Quellenspannung, der Spannungsverlust in der Leitung und Innenwiderstand sowie die Spannung an beiden Geräten?

2.32 Drei in Reihe geschaltete Monozellen, deren Quellenspannungen und Innenwiderstände je $1{,}5\,V$ bzw. je $0{,}4\,\Omega$ betragen, betreiben eine Uhr mit $12\,\Omega$.
 Wie groß sind Gesamtwiderstand, Stromstärke und Klemmspannung?

2.33 Eine Solarzelle liefert eine Leerlaufspannung von $0{,}48\,V$ und den Kurzschlussstrom $0{,}8\,A$.
 Welchen Strom und welche Wirkleistung gibt die Solarzelle ab, wenn der Außenwiderstand gleich dem Innenwiderstand ist?

2.34 Welchen Innenwiderstand hat eine Batterie (lineare Quelle) mit einer Leerlaufspannung von $4{,}5\,V$, wenn bei Anschluss eines $12\,\Omega$ Widerstandes ein Strom von $350\,mA$ fließt?

2.35 Eine lineare Spannungsquelle besitzt bei den Belastungen mit $24\,\Omega$ und mit $10\,\Omega$ eine Klemmenspannung in Höhe von $12\,V$ bzw. von $10\,V$.
 a) Wie groß sind die Quellenspannung und der Kurzschlussstrom?
 b) Zeichnen Sie die Belastungskennlinie der Spannungsquelle.

2.36 Ein Labornetzgerät hat die nachfolgende Belastungskennlinie.

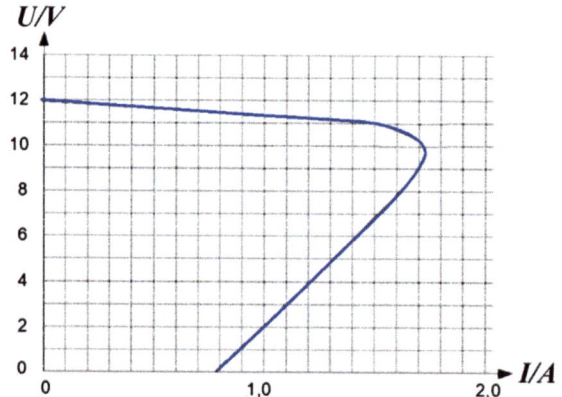

a) Welcher Strom sollte dem Gerät maximal entnommen werden?
b) Welchen Innenwiderstand besitzt das Gerät?
c) Welche Wirkleistung kann das Netzteil maximal abgeben?

2.37 Es liegt ein elektrisches Netzwerk mit vier gleichen Widerständen (4 Ω) vor, das folgende Werte hat: $U_{q1} = 12\,V$, $U_{q2} = 8\,V$, $I_A = 6\,A$ und $I_B = 8\,A$.
Welche Werte haben die Ströme I_1 bis I_4 und I_C?

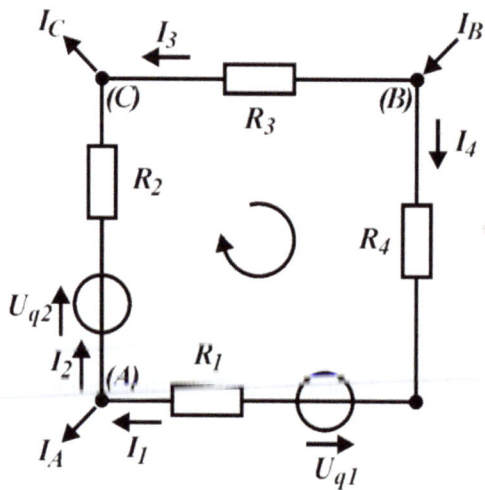

2.38 Es liegt ein elektrisches Netzwerk vor, von dem alle Widerstände ($R_1 = R_2 = 5\,\Omega$, $R_3 = 2\,\Omega$ und $R_4 = 10\,\Omega$) sowie die Quellenspannung ($U_{q1} = 8\,V$ und $U_{q2} = 5\,V$) bekannt sind.
Welchen Wert hat der Strom I_4?

2.10 Lineare Netzwerke (Netzwerkanalyse)

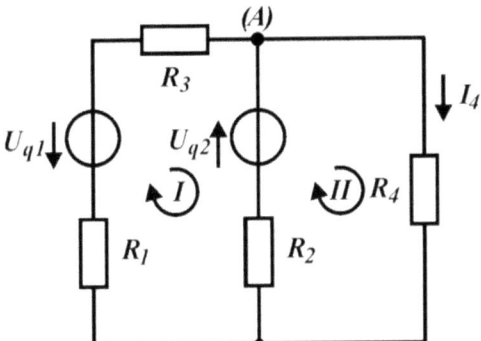

2.39 Es liegt ein elektrisches Netzwerk mit sechs gleichen Widerständen (5 Ω) vor, das folgende Werte hat: $U_{q1} = 18$ V, $U_{q2} = 16$ V und $U_{q3} = 14$ V.
Welche Werte haben die Ströme I_1 bis I_6?

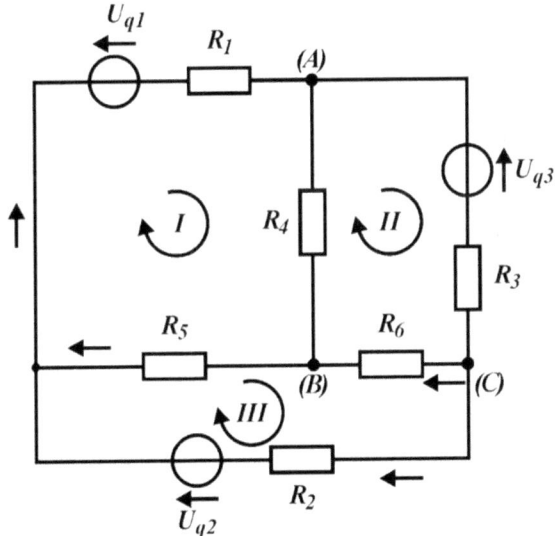

Lösungen zu den Aufgaben aus Kap. 2

2.1
$$I = \frac{dq}{dt} \text{ weil Strom konst.} \rightarrow$$
$$I = \frac{\Delta q}{\Delta t} = \frac{e \cdot (N_{e1} - N_{e0})}{t_1 - t_0} = \frac{e \cdot (N_{e1} - 0)}{t_1 - 0\,s} = \frac{e \cdot N_{e1}}{t_1}$$
$$\rightarrow N_{e1} = \frac{t_1 \cdot I}{e} = \frac{1\,s \cdot 1\,A}{1{,}602 \cdot 10^{-19}\,As} \approx 6{,}24 \cdot 10^{18}$$

2.2
$$A_e = \frac{d^2}{4} \cdot \pi \cdot N_{e1} = \frac{(40 \cdot 10^{-3}\,m)^2}{4} \cdot \pi \cdot 6{,}24 \cdot 10^{18} \approx 7{,}8 \cdot 10^{15}\,m^2$$

$$\text{Anzahl} = \frac{A_e}{A_{Erde}} = \frac{7{,}8 \cdot 10^{15}\,m^2}{5 \cdot 10^{14}\,m^2} \approx 15{,}5$$

2.3
$$I = \frac{dq}{dt} \text{ weil Strom konst.} \rightarrow I = \frac{\Delta q}{\Delta t}$$

$$\rightarrow \Delta q = q_{180} - q_0 = q_{180} - 0\,C = I \cdot \Delta t = 1{,}5\,A \cdot 3\,h = 4{,}5\,Ah$$

$$\text{Zustand}_\% = \frac{q_{180}}{q_{voll}} \cdot 100\,\% = \frac{4{,}5\,Ah}{10.000 \cdot 10^{-3}\,Ah} \cdot 100\,\% = 45\,\%$$

2.4
$$A_{Rohr} = \pi(R^2 - r^2) = \pi\left(\frac{D^2}{4} - \frac{d^2}{4}\right) = \pi\left(\frac{(0{,}020\,m)^2}{4} - \frac{(0{,}015\,m)^2}{4}\right) =$$
$$137\,mm^2$$

$$S = \frac{dI}{dA} \text{ weil Strom homogen} \rightarrow S = \frac{I}{A_{Rohr}} = \frac{87\,A}{137\,mm^2}$$
$$= 635\,\frac{mA}{mm^2} = 635\,\frac{A}{m^2}$$

2.5
$$S = \frac{dI}{dA} \text{ weil ein dimensional} \rightarrow S = \frac{dI}{dx}$$

$$\rightarrow I = \int_0^b S\,dx = \int_0^b \left(1 - e^{-\frac{x}{b}}\right)\frac{A}{m}\,dx$$

$$I = \left[x + be^{-\frac{x}{b}}\right]_0^b \frac{A}{m} = \left[b + be^{-1} - b\right]\frac{A}{m} = be^{-1}\frac{A}{m}$$

$$I = 0{,}02\,m \cdot 0{,}367\,\frac{A}{m} = 7{,}4\,mA$$

2.6   0 V   12,8 V   25,6 V   38,4 V

2.7
$$I = \frac{dq}{dt} \text{ weil Strom konst.} \rightarrow I = \frac{\Delta q}{\Delta t}$$

$$\Delta q_1 = I_1 \cdot \Delta t_1 = 2{,}5\,A \cdot 3\,h = 7{,}5\,Ah$$
$$\Delta q_2 = I_2 \cdot \Delta t_2 = 4\,A \cdot 4\,h = 16\,Ah$$
$$\Delta q = (\Delta q_1 + \Delta q_1) = (7{,}5\,Ah + 16\,Ah) = 23{,}5\,Ah$$
$$\Delta W = U \cdot \Delta q = 6{,}5\,V \cdot 51{,}5\,Ah = 334{,}75\,Wh$$

2.8
$$I = \frac{dq}{dt} \rightarrow q = \int_0^{t_{90}} I\,dt = I \cdot [t]_0^{t_{90}} = I \cdot t_{90}$$

$$\rightarrow W = U \cdot q = U \cdot I \cdot t_{90} = 3{,}5\,V \cdot 1{,}5\,A \cdot 1{,}5\,h = 7{,}875\,Wh$$

2.9 $R = \rho_{Cu} \dfrac{l}{A} = \rho_{Cu} \dfrac{4l}{d^2 \pi}$

$U = R \cdot I$

$I = \dfrac{U}{R} = \dfrac{U \cdot d^2 \pi}{\rho_{Cu} \cdot 4l} = \dfrac{0{,}23\,V \cdot (9{,}44\,mm)^2 \pi}{0{,}0178\,\frac{\Omega mm^2}{m} \cdot 4 \cdot 6\,m} = 150{,}7\,A$

2.10 a) $R_{Lei} = \rho_{Cu} \dfrac{l}{A} = 0{,}0178 \dfrac{\Omega mm^2}{m} \cdot \dfrac{1000\,m}{4\,mm^2} = 4{,}45\,\Omega$

$U_{Lei,15} = 2 \cdot R_{Lei} \cdot I_{15} = 2 \cdot 4{,}45\,\Omega \cdot 15\,A = 133{,}5\,V$

$U_{Ver} = U_{230} - U_{Lei} = 230\,V - 133{,}5\,V = 96{,}5\,V$

b) $U_{Lei,15} = 2 \cdot R_{Lei} \cdot I_{15} = 133{,}5\,V$

$U_{Lei,x} = R_{Lei} \cdot I_x = 40\,V$

$\rightarrow \dfrac{U_{Lei,15}}{I_{15}} = \dfrac{U_{Lei,x}}{I_x}$

$\rightarrow I_x = \dfrac{U_{Lei,x}}{U_{Lei,15}} \cdot I_{15} = \dfrac{40\,V}{133{,}5\,V} \cdot 15\,A = 4{,}5\,A$

c) $U_{Lei} = 2 \cdot R_{Lei} \cdot I_{15} = 2 \cdot \rho_{Cu} \dfrac{l}{A} \cdot I_{15} = 40\,V$

$\rightarrow A = \dfrac{2 \cdot \rho_{Cu} \cdot l \cdot I_{15}}{U_{Lei}} = \dfrac{2 \cdot 0{,}0178\,\frac{\Omega mm^2}{m} \cdot 1.000\,m \cdot 15\,A}{40\,V} = 13{,}4\,mm^2$

Der nächstgrößere Normquerschnitt beträgt $16\,mm^2$

2.11 a)
Für den Gleichstromwiderstand muss im jeweiligen Punkt der Spannungs- und Stromwert aus dem Diagramm ermittelt werden.

$R_A = \dfrac{U_A}{I_A} = \dfrac{11{,}5\,V}{12\,mA} = 958\,\Omega$

$R_B = \dfrac{U_B}{I_C} = \dfrac{7{,}5\,V}{3\,mA} = 2.500\,\Omega$

b)
Für den differentiellen Widerstand muss im jeweiligen Punkt die Tangente im Diagramm eingezeichnet und deren Steigung ermittelt werden.

$r_A = \dfrac{\Delta U_A}{\Delta I_A} = \dfrac{3\,V}{14\,mA} = 214\,\Omega$

$r_B = \dfrac{\Delta U_B}{\Delta I_B} = \dfrac{7\,V}{8\,mA} = 875\,\Omega$

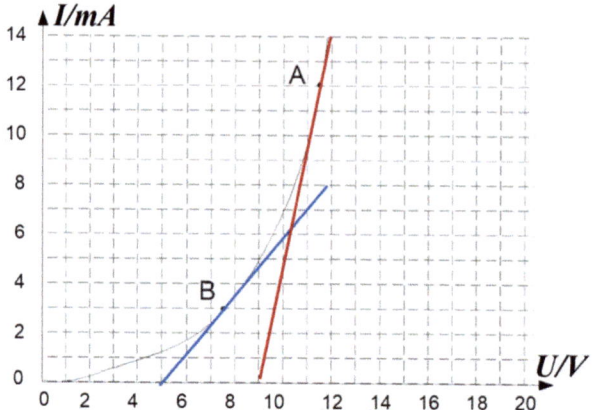

2.12 $\Delta R = R_{Tx} - R_{20} = 9{,}56\,\Omega - 8\,\Omega = 1{,}56\,\Omega$

$$\Delta T = \frac{\Delta R}{\alpha_{Cu} \cdot R_{20}} = \frac{1{,}56\,\Omega}{0{,}0039\,\frac{1}{k} \cdot 8\,\Omega} = 50\,K$$

Weil es Temperaturdifferenzen sind, entsprechen 50 K auch 50 °C.
$\Delta T = T_x - T_{20}$
$\to T_x = T_{20} + \Delta T = 20\,°C + 50\,°C = 70\,°C$

2.13 $\Delta U = I \cdot \Delta R$
$\to \Delta U \sim \Delta R$

$\Delta R = \alpha_{Cu} \cdot \Delta T \cdot R$

$\to U_\% \sim R_\% = \dfrac{\Delta R}{R} \cdot 100\,\% = \alpha_{Cu} \cdot \Delta T \cdot 100\,\%$

$= 0{,}0039\,\dfrac{1}{k} \cdot 20\,K \cdot 100\,\% = 7{,}8\,\%$

2.14 $P = U \cdot I$

$I = \dfrac{P}{U} = \dfrac{25\,W}{230\,V} = 109\,mA$

2.15 $P = U \cdot I$
$U = R \cdot I$

$\to P = \dfrac{U^2}{R} = \dfrac{(230\,V)^2}{52{,}5\,\Omega} = 1.008\,W \approx 1\,kW$

2.16 $R_{Draht} = \rho_{Cu}\,\dfrac{l}{A} = 0{,}0178\,\dfrac{\Omega mm^2}{m} \cdot \dfrac{200\,m}{1{,}5\,mm^2} = 2{,}37\,\Omega$

$P = U \cdot I$
$U = R \cdot I$
$\to P = R \cdot I^2 = 2{,}37\,\Omega \cdot (8{,}5\,A)^2 = 171\,W$

2.10 Lineare Netzwerke (Netzwerkanalyse)

2.17 a)
$$R_L = \rho_{Cu}\frac{l}{A} = 0{,}0178\,\frac{\Omega mm^2}{m} \cdot \frac{1.000\,m}{16\,mm^2} = 1{,}11\,\Omega$$
$$I_L = \frac{P_V}{U_V} = \frac{15.000\,W}{230\,V} = 65{,}2\,A$$
$$P_L = R_L \cdot I_L^2 = 1{,}11\,\Omega \cdot (65{,}2\,A)^2 = 4.719\,W$$

b)
$$I_L = \frac{P_V}{U_V} = \frac{15.000\,W}{2.300\,V} = 6{,}52\,A$$
$$P_L = R_L \cdot I_L^2 = 1{,}11\,\Omega \cdot (6{,}52\,A)^2 = 47{,}2\,W$$

c)
$$R_L = \rho_{Cu}\frac{l}{A} = 0{,}0178\,\frac{\Omega mm^2}{m} \cdot \frac{1.000\,m}{1\,mm^2} = 17{,}8\,\Omega$$
$$P_L = R_L \cdot I_L^2 = 17{,}8\,\Omega \cdot (6{,}52\,A)^2 = 757\,W$$

2.18
$$R_{234} = R_2 \| R_3 \| R_4$$
$$\frac{1}{R_{234}} = \frac{1}{R_2} + \frac{1}{R_3} + \frac{1}{R_4} = \frac{R_3 \cdot R_4 + R_2 \cdot R_4 + R_2 \cdot R_3}{R_2 \cdot R_3 \cdot R_4}$$
$$\rightarrow R_{234} = \frac{R_2 \cdot R_3 \cdot R_4}{R_3 \cdot R_4 + R_2 \cdot R_4 + R_2 \cdot R_3} = \frac{2\,\Omega \cdot 3\,\Omega \cdot 4\,\Omega}{3\,\Omega \cdot 4\,\Omega + 2\,\Omega \cdot 4\,\Omega + 2\,\Omega \cdot 3\,\Omega} = 0{,}92\,\Omega$$
$$R_g = R_1 + R_{234} = 1\,\Omega + 0{,}92\,\Omega = 1{,}92\,\Omega$$

2.19 $R_1 = R_2 = R_3 = R_4 = R_5 = R_6 = R$
$$R_{123} = (R_1 + R_2)\|R_3 = \frac{(R_1+R_2)R_3}{R_1+R_2+R_3} = \frac{(2R)R}{3R} = \frac{2}{3}R$$
$$R_{1235} = R_{123} + R_5 = \frac{2}{3}R + R = \frac{5}{3}R$$
$$R_{12345} = R_{1235}\|R_4 = \frac{R_{1235} \cdot R_4}{R_{1235} + R_4} = \frac{\frac{5}{3}R \cdot R}{\frac{5}{3}R + R} = \frac{5}{8}R$$
$$R_g = R_{12345} + R_6 = \frac{5}{8}R + R = \frac{13}{8}R = \frac{13}{8}3\,\Omega = \frac{39}{8}\,\Omega = 4{,}9\,\Omega$$

2.20
$$R_g = \frac{R_1 \cdot R_2}{R_1 + R_2} = \frac{R_1 \cdot (R_1 + \Delta R)}{2R_1 + \Delta R}$$
$$\rightarrow 1 \cdot R_1^2 + (\Delta R - 2R_g) \cdot R_1 - \Delta R \cdot R_g = 0$$

Die vorliegende gemischt-quadratische Gleichung kann z. B. mit der pq- oder hier mit der abc-Formel gelöst werden:

$$a = 1$$
$$b = (\Delta R - 2R_g)$$
$$c = -\Delta R \cdot R_g$$
$$R_{1_{1,2}} = \frac{-b \pm \sqrt{b^2 - 4ac}}{2a}$$
$$R_{1_{1,2}} = \frac{-(\Delta R - 2R_g) \pm \sqrt{(\Delta R - 2R_g)^2 + 4\Delta R \cdot R_g}}{2}$$

Da nur die positive Lösung physikalisch sinnvoll ist, ergibt sich:

$$R_1 = \frac{-(32\,\Omega - 2 \cdot 12\,\Omega) + \sqrt{(32\,\Omega - 2 \cdot 12\,\Omega)^2 + 4 \cdot 32\,\Omega \cdot 12\,\Omega}}{2} = 16\,\Omega$$

$$\rightarrow R_2 = R_1 + \Delta R = 16\,\Omega + 32\,\Omega = 48\,\Omega$$

2.21 a) $R_g = \dfrac{U_g}{I_g} = \dfrac{125\,V}{0{,}2\,A} = 625\,\Omega$

$R_g = \dfrac{R_1 \cdot R_2}{R_1 + R_2}$

$\rightarrow R_2 = \dfrac{R_g \cdot R_1}{R_1 - R_g} = \dfrac{625\,\Omega \cdot 650\,\Omega}{650\,\Omega - 625\,\Omega} = 16{,}25\,k\Omega$

b) $I_1 = \dfrac{U_g}{R_1} = \dfrac{125\,V}{0{,}65\,k\Omega} = 192\,mA$

$I_2 = \dfrac{U_g}{R_1} = \dfrac{125\,V}{16{,}25\,k\Omega} = 7{,}7\,mA$

$R_1 = R_2 = R$
$P = U \cdot I$

2.22 a) $U = R \cdot I$

$\rightarrow P = \dfrac{U^2}{R} = \dfrac{(230\,V)^2}{132{,}25\,\Omega} = 400\,W$

b) $R_g = R_1 + R_2 = 2R$

$P = \dfrac{U^2}{R_g} = \dfrac{(230\,V)^2}{2 \cdot 132{,}25\,\Omega} = 200\,W$

c) $R_g = \dfrac{R_1 \cdot R_2}{R_1 + R_2} = \dfrac{R}{2}$

$P = \dfrac{U^2}{R_g} = \dfrac{2 \cdot (230\,V)^2}{132{,}25\,\Omega} = 800\,W$

2.10 Lineare Netzwerke (Netzwerkanalyse)

2.23 $U_L = R_L \cdot I$

$U = (R_L + R_V) \cdot I$

$\rightarrow U = \left(\dfrac{U_L}{I} + R_V\right) \cdot I$

$\rightarrow R_V = \dfrac{U - U_L}{I} = \dfrac{6\,V - 3{,}8\,V}{0{,}02\,A} = 110\,\Omega$

2.24 $R_g = \dfrac{R_1 \cdot R_2}{R_1 + R_2} = \dfrac{5\,\Omega \cdot 8\,\Omega}{5\,\Omega + 8\,\Omega} = 3{,}08\,\Omega$

$I_1 = \dfrac{U}{R_1} = \dfrac{10\,V}{5\,\Omega} = 2\,A$

$I_2 = \dfrac{U}{R_2} = \dfrac{10\,V}{8\,\Omega} = 1{,}25\,A$

$I = I_1 + I_2 = 2\,A + 1{,}25\,A = 3{,}25\,A$

2.25 $I_2 = \dfrac{U}{R_2} = \dfrac{6{,}5\,V}{5\,k\Omega} = 1{,}3\,mA$

$I = I_1 + I_2 = 5\,mA + 1{,}3\,mA = 6{,}3\,mA$

$R_1 = \dfrac{U}{I_1} = \dfrac{6{,}5\,V}{5\,mA} = 1{,}3\,k\Omega$

2.26 $R_g = R_i + R_a = 10\,\Omega + 60\,\Omega = 70\,\Omega$

$I = \dfrac{U_q}{R_g} = \dfrac{4\,V}{70\,\Omega} = 57\,mA$

$U_i = R_i \cdot I = 10\,\Omega \cdot 57\,mA = 0{,}57\,V$

$U_K = R_a \cdot I = 60\,\Omega \cdot 57\,mA = 3{,}42\,V$

2.27 $U_K = U_q - U_i = 12\,V - 1\,V = 11\,V$

$R_a = \dfrac{U_K}{I} = \dfrac{11\,V}{0{,}5\,A} = 22\,\Omega$

$R_i = \dfrac{U_i}{I} = \dfrac{1\,V}{0{,}5\,A} = 2\,\Omega$

$R_g = R_i + R_a = 2\,\Omega + 22\,\Omega = 24\,\Omega$

2.28 $R_a = R_1 + R_2 = 10\,\Omega + 15\,\Omega = 25\,\Omega$

$R_g = R_i + R_a = 5\,\Omega + 25\,\Omega = 30\,\Omega$

$I = \dfrac{U_K}{R_a} = \dfrac{6\,V}{25\,\Omega} = 0{,}24\,A$

$U_q = R_g \cdot I = 30\,\Omega \cdot 0{,}24\,A = 7{,}2\,V$

$U_i = R_i \cdot I = 5\,\Omega \cdot 0{,}24\,A = 1{,}2\,V$

$U_1 = R_1 \cdot I = 10\,\Omega \cdot 0{,}24\,A = 2{,}4\,V$

$U_2 = R_2 \cdot I = 15\,\Omega \cdot 0{,}24\,A = 3{,}6\,V$

2.29
$$R_g = \frac{U_q}{I} = \frac{60\,V}{1,1\,A} = 54,5\,\Omega$$
$$R_3 = \frac{U_3}{I} = \frac{20\,V}{1,1\,A} = 18,2\,\Omega$$
$$R_i = R_g - (R_1 + R_2 + R_3) = 54,5\,\Omega - (15\,\Omega + 8\,\Omega + 18,2\,\Omega) = 13,3\,\Omega$$
$$U_K = (R_1 + R_2 + R_3) \cdot I = (15\,\Omega + 8\,\Omega + 18,2\,\Omega) \cdot 1,1\,A = 45,3\,V$$
$$U_i = R_i \cdot I = 13,3\,\Omega \cdot 1,1\,A = 14,6\,V$$
$$U_1 = R_1 \cdot I = 15\,\Omega \cdot 1,1\,A = 16,5\,V;\ U_2 = 8,8\,V;\ U_3 = 20\,V$$

2.30 Aus der linken Masche ergibt sich, dass der Spannungsabfall U_1 am Widerstand R_1 gleich der Spannung U sein muss:
$$U = U_1 = R_1 \cdot I_1$$
sodass I_1 berechnet werden kann
$$I_1 = \frac{U}{R_1} = 533\,mA$$

Die parallelen Widerstände R_2 und R_4 werden zusammengefasst:
$$R_{24} = \frac{R_2 \cdot R_4}{R_2 + R_4} = 27,3\,\Omega$$

das Schaltbild lautet damit

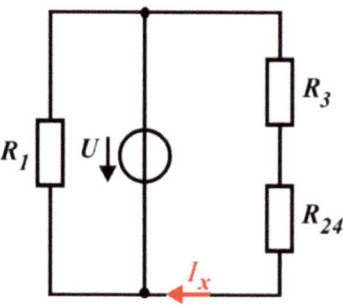

Aus der rechten Masche ergibt sich
$$U = U_3 + U_{24} = R_3 \cdot I_3 + R_{24} \cdot I_{24}$$
Da in einer Reihenschaltung von Widerständen jeweils die gleichen Ströme fließen, gilt
$$I_x = I_3 = I_{24}$$
Die Maschengleichung lautet dann
$$U = U_3 + U_{24} = I_x(R_3 + R_{24})$$
und der Strom I_x ist
$$I_x = \frac{U}{R_3 + R_{24}} = 713\,mA = I_3 = I_{24}$$

2.10 Lineare Netzwerke (Netzwerkanalyse)

Die Ströme I_2 und I_4 lassen sich über die Stromteiler-Regel (vgl. Gl. 2.33) berechnen:
$$I_2 = I_{24}\frac{R_4}{R_2 + R_4} = 388\,mA$$
$$I_4 = I_{24}\frac{R_2}{R_2 + R_4} = 324\,mA$$

2.31 a) $R_L = \rho_{Cu}\frac{l}{A} = \rho_{Cu}\frac{4l}{d^2\pi} = 0{,}0178\,\frac{\Omega mm^2}{m} \cdot \frac{4 \cdot 2 \cdot 17{,}5\,m}{(1{,}5\,mm)^2 \cdot \pi} = 353\,m\Omega$

$R_g = R_i + R_L + R_1 + R_2 = 1{,}8\,\Omega + 0{,}35\,\Omega + 14\,\Omega + 18\,\Omega = 34{,}15\,\Omega$

$I_L = \dfrac{U_K}{R_a} = \dfrac{U_K}{R_L + R_1 + R_2} = \dfrac{215\,V}{0{,}35\,\Omega + 14\,\Omega + 18\,\Omega} = 6{,}65\,A$

$P_L = U_L \cdot I_L$

$U_L = R_L \cdot I_L$

$\rightarrow P_L = R_L \cdot I_L^2 = 0{,}35\,\Omega \cdot (6{,}65\,A)^2 = 15{,}5\,W$

b) $U_q = R_g \cdot I_L = 34{,}15\,\Omega \cdot 6{,}65\,A = 227{,}1\,V$

$U_1 = R_1 \cdot I_L = 14\,\Omega \cdot 6{,}65\,A = 93{,}1\,V$

$U_2 = R_2 \cdot I_L = 18\,\Omega \cdot 6{,}65\,A = 119{,}7\,V$

$U_L = R_L \cdot I_L = 0{,}35\,\Omega \cdot 6{,}65\,A = 2{,}3\,V$

$U_i = R_i \cdot I_L = 1{,}8\,\Omega \cdot 6{,}65\,A = 12\,V$

2.32 $U_{q,g} = 3 \cdot U_q = 3 \cdot 1{,}5\,V = 4{,}5\,V$

$R_g = 3 \cdot R_i + R_a = 3 \cdot 0{,}4\,\Omega + 12\,\Omega = 13{,}2\,\Omega$

$I = \dfrac{U_{q,g}}{R_g} = \dfrac{4{,}5\,V}{13{,}2\,\Omega} = 0{,}34\,A$

$U_K = R_a \cdot I = 12\,\Omega \cdot 0{,}34\,A = 4{,}08\,V$

2.33 Weil $R_a = R_i$ ist $U_K = U_q/2$. Die Leerlaufspannung entspricht der Quellenspannung $U_q = U_{Leer}$.

$$R_i = \frac{U_q}{I_{kurz}} = \frac{0{,}48\,V}{0{,}8\,A} = 0{,}6\,\Omega$$

$$I = \frac{U_K}{R_a} = \frac{U_q}{2 \cdot R_i} = \frac{0{,}48\,V}{2 \cdot 0{,}6\,\Omega} = 0{,}4\,A$$

$$W = R_a \cdot I^2 = R_i \cdot I^2 = 0{,}6\,\Omega \cdot (0{,}4\,A)^2 = 96\,mW$$

2.34 $I_1 = 0\,A$

$U_{K1} = U_q = 4{,}5\,V$

$U_{K2} = I_2 \cdot R_a = 0{,}35\,A \cdot 12\,\Omega = 4{,}2\,V$

$R_i = \left|\dfrac{\Delta U_K}{\Delta I}\right| = \left|\dfrac{U_{K2} - U_{K1}}{I_2 - I_1}\right| = \left|\dfrac{4{,}2\,V - 4{,}5\,V}{0{,}35\,A - 0\,A}\right| = 857\,\Omega$

2.35 a)
$$I_1 = \frac{U_{K1}}{R_{a1}} = \frac{12\,V}{24\,\Omega} = 0{,}5\,A$$
$$I_2 = \frac{U_{K2}}{R_{a2}} = \frac{10\,V}{10\,\Omega} = 1\,A$$
$$R_i = \left|\frac{\Delta U_K}{\Delta I}\right| = \left|\frac{U_{K2} - U_{K1}}{I_2 - I_1}\right| = \left|\frac{10\,V - 12\,V}{1\,A - 0{,}5\,A}\right| = 4\,\Omega$$
$$U_q = U_K + R_i \cdot I = 12\,V + 4\,\Omega \cdot 0{,}5\,A = 10\,V + 4\,\Omega \cdot 1\,A = 14\,V$$
$$I_{kurz} = \frac{U_q}{R_i} = \frac{14\,V}{4\,\Omega} = 3{,}5\,A$$

b)
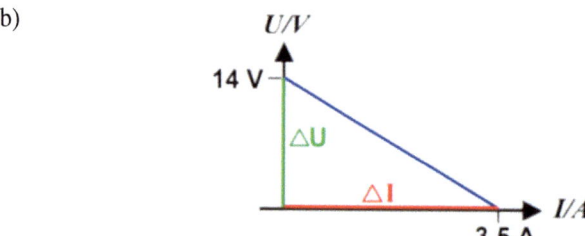

2.36 a)
Aus dem Diagramm kann der Wert $1{,}5\,A$ entnommen werden. Über diesem Wert bricht die Spannung stark ein.

b)
Aus dem Diagramm können z. B. die Wertepaare $12\,V \mid 0\,A$ und $11\,V \mid 1{,}5\,A$ entnommen werden.
$$R_i = \left|\frac{U_2 - U_1}{I_2 - I_1}\right| = \left|\frac{11\,V - 12\,V}{1{,}5\,A - 0\,A}\right| = 667\,m\Omega$$

c)
Die U-I-Fläche muss maximal werden.

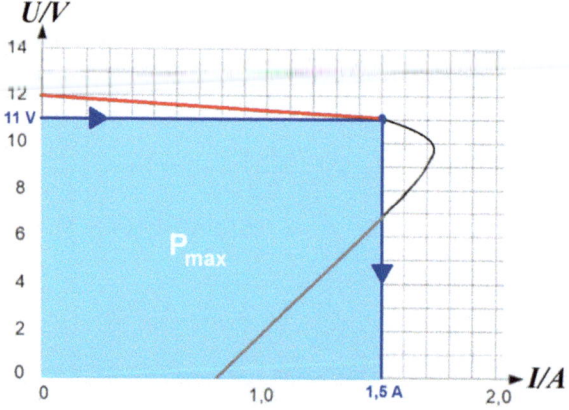

$$P_{max} = U \cdot I = 11\,V \cdot 1{,}5\,A = 16{,}5\,W$$

2.10 Lineare Netzwerke (Netzwerkanalyse)

2.37 Knoten A
$I_1 - I_2 - I_A = 0 \rightarrow I_2 = I_1 - I_A$
Knoten B
$I_B - I_3 - I_4 = 0 \rightarrow I_3 = I_B - I_4$
Knoten C
$I_2 + I_3 - I_C = 0 \rightarrow I_C = I_2 + I_3$
Knoten D
$I_4 - I_1 = 0 \rightarrow I_1 = I_4$
Netzknoten
$I_B - I_A - I_C = 0 \rightarrow I_C = I_B - I_A = 8\,A - 6\,A = 2\,A$
Masche
$U_{q2} + I_2 \cdot R_2 - I_3 \cdot R_3 + I_4 \cdot R_4 - U_{q1} + I_1 \cdot R_1 = 0$
$R_1 = R_2 = R_3 = R_4 = R$
$\rightarrow R \cdot (I_2 - I_3 + I_4 + I_1) = U_{q1} - U_{q2}$

Knotengleichungen A, B und D in die Maschengleichung einsetzen
$R \cdot ((I_1 - I_A) - (I_B - I_1) + I_1 + I_1) = U_{q1} - U_{q2}$
$R \cdot (4I_1 - 2I_A - I_C) = U_{q1} - U_{q2}$
$\rightarrow I_1 = \frac{1}{4}\left(\frac{U_{q1} - U_{q2}}{R} + I_A + I_B\right) = \frac{1}{4}\left(\frac{12\,V - 8\,V}{4\,\Omega} + 6\,A + 8\,A\right) = 3{,}75\,A$
$I_2 = I_1 - I_A = 3{,}75\,A - 6\,A = -2{,}25\,A$
$I_3 = I_B - I_4 = I_B - I_1 = 8\,A - 3{,}75\,A = 4{,}25\,A$
$I_4 = I_1 = 3{,}75\,A$

2.38 $I_1 = I_3$
Knoten A
$I_3 - I_2 - I_4 = I_1 - I_2 - I_4 = 0$
$\rightarrow I_4 = I_1 - I_2$

Masche 1

$-U_{q2} + I_2 \cdot R_2 + I_1 \cdot R_1 - U_{q1} + I_3 \cdot R_3 = -U_{q2} + I_2 \cdot R_2 + I_1 \cdot R_1 - U_{q1} + I_1 \cdot R_3 = 0$
$\rightarrow I_1 \cdot (R_1 + R_3) + I_2 \cdot R_2 = U_{q1} + U_{q2}$

Masche 2
$U_{q2} + I_4 \cdot R_4 - I_2 \cdot R_2 = 0$
$\rightarrow I_2 \cdot R_2 - I_4 \cdot R_4 = U_{q2}$

In die Maschengleichung 2 wird die Knotengleichung eingesetzt und nach dem Strom I_2 umgestellt.
$\rightarrow I_2 \cdot R_2 - (I_1 - I_2) \cdot R_4 = U_{q2}$
$\rightarrow I_2 = \dfrac{U_{q2} + I_1 \cdot R_4}{R_2 + R_4}$

Der Strom I_2 wird in die Maschengleichung 1 eingesetzt und nach dem Strom I_1 umgestellt.

$$\rightarrow I_1 \cdot (R_1 + R_3) + \frac{U_{q2} + I_1 \cdot R_4}{R_2 + R_4} \cdot R_2 = U_{q1} + U_{q2}$$

$$\rightarrow I_1 = \frac{(R_2 + R_4)(U_{q1} + U_{q2}) - R_2 U_{q2}}{(R_2 + R_4)(R_1 + R_3) + (R_2 R_4)}$$

$$\rightarrow I_1 = \frac{(5\,\Omega + 10\,\Omega)(8\,V + 5\,V) - 5\,\Omega \cdot 5\,V}{(5\,\Omega + 10\,\Omega)(5\,\Omega + 2\,\Omega) + (5\,\Omega \cdot 10\,\Omega)} = 1{,}1\,A$$

$$\rightarrow I_2 = \frac{U_{q2} + I_1 \cdot R_4}{R_2 + R_4} = \frac{5\,V + 1{,}1\,A \cdot 10\,\Omega}{(5\,\Omega + 10\,\Omega)} = 1{,}1\,A$$

$$\rightarrow I_4 = I_1 - I_2 = 1{,}1\,A - 1{,}1\,A = 0\,A$$

2.39 Knoten A
$I_1 - I_3 - I_4 = 0$
Knoten B
$I_4 - I_5 + I_6 = 0$
Knoten C
$I_3 - I_2 - I_6 = 0$
$R_1 = R_2 = R_3 = R_4 = R_5 = R_6 = R$
Masche I
$I_5 \cdot R - U_{q1} + I_1 \cdot R + I_4 \cdot R = 0 \rightarrow \frac{U_{q1}}{R} = I_1 + I_4 + I_5 = \frac{18\,V}{5\,\Omega} = 3{,}6\,A$

Masche II
$I_3 \cdot R + I_6 \cdot R - I_4 \cdot R - U_{q3} = 0 \rightarrow \frac{U_{q3}}{R} = I_3 - I_4 + I_6 = \frac{14\,V}{5\,\Omega} = 2{,}8\,A$

Masche III
$I_2 \cdot R + U_{q2} - I_5 \cdot R - I_6 \cdot R = 0$
$$\rightarrow \frac{U_{q2}}{R} = -I_2 + I_5 + I_6 = \frac{16\,V}{5\,\Omega} = 3{,}2\,A$$

Nach dem Lösen des Gleichungssystems ergibt sich:

$I_1 = 1{,}7\,A$

$I_2 = 0{,}0\,A$

$I_3 = 1{,}5\,A$

$I_4 = 0{,}2\,A$

$I_5 = 1{,}7\,A$

$I_6 = 1{,}5\,A$

3 Elektrostatik

3.1 Das Coulombsche Gesetz

Bereits Newton hat in seinem **Reaktionsaxiom** festgestellt, dass Kräfte (auch Fernwirkungskräfte) immer paarweise auftreten. Wird von einem Körper auf einen zweiten eine Kraft ausgeübt (actio), so bedingt dies, dass der zweite Körper auf den ersten ebenfalls eine Kraft ausübt (reactio), die mit der ersten Kraft in Betrag und Wirkungslinie übereinstimmt, jedoch entgegengesetzt gerichtet ist; actio = reactio. In Abb. 3.1, links zieht Herr Newton mit einem Seil an einem Baum. Solange sich weder Herr Newton noch der Baum in eine Richtung bewegen, sind die Kräfte gleich. Der Zusammenhang ist auch in Abb. 3.1, rechts dargestellt. Solange beim Tauziehen die Kräfte beider Personen gleich sind, bewegen sie sich nicht.

▶ In der Physik werden Vorgänge, die im selben Zustand verharren, also unbewegt bzw. unverändert sind, als statisch bezeichnet.

Der französische Physiker Charles Augustin de Coulomb (1736 bis 1806) gilt als der Begründer sowohl der **Elektrostatik** als auch der **Magnetostatik**. Um das Jahr 1785 entdeckt er das nach ihm benannte Gesetz, das seither in umfangreichen Experimenten bestätigt werden konnte. Allgemein gilt:

- Es existieren definitionsgemäß nur zwei Arten (positive und negative) Ladungen.
- Alle geladenen Körper üben aufeinander Kräfte aus, die als elektrische Kräfte (**Coulomb-Kräfte**) bezeichnet werden.
- Die Richtung dieser Kräfte verläuft auf der Verbindungsgeraden der beiden Ladungsschwerpunkte, der Betrag der Coulomb-Kräfte $\vec{F}_C$ ist (wegen der Wechselwirkung actio = reactio) gleich groß.

Abb. 3.1 Darstellung des Reaktionsaxioms von Newton

- Die Kräfte sind bei gleichartigen Ladungen voneinander weg und bei verschiedenartigen Ladungen aufeinander zu gerichtet.
- Der Betrag der Coulomb-Kraft $\vec{F}_C$ ist proportional zu beiden Ladungen und umgekehrt proportional zum Quadrat des Abstandes der beiden Ladungsschwerpunkte, vgl. Gl. 3.1.

Das Gesetz beschreibt somit die Kräfte zwischen zwei punktförmigen Ladungen q_1 und q_2, die sich im Abstand r voneinander befinden. Dabei werden die beiden Kräfte mit $\vec{F}_{12}$ (Kraft, die Ladung 1 auf Ladung 2 ausübt) und $\vec{F}_{21}$ (Kraft, die Ladung 2 auf Ladung 1 ausübt) bezeichnet, wenn die Ladungen verschiedenartig sind (siehe Abb. 3.2). Die beiden Kräfte sind ganz analog zum Gravitationsgesetz nach dem Newtonschen Reaktionsaxiom entgegengesetzt gerichtet und betragsgleich.

Für den Betrag der **Coulomb-Kraft** gilt im Vakuum (annähernd auch in Luft)

$$F_C = \frac{1}{4\pi\varepsilon_0}\frac{q_1 \cdot q_2}{r^2} = \text{konst.}\frac{q_1 \cdot q_2}{r^2} \quad [F_C] = N \tag{3.1}$$

mit der **elektrischen Feldkonstante** [oder **Permittivität des Vakuums** ε_0 ($= 8{,}854 \cdot 10^{-12} As/Vm$ oder C^2/Nm^2)]. In einigen Lehrbüchern ist auch noch die veraltete Bezeichnung „**Dielektrizitätskonstante**" zu finden.

Hinweis: In Abschn. 4.3 wird die **magnetische Feldkonstante** (oder **Permeabilität des Vakuums**) μ_0 ($= 4\pi \cdot 10^{-7} Vs/Am$ oder N/A^2) eingeführt.

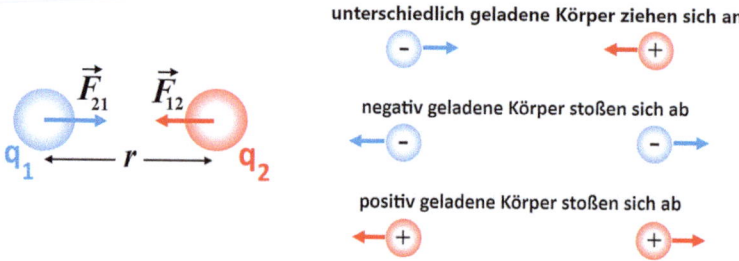

Abb. 3.2 Prinzipielle Abhängigkeit der beiden Coulomb-Kräfte bei verschiedenartigen Ladungen q_1 und q_2, die den Abstand r haben (**links**) sowie die Wirkung von gleichen und ungleichen Ladungen (**rechts**)

3.2 Das elektrische Feld

Abb. 3.3 Anwendung des Superpositionsprinzips zwischen drei Ladungen. Die Ladungen q_1 und q_2 sind gleichartig und wirken auf die verschiedenartige Ladungen q_0 mit den Abständen r_{01} und r_{02}

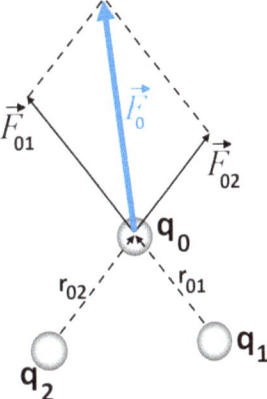

▸ Das Analogon zur Coulomb-Kraft in der Mechanik ist die Gravitations-Kraft

$$F_G = G \frac{m_1 \cdot m_2}{r^2} \quad [F_G] = N$$

mit den punktförmigen Massen m sowie der Gravitationskonstanten G.

Wirken mehrere Punktladungen aufeinander, kann die Gesamtkraft $\vec{F}_0$ auf eine der Ladungen q_0 über das **Superpositionsprinzip** ermittelt werden (siehe Abb. 3.3). Dazu muss die **(vektorielle)** Summe der Kräfte zwischen q_0 und den anderen Ladungen ermittelt werden.

Für die Kräfte gilt allgemein

$$\vec{F}_0 = \vec{F}_{01} + \vec{F}_{02} + \vec{F}_{03} + \cdots$$

und für den Betrag der Gesamtkraft F_0, die auf die Ladung q_0 wirkt, gilt

$$F_0 = \frac{1}{4\pi\varepsilon_0}\left(\frac{q_0 \cdot q_1}{r_{01}^2} + \frac{q_0 \cdot q_2}{r_{02}^2} + \frac{q_0 \cdot q_3}{r_{03}^2} + \cdots\right)$$

$$F_0 = q_0\left[\frac{1}{4\pi\varepsilon_0}\left(\frac{q_1}{r_{01}^2} + \frac{q_2}{r_{02}^2} + \frac{q_3}{r_{03}^2} + \cdots\right)\right]$$

3.2 Das elektrische Feld

Der Ausdruck zuvor in der eckigen Klammer wird auch als elektrisches Feld und die Ladungen $q_1, q_2, \cdots$ als Quellen des **elektrischen Feldes (felderzeugende Ladungen)** bezeichnet. Für den Betrag gilt

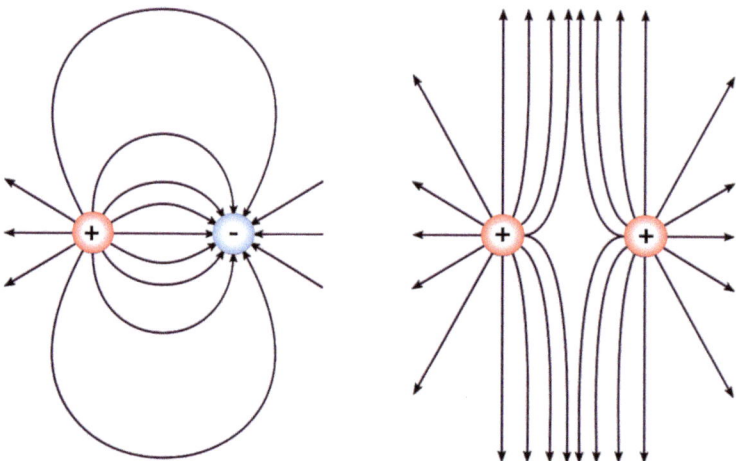

Abb. 3.4 Feldlinien zwischen zwei unterschiedlichen (positive und negative, **links**) sowie zwei gleichen (positiven) Ladungen (**rechts**)

$$F_0 = q_0 \cdot E \quad [E] = \frac{N}{C} = \frac{V}{m} \tag{3.2}$$

Die **Größe** $\vec{E}$ ist wie die Kraft ein Vektor, dessen Betrag und Richtung von den Größen, den Vorzeichen und der Anordnung aller Punktladungen abhängt. Vereinbarungsgemäß weist der Vektor **von positiven (Quellen) zu negativen (Senken)** Ladungen (siehe Abb. 3.4), sodass keine „geschlossenen" Vektoren/Feldlinien existieren. Die Gesamtheit der Feldvektoren wird elektrisches Feld (kurz **E-Feld**) genannt. Das Feld ordnet jedem Punkt eine lokale Eigenschaft zu, d. h., wird eine (Probe-)Ladung q_0 an einen Punkt im Raum gebracht, erfährt sie die Kraft $\vec{F}_0$ von den felderzeugenden Ladungen, die vom Ort abhängig ist.

In der Elektrostatik wird oft auch von der sogenannten **Divergenz** gesprochen, um die Verteilung von elektrischen Ladungen zu beschreiben, wie stark ein Feld aus einer positiven Ladung „herausströmt" oder in eine negative Ladung „hineinströmt".

▶ Die sog. Divergenz sagt aus, wie viel mehr aus einer Umgebung eines bestimmten Punktes hinaus- als hineinfließt – wie z. B. bei einem Stausee mit Zulauf und Auslass. Ist die Divergenz positiv, so handelt es sich bei dem betrachteten Punkt (Stausee) um eine Quelle. Es fließt also mehr hinein als hinaus – es entsteht ein „Wasserüberschuss". Ist die Divergenz negativ, so handelt es sich bei dem betrachteten Punkt um eine Senke. Das bedeutet wiederum, es fließt mehr hinaus als hinein – das Wasser „verschwindet". Ergibt sich eine Divergenz von null, so handelt es sich um ein quellen- und senkfreies Feld.

3.2 Das elektrische Feld

Der Betrag des Feldes an einem Punkt r_0 im Raum, das von einer Punktladungsverteilung erzeugt wird, berechnet sich gemäß der Definition zu

$$E(r_0) = \frac{1}{4\pi\varepsilon_0}\left(\frac{q_1}{r_{01}^2} + \frac{q_2}{r_{02}^2} + \frac{q_3}{r_{03}^2} + \cdots\right) = \frac{1}{4\pi\varepsilon_0}\sum_{i=1}\frac{q_i}{r_{0i}^2}$$

In der Praxis ist die Anzahl der Punktladungen zu groß, deshalb werden Ladungen als kontinuierlich verteilt betrachtet. Die Summenformel geht dann in ein Integral über, was zu einer Raumladungsdichte mit der Einheit C/m^3 führt.

Zum Beispiel kann der menschliche Körper als elektrischer Leiter angesehen werden, auch wenn er kein besonders guter Leiter ist. Unter dem Einfluss von elektrischen Feldern kann es im menschlichen Körper daher zu Ladungsverschiebungen kommen. Die machen sich aber nur bei sehr hohen Feldstärken bemerkbar. Es ist dann ein leichtes Kribbeln zu spüren. Solche hohen Feldstärken sind aber z. B. nur in einem Umspannwerk möglich, in der freien Umgebung kommen sie nicht vor.

▶ Ein elektrisches Feld beschreibt die Kraft, die auf elektrische Ladungen wirkt und sie in Bewegung versetzt. Dies ist vergleichbar mit einem **Druckgradienten** im Stausee: Ein hoher Druckunterschied lässt das Wasser z. B. schneller fließen. Dieser Zusammenhang lässt die Vermutung zu, dass die elektrische Spannung auch mit der Feldstärke zusammenhängt.

Definition der Spannung mittels der elektrischen Feldstärke
In Abschn. 2.2 wurde die elektrische **Spannung** U über die potenzielle Energie eingeführt, nach Gl. 2.13 gilt

$$U = \Delta\varphi = \frac{\Delta W}{q_0}$$

Die elektrische Spannung kann aber auch über die elektrische Feldstärke definiert werden.

Außerdem gilt für den **Sonderfall**, wenn eine (Punkt)Ladung q_0 mit einer (Antriebs-)Kraft längs des Weges bewegt wird

$$\Delta W = -F \cdot s$$

Das **negative** Vorzeichen gibt an, dass die Kraft von **außen** wirkt. Befindet sich die Ladung q_0 in einem elektrischen Feld und bewegt sich längs der Feldlinien, ergibt sich für die elektrische Spannung der Sonderfall

$$U = \frac{\Delta W}{q_0} = -\frac{F \cdot s}{q_0} = -\frac{q_0 \cdot E \cdot s}{q_0} = -E \cdot s \qquad (3.3)$$

Bewegt sich die Ladung jedoch nicht längs der Feldlinien (**allgemeiner Fall**), wird nur der Anteil des Feldstärkevektors berücksichtigt, der längs des Weges wirkt, was über das innere Produkt (Skalarprodukt) bestimmt werden kann. Der gesamte Weg muss dann in infinitesimale (sehr kleine) Wegstücke „zerlegt" werden, was mathematisch durch eine Integration des Skalarproduktes erfolgt.

$$\Delta W = -\int_A^B \vec{F} \cdot d\vec{s} = -q_0 \int_A^B \vec{E} \cdot d\vec{s}$$

bzw.

$$U_{AB} = \frac{\Delta W}{q_0} = -\int_A^B \vec{E} \cdot d\vec{s} \tag{3.4}$$

Somit kann die **elektrische Spannung** zwischen den **Punkten A und B** über die **elektrische Feldstärke bestimmt** werden.

Beispiel 3.1

Eine Ladung von zwei Millionen Elektronen wird in einem homogenen elektrischen Feld der Feldstärke $12\,kV/cm$ um $3\,mm$ entgegen des Feldes in Feldlinienrichtung verschoben.

Um die verrichtete Arbeit zu berechnen ergibt sich mit Gl. 2.2 zunächst die Ladungsmenge

$$q_0 = e \cdot (N_p - N_e) = -e \cdot N_e$$

$$q_0 = 1{,}602 \cdot 10^{-19} As \cdot 2 \cdot 10^6 = 0{,}3204\,pC$$

Für die verrichtete Arbeit gilt (vgl. Gl. 3.3)

$$U = \Delta\varphi = \frac{\Delta W}{q_0} = -E \cdot s$$

$$W = +E \cdot s \cdot q_0$$

$$W = 12\,\frac{kV}{cm} \cdot 0{,}3\,cm \cdot 0{,}3204 \cdot 10^{-12}\,As = 1{,}15 \cdot 10^{-9}\,VAs = 1{,}15\,nJ$$

Der Wert ist positiv, weil entgegen der Feldrichtung verschoben wird und damit die potenzielle Energie zunimmt. ◄

Beispiel 3.2

Zwischen zwei Metallplatten mit dem Abstand $10\,mm$ befindet sich eine Punktmasse der Masse $1\,mg$ und der Ladung $100\,nC$. Damit die Masse schwebt muss eine Spannung angelegt werden.

Die Gewichtskraft wirkt der Coulomb-Kraft entgegen. Damit die Masse schweben kann, müssen sich die Kräfte gegenseitig aufheben. Es gilt

$$F_C = F_G$$

mit **Gl. 3.3** ergibt sich

$$U = -\frac{F_C \cdot s}{q_0}$$

$$F_C = -\frac{U \cdot q_0}{s} = F_G = m \cdot g$$

$$U = -\frac{m \cdot g \cdot s}{q_0} = -\frac{1 \cdot 10^{-3} \text{ g} \cdot 9{,}81 \frac{m}{s^2} \cdot 10 \cdot 10^{-3} \text{ m}}{100 \cdot 10^{-9} \text{ C}} = -981 \text{ V}$$

◀

3.3 Der elektrische Fluss im Vakuum

Der elektrische Fluss transportiert keinen Stoff, wie beispielsweise Ladungsträger, er **überträgt** lediglich die **Wirkung des zugrunde liegenden Kraftfeldes** von einem Punkt zu einem anderen. Allgemein gilt in der Elektrostatik:

- Die Richtung der elektrischen Feldstärke $\vec{E}$, an jeder Stelle des Raumes, wird durch Feldlinien dargestellt.
- Die Dichte der elektrischen Ladungen wird durch die Dichte der Feldlinien dargestellt (eng beieinanderliegende Feldlinien bedeutet eine große Ladungsdichte). Diese **elektrische Flussdichte** wird in der Literatur mit $\vec{D}$ bezeichnet.
- Der elektrische Fluss ψ entspricht der Anzahl der Feldlinien, die insgesamt von einer Ladung ausgehen oder enden, die von einer beliebigen Hüllfläche umschlossen wird. Dabei trägt nur der Anteil der Feldlinien zum Fluss bei, der normal (senkrecht) zur einhüllenden Fläche steht. Mathematisch wird dies bei Vektoren mit dem inneren Produkt (Skalarprodukt) beschrieben (siehe Abb. 3.5).
- Weil das Universum nach heutigem Kenntnisstand elektrisch neutral ist, müssen alle Feldlinien, die von einer Ladung ausgehen, bei einer anderen, ungleichnamigen Ladung enden.

Abb. 3.5 Eine von einer beliebig geformten Hüllfläche (mit der Oberfläche O) umschlossene Ladung

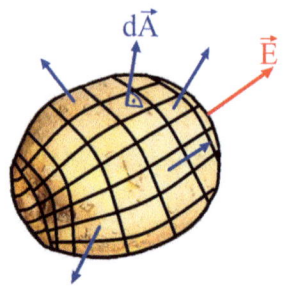

▶ Die elektrische Feldstärke $\vec{E}$ ist mit der elektrischen Flussdichte $\vec{D}$ im Vakuum (Luft) über die sog. **elektrische Feldkonstante** ε_0 verknüpft. Die elektrische Feldkonstante des Vakuums wird auch als **Permittivität des Vakuums** bezeichnet und ist $\varepsilon_0 = 8{,}8542 \cdot 10^{-12}\,\text{As/Vm}$.

Analog zur Berechnung der skalaren Größe Strom wird mit der Stromdichte S und der durchflossenen Fläche A das Betragsprodukt

$$\psi = \varepsilon_0 \cdot E \cdot A = D \cdot A \quad (\text{vgl.}\, I = S \cdot A) \tag{3.5}$$

definiert.

Der **elektrische Fluss** ψ wird allgemein mit der elektrischen Feldstärke $\vec{E}$ über alle Flächenelemente $d\vec{A}$ „aufsummiert" (**Gaußsches Gesetz**)

$$\psi = \int_A \vec{D} \cdot d\vec{A} = \varepsilon_0 \int_A \vec{E} \cdot d\vec{A} \quad [\psi] = C \tag{3.6}$$

Liegt die Fläche in geschlossener Form vor (siehe Abb. 3.5), wird das Flächenintegral als sog. Ringintegral dargestellt. Diese Thematik wird hier nicht näher behandelt. Es gilt jedoch (ohne weiter darauf einzugehen)

$$\psi = \oint_O \vec{D} \cdot d\vec{A}$$

▶ An einem windigen Tag wandern Sie um einen Stausee. Wenn Sie an jeder Stelle des Weges um den Stausee die Windstärke messen würden, also wie der Wind schiebt oder entgegen bläst, könnten die Messwerte mit einem Ringintegral (entlang des Weges) aufsummiert werden. Wenn der Wind die permanent in eine Richtung um den Stausee herum weht, ergibt das Integral einen positiven Wert, wenn der Wind z. B. mal vorwärts, mal rückwärts weht und sich die Kräfte ausgleichen, könnte das Ringintegral auch null ergeben. Ebenso kann der elektrische Fluss entlang eines Weges oder um eine Hüllfläche berechnet werden.

Der elektrische Fluss ist ein Maß für die Anzahl der elektrischen Feldlinien, die von einer durch ein beliebig gewählte Hüllfläche (Oberfläche) eingeschlossene Ladung senkrecht die Fläche durchdringen.

3.4 Das Gaußsche Gesetz im Vakuum

Das Gaußsche Gesetz beschreibt in der Elektrostatik den elektrischen Fluss des elektrischen Feldes einer gegebenen Ladung durch eine beliebig geformte, geschlossene Fläche. Dabei ist es gleichgültig, wie die gesamte Ladung innerhalb des von dieser Fläche umschlossenen Volumens verteilt ist. Das Gesetz folgt aus dem Coulombschen Gesetz und dem Superpositionsprinzip. Wie das **Amperesche Gesetz**, das **Analogon für die Magnetostatik,** ist auch das **Gaußsche Gesetz** eine der vier **Maxwellschen Gleichungen**.

Diese Gleichungen von James Clerk Maxwell (1831 bis 1879) beschreiben, wie elektrische und magnetische Felder untereinander sowie elektrische Ladungen und der elektrische Strom zusammenhängen. Maxwell kombinierte in seinen Gleichungen das Gaußsche Gesetz (auch: **Durchflutungssatz**) mit dem Induktionsgesetz. Da auch in der Elektrotechnik die Kontinuitätsgleichung gelten muss, hat er den sog. Verschiebungsstrom eingeführt, für nähere Informationen wird auf weitergehende Literatur verwiesen.

Die Oberfläche O, der die Gesamtladung Q umhüllenden Fläche, kann in sehr kleine Vektoren $d\vec{A}$ unterteilt werden, deren Betrag genau der Flächeninhalt des Stückes ist, und deren Richtung genau senkrecht auf der Ebene steht (Normalenvektor, siehe Abb. 3.5). Der Fluss durch ein solches Stück ist die Komponente des Feldes in der Richtung des Stückes mit dem Flächeninhalt multipliziert, was durch das Skalarprodukt ausgedrückt wird. Der Gesamtfluss durch die Fläche ist dann das Oberflächenintegral dieses Produktes über die gesamte Oberfläche.

In der integralen Form gilt (es existiert auch eine differentielle Form des Gesetzes, auf die nicht weiter eingegangen wird)

$$\psi = \oint_O \vec{D} \cdot d\vec{A} = Q = \varepsilon_0 \int_A \vec{E} \cdot d\vec{A} \tag{3.7}$$

mit der **elektrischen Feldkonstante** ε_0.

Die Gesamtladung ist bei Punktladungen die Summe aller Einzelladungen

$$Q = \sum Q_i$$

und bei kontinuierlichen Ladungsverteilungen ϱ im Volumen V

$$Q = \int \varrho \, dV$$

Das Gaußsche Gesetz gilt immer, ist aber nur bei wenigen speziellen (symmetrischen) Anordnungen „einfach" anzuwenden, bei denen der Verlauf des elektrischen Feldes bekannt ist, wie in den vier nachfolgenden Beispielen.

Beispiel 3.3

Die Gesamtladungen Q befinden sich gleichmäßig (homogen) auf der Oberfläche einer kleinen geladenen Kugel, sodass aus Gründen der Kugelsymmetrie das Feld radial und kugelsymmetrisch ist. Jede Feldlinie durchdringt somit senkrecht das jeweilige Flächenelement der „einhüllenden" Kugel.

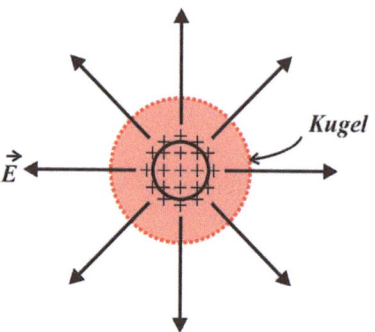

Daraus ergibt sich

$$\oint_O \vec{E} \cdot d\vec{A} = E 4\pi r^2 = \frac{1}{\varepsilon_0} Q$$

$$E(r) = \frac{Q}{\varepsilon_0 4\pi r^2}$$

$$E(r) = \text{konstant} \cdot \frac{1}{r^2}$$

Das Feld nimmt mit $1/r^2$ ab. ◄

Beispiel 3.4

Die Ladungen auf einem geraden und sehr langen, geladenen Draht werden durch die homogene Linienladungsdichte (Ladungen pro Längeneinheit) $\lambda = Q/l$ beschrieben. Aus Gründen der Zylindersymmetrie ist das Feld radial und jede Feldlinie durchdringt senkrecht die Mantelfläche des „einhüllenden" Zylinders. Die Grund- und Deckfläche des Zylinders werden von keinen Feldlinien durchdrungen.

3.4 Das Gaußsche Gesetz im Vakuum

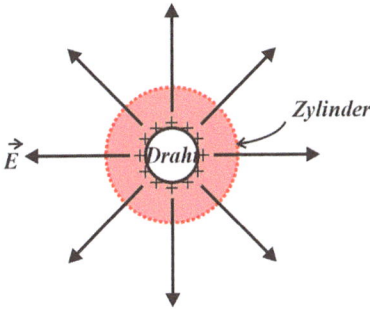

Daraus ergibt sich

$$\oint_O \vec{E} \cdot d\vec{A} = E 2\pi r l = \frac{Q}{\varepsilon_0}$$

$$E(r) = \frac{\lambda}{\varepsilon_0 2\pi r}$$

$$E(r) = \text{konstant} \cdot \frac{1}{r}$$

Das Feld nimmt mit $1/r$ ab. ◀

Beispiel 3.5

Die Ladungen auf einer räumlich sehr ausgedehnten Platte werden durch die homogene Flächenladungsdichte (Ladungen pro Flächeneinheit) $\sigma = Q/A$ beschrieben. Aus Gründen der Spiegelsymmetrie ist das Feld eben und jede Feldlinie durchdringt senkrecht die gegenüber liegenden zwei Seitenflächen des „einhüllenden" Würfels.

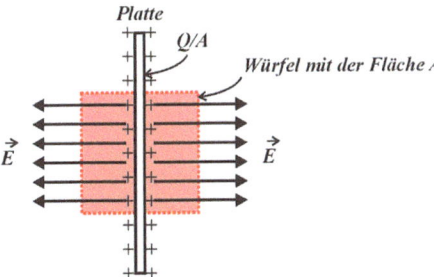

Daraus ergibt sich

$$\oint_O \vec{E} \cdot d\vec{A} = E_l A + E_r A = \frac{Q}{\varepsilon_0}$$

$$E_{\text{Platte}} = \frac{\sigma}{2\varepsilon_0}$$

◀

Beispiel 3.6

Wird das Superpositionsprinzip angewandt, kann der Feldverlauf einer positiv und negativ geladenen und sehr ausgedehnten Platte ermittelt werden. Aus Gründen der Spiegelsymmetrie ist das Feld eben und die Feldlinie verlaufen alle parallel. Die Ladungen befinden sich homogen verteilt auf den Oberflächen der Platten und die Feldlinie verlaufen alle parallel. Links der positiv und rechts der negativ geladenen Platte addiert sich das Feld jeweils zu Null und zwischen den Platten ergibt sich der doppelte Wert.

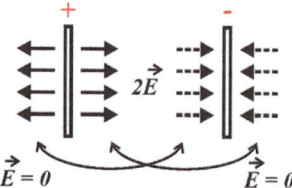

Daraus ergibt sich für das Feld zwischen den Platten

$$E = 2 \cdot E_{\text{Platte}} = \frac{\sigma}{\varepsilon_0} = \frac{Q}{\varepsilon_0 A}$$

sowie für den elektrischen Fluss

$$\psi = D \cdot A = \varepsilon_0 \cdot E \cdot A \qquad (3.8)$$

◀

Beispiel 3.7

Ein luftbefüllter Plattenkondensator der Fläche $0{,}2\,m^2$ mit dem Plattenabstand $1{,}5\,mm$ ist mit einer Spannungsquelle verbunden, die eine Spannung von $500\,V$ liefert.

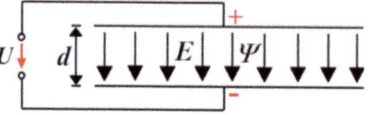

Mit Gl. 3.4 ergibt sich für den Betrag der elektrischen Feldstärke

$$U = \Delta\varphi = \frac{\Delta W}{q_0} = |-E \cdot d|$$

$$E = \left|-\frac{U}{d}\right| = \left|-\frac{500\ V}{1{,}5 \cdot 10^{-3}\ m}\right| = 3{,}33 \cdot 10^5 \frac{V}{m}$$

und somit für den elektrischen Fluss (vgl. Gl. 3.8)

$$\Psi = \varepsilon_0 \cdot E \cdot A$$

$$\Psi = 8{,}8542 \cdot 10^{-12} \frac{As}{Vm} \cdot 3{,}33 \cdot 10^5 \frac{V}{m} \cdot 0{,}2\ m^2 = 5{,}9 \cdot 10^{-7}\ As$$

◀

3.5 Das Gaußsche Gesetz mit Dielektrikum

Sowohl elektrisch leitende (z. B. Metall) als auch isolierende Stoffe (z. B. Kunststoff) verändern das elektrische Feld. **Isolatoren** werden auch als **Dielektrikum** bezeichnet.

Influenz

Werden elektrisch leitende Stoffe in ein elektrisches Feld gebracht, verschieben sich die frei beweglichen Ladungsträger an die Oberfläche als Gegenladung, da kein Stromfluss erfolgt (siehe Abb. 3.6). Werden die Platten nun getrennt liegen zwei unterschiedlich geladene Platten vor, zwischen denen – aufgrund des äußeren Feldes – zunächst kein inneres elektrisches Feld entsteht. Dies wird erst bei vollständigem Herausziehen erzeugt.

Polarisation

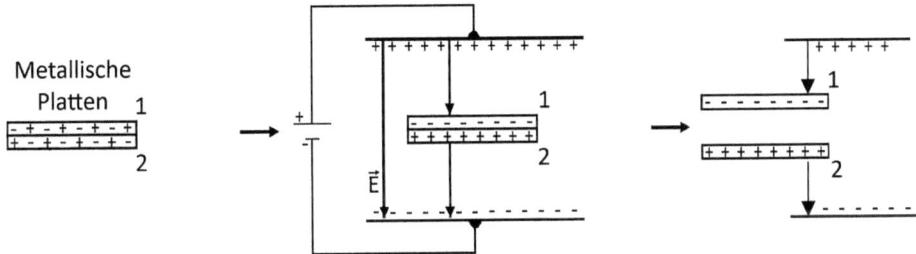

Abb. 3.6 Anschauliche Darstellung der Influenz. Ladungen innerhalb der Metallplatten, wenn zwei Platten in ein E-Feld kommen und getrennt werden

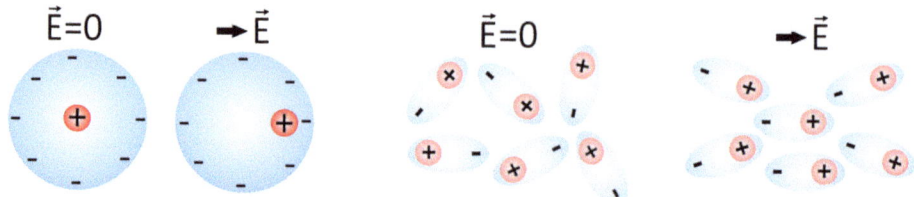

Abb. 3.7 Prinzipdarstellung der Verschiebungs- (Elektronenwolkenverschiebung eines Atoms, **links**) und Orientierungspolarisation (Ausrichtung der Moleküle, **rechts**), jeweils mit und ohne äußerem Feld

In elektrisch isolierenden Stoffen gibt es keine frei beweglichen Ladungsträger, sie können sich nur innerhalb des Atoms verschieben (ausrichten). Die Stoffe werden somit polarisiert.

Es gibt zwei Arten von Polarisation, die sogenannte Verschiebungs- und Orientierungs-Polarisation (siehe Abb. 3.7).

Bei der **Verschiebungs-Polarisation** werden die Schwerpunkte der Ladungen (Atom mit Kern und Elektronenwolke) durch das äußere elektrische Feld verschoben, neutrale Atome werden zu Dipolen.

Bei der **Orientierungs-Polarisation** werden vorhandene Dipole im äußeren Feld ausgerichtet, die Dipole drehen sich in Feldrichtung. Eine Sättigung ist erreicht, wenn alle Dipole ausgerichtet sind.

▷ **Wassermoleküle** sind Dipole, d. h. sie haben einen positiven und einen negativen Pol. Werden Lebensmittel in einem Mikrowellenherd erhitzt, müssen sich die enthaltenen Wassermoleküle ständig am wechselnden E-Feld im Herd ausrichten – sie drehen sich sehr schnell hin und her. Die durch diese Bewegungen entstandene Reibung erzeugt eine Erwärmung.

Betrachtet werden soll nun ein Plattenkondensator (zwei parallel angeordnete, elektrisch leitende Platten, vgl. Beispiel 3.6) mit einem Dielektrikum zwischen den Platten. Durch die Verschiebung der Ladungsschwerpunkte im Dielektrikum entstehen an den Rändern des Dielektrikums sogenannte **Polarisationsladungen,** die parallel zum externen E-Feld liegen. Das sind am Minuspol des Plattenkondensators die positiven Ladungsschwerpunkte der am Rand liegenden Dipole. Und beim Pluspol des Plattenkondensators sind es die negativen Ladungsschwerpunkte der am Rand liegenden Dipole. Q_p soll die Gesamtladung aller am Rand liegenden Polarisationsladungen sein. Nur die Gesamtladung der am Rand liegender Ladungsschwerpunkte sind relevant, da nur diese Randladungen *keinen* entgegengesetzt geladenen Partner zur Ladungskompensation finden (siehe Abb. 3.8). Alle Ladungsschwerpunkte der Dipole im Inneren neutralisieren sich gegenseitig (d. h. die Gesamtladung verschwindet dort) und übrig

3.5 Das Gaußsche Gesetz mit Dielektrikum

Abb. 3.8 Elektrisches Feld $\vec{E}$ eines Plattenkondensators sowie Polarisationsladungen (und das dazugehörige (Rand)-E-Feld $\vec{E}_p$) im Dielektrikum, die sich in dem externen E-Feld des Plattenkondensators befinden. Negative Ladungen sind blau und positive Ladungen sind rot dargestellt

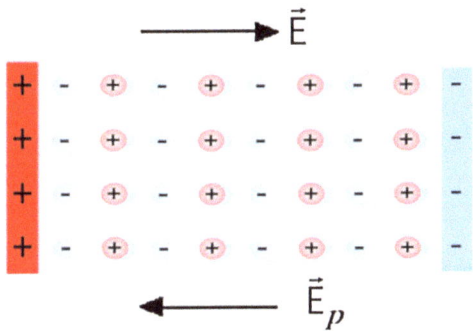

bleiben nur die Randladungen, also die Polarisationsladungen. Die Polarisationsladung die an der Dielektrikum-Fläche liegt, lässt sich mit der Flächenladungsdichte σ (Ladung pro Fläche) ausdrücken.

Zwischen den entgegengesetzt geladenen Polarisationsladungen an den Rändern, bildet sich ein elektrisches Feld $\vec{E}_p$ aus, das von positiven zu negativen Polarisationsladungen zeigt. Damit ist $\vec{E}_p$ entgegengesetzt zum externen Feld $\vec{E}$ gerichtet.

Im Gegensatz zu einem Metall, bei dem das externe E-Feld im Inneren komplett kompensiert wird (Influenz), bleibt bei einem Dielektrikum ein Restfeld $\vec{E}_{\text{Dielek}}$ übrig, das in dieselbe Richtung wie das externe E-Feld zeigt. Das externe Feld $\vec{E}$ im Dielektrikum wird somit durch das E-Feld zwischen den Polarisationsladungen auf den Wert $\vec{E}_{\text{Dielek}}$ abgeschwächt ($\vec{E}_{\text{Dielek}} = \vec{E} - \vec{E}_p$).

Mit Dielektrikum müssen also die Polarisationsladungen berücksichtigt werden. Daraus ergibt sich das Gaußsche Gesetz mit dem „geschwächten elektrischen Feld" ($\vec{E}_{\text{Dielek}} < \vec{E}$), das mit der **relativen Permittivität ε_r** (auch **dielektrische Leitfähigkeit**) berücksichtigt wird.

$$\oint_O \varepsilon_r \vec{E}_{\text{Dielek}} \cdot d\vec{A} = \frac{1}{\varepsilon_0} Q$$

$$\oint_O \vec{E} \cdot d\vec{A} = \frac{1}{\varepsilon_r \varepsilon_0} Q = \frac{1}{\varepsilon} Q \tag{3.9}$$

Die Permittivität ε eines Stoffes wird dann als Vielfaches der Permittivität des Vakuums ε_0 angegeben:

$$\varepsilon = \varepsilon_0 \varepsilon_r$$

Dabei ist der Faktor ε_r die stoffabhängige relative Permittivität, die ein Maß für die Durchlässigkeit (Schwächung) des elektrischen Feldes ist. Daraus ergibt sich für den elektrischen Fluss in einem Plattenkondensator

Tab. 3.1 Relative Permittivität ε_r von einigen Stoffen. Quelle: *CRC Handbook of Chemistry and Physics*

Stoff	ε_r
Glas	3,5 … 9
Hartporzellan	5,5 … 6,5
Luft	1,0006
Papier, imprägniert	2,5 … 4
Polyethylen	2,3
Polyurethan	3,1 … 4
Transformatorenöl	2,5
Quarzglas	4,2

Tab. 3.2 Relative Permittivität ε_r von Wasser in Abhängigkeit von der Temperatur und Frequenz. Quelle: *CRC Handbook of Chemistry and Physics*

Frequenz	ε_r bei 0 °C	ε_r bei 25 °C
0	87,90	78,36
1 kHz	87,90	78,36
1 MHz	87,90	78,36
10 MHz	87,90	78,36
100 MHz	87,89	78,36
200 MHz	87,86	78,35
500 MHz	87,65	78,31
1 GHz	86,90	78,16
2 GHz	84,04	77,58
3 Ghz	79,69	76,62
4 GHz	74,36	75,33
5 GHz	68,54	73,73
10 GHz	42,52	62,81
20 Ghz	19,56	40,37

$$\psi = \varepsilon_r \cdot D \cdot A = \varepsilon_r \varepsilon_0 \cdot E \cdot A = \varepsilon \cdot E \cdot A \tag{3.10}$$

Vergleiche den Plattenkondensator ohne Dielektrikum (Gl. 3.8)

$$\psi = D \cdot A = \varepsilon_0 \cdot E \cdot A$$

Die Werte für die unterschiedlichen Stoffe können Tabellen (siehe Beispiele in Tab. 3.1 und 3.2) entnommen werden. Sie sind im Allgemeinen von der Temperatur und der Frequenz der wirksamen Felder abhängig, wobei sie für niedrige Frequenzen (bis wenige MHz) aber praktisch konstant sind, vgl. Tab. 3.2.

Beispiel 3.8

Der Plattenkondensator aus Beispiel 3.7 ist nun mit Quarzglas ($\varepsilon_r = 4,2$) in der Zwischenlage gefüllt. Die Fläche ist $0,2\,m^2$ mit dem Plattenabstand $1,5\,mm$. Die Spannung beträgt unverändert $500\,V$.

Für den Betrag der elektrischen Feldstärke ergibt sich wieder

$$E = \left|-\frac{U}{d}\right| = \left|-\frac{500\,V}{1,5 \cdot 10^{-3}\,m}\right| = 3,33 \cdot 10^5\,\frac{V}{m}$$

und somit für den elektrischen Fluss (vgl. Gl. 3.10)

$$\psi = \varepsilon_0 \cdot \varepsilon_r \cdot E \cdot A$$

$$\psi = 8{,}8542 \cdot 10^{-12} \, \frac{As}{Vm} \cdot 4{,}2 \cdot 3{,}33 \cdot 10^5 \, \frac{V}{m} \cdot 0{,}2 \, m^2 = 2{,}5 \cdot 10^{-6} \, As$$

Durch die, dem äußeren E-Feld entgegen gerichteten E-Felder der Quarzglasmoleküle, vergrößert sich bei selber Spannung demnach die Ladungsmenge im Vergleich zum Beispiel 3.7. Der elektrische Fluss vergrößert sich. Es wird also Energie benötigt, um die Quarzglasmoleküle im äußeren E-Feld auszurichten. ◀

3.6 Kapazität einer Leiteranordnung

Werden Ladungen Q, wie z. B. durch Influenz (siehe Abb. 3.6), getrennt, entsteht zwischen den beiden Platten eine Spannung U. Es wird deshalb eine neue **Größe definiert**, die für beliebige Anordnungen gültig ist und **Kapazität C** genannt wird.

$$C = \frac{Q}{U} \quad [C] = \frac{As}{V} = F (Farad) \qquad (3.11)$$

Die Kapazität C kann prinzipiell für jede Anordnung nach dem folgenden Schema (Reihenfolge) berechnet werden, wobei dies nur für wenige Anordnungen, bei denen der Feldlinienverlauf des elektrischen Feldes bekannt ist, einfach möglich ist.

$$Q \to E \to U \to C$$

Die Berechnung der Kapazität C eines Plattenkondensators ist einfach, wenn das elektrische Feld mit der homogenen Flächenladungsdichte $\sigma = Q/A$ bereits bekannt ist, vgl. Beispiel 3.6.

$$E = \frac{\sigma}{\varepsilon} = \frac{Q/A}{\varepsilon}$$

Die elektrische Spannung U berechnet sich sehr einfach, wenn ein homogenes Feld (die Feldlinien verlaufen also parallel als Geraden) angenommen wird (siehe Abb. 3.9). Es gilt dann (vgl. Gl. 3.4)

$$U = \int_0^d E \, ds = E \cdot [s]_0^d = E \cdot d$$

Nach dem Einsetzen der Spannung U und der elektrischen Feldstärke E in die Definitionsgleichung ergibt sich für die Kapazität des Plattenkondensators.

$$C = \frac{Q}{U} = \frac{Q}{E \cdot d} = \frac{Q}{\frac{\sigma}{\varepsilon} d} = \varepsilon \frac{A}{d} = \varepsilon_0 \varepsilon_r \frac{A}{d} \qquad (3.12)$$

Abb. 3.9 Darstellung des homogenen und idealen elektrischen Feldes eines Plattenkondensators mit dem Plattenabstand d

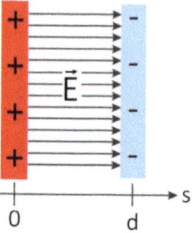

Die **Kapazität** ist nur von der **relativen Permittivität** ε_r (also von dem Material, siehe Tab. 3.1) und der **Geometrie** (A und d) abhängig.

Wie im Abschn. 2.1 gezeigt, ist der Strom I wie folgt definiert

$$I = \frac{dQ}{dt}$$

Nach dem Einsetzen der Definitionsgleichung Gl. 3.11 für die Kapazität C, ergibt sich der zeitliche Zusammenhang zwischen Strom und Spannung

$$I = \frac{d(CU)}{dt}$$

$$i(t) = C\frac{du}{dt} \quad \left(\rightarrow u(t) = \frac{1}{C}\int i(t)dt \right) \tag{3.13}$$

für einen anordnungsabhängigen Kapazitätswert.

Wird ein Kondensator mit einem konstanten Strom I geladen, steigt die Spannung linear an. Der Kondensator „läuft voll".

▶ Genau genommen ist ein Kondensator ein Ladungsspeicher. Ein Plattenkondensator wird z. B. durch das Anlegen einer Spannung aufgeladen. Die elektrische Ladung fließt auf die Platten, bis die Ladungskapazität des Kondensators erreicht ist. Dies kann mit dem Volllaufen eines Stausees verglichen werden. Der Stausee wird durch den Zufluss von Wasser (Regen, Flüsse) gefüllt. Je mehr Wasser hineinfließt, desto höher wird der Wasserstand im Stausee und somit die potenzielle Energie des Wassers.

Der Wert der Spannung u hängt von der Größe des Kondensators C und von der Zeit t ab.

$$u(t) = \frac{1}{C}\int_0^t i(t)\,dt = \frac{1}{C}\int_0^t I\,dt = \frac{I}{C}[t]_0^t = \frac{I}{C}t$$

▶ Physikalisch fließt **kein Leitungsstrom** durch einen Isolator (also Kondensator) sondern ein sogenannter Verschiebungsstrom. Das Amperesche Gesetz der

3.6 Kapazität einer Leiteranordnung

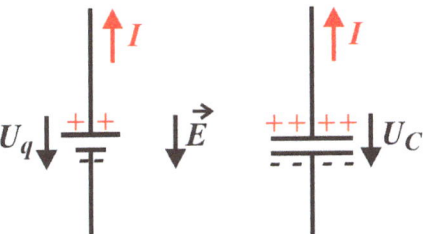

Abb. 3.10 Spannungsquelle mit der Quellenspannung u_q (**links**) und geladener Kondensator mit der Kondensatorspannung u_C (**rechts**). Die Richtung des elektrischen Feldes weist bei beiden Elementen in dieselbe Richtung

Magnetostatik (siehe Abschn. 4.3) von Andre-Marie Ampere konnte bei einem Kondensator nicht angewandt werden, da es widersprüchliche Ergebnisse lieferte. Deshalb erweiterte James Clerk Maxwell das Gesetz um den **Verschiebungsstrom,** der ein **zeitlich veränderliches elektrisches Feld** (Elektrodynamik) darstellt, sodass das Amperesche Gesetz seine Gültigkeit behielt. In der Praxis muss diese Tatsache nicht beachtet werden und wird deshalb hier auch nicht weiter ausgeführt.

Ein **geladener Kondensator** wirkt also wie eine **Spannungsquelle** mit einem geringen Innenwiderstand. Ab dem Entladezeitpunkt (abfließende Ladungen als Strom i) sinkt die Spannung u_C vom Maximalwert auf Null ab. In der Praxis werden sogenannte Superkondensatoren (Handelsname wie z. B. *Supercaps*) als Spannungsquellen eingesetzt, wenn nur kleine Ströme bereitgestellt werden müssen. Der Vergleich mit einer Spannungsquelle ist in Abb. 3.10 dargestellt.

Beispiel 3.9

Ein Kondensator mit der Kapazität 33 *mF* soll auf 1 *C* aufgeladen werden.

Die Zeit t, bis der Kondensator die Spannung erreicht, wird nachfolgend für die Stromstärke 0,2 *A* berechnet, wenn der Kondensator zu Beginn keine Ladungen hat.

Aus Gl. 3.11 ergibt sich die Kondensatorspannung

$$U = \frac{Q}{C} = \frac{1\ C}{33 \cdot 10^{-3}\ F} = 30,3 V$$

Mit Gl. 3.13 kann die Ladezeit bestimmt werden

$$u(t) = \frac{1}{C}\int_0^{t_L} i(t)\, dt = \frac{1}{C}\int_0^{t_L} I\, dt = \frac{I}{C}[t]_0^{t_L} = \frac{I}{C} t_L$$

$$t_L = \frac{C \cdot U}{I} = \frac{Q}{I} = \frac{1\ C}{0,2\ A} = 5\ s$$

3.7 Schaltungen mit Kondensatoren

Es existieren verschiedene Technologien, um Kondensatoren herzustellen. Um eine große Kapazität zu erreichen, muss prinzipiell die relative Permittivität hoch sowie die „Platten-Fläche" groß und der „Platten-Abstand" klein sein, vgl. Gl 3.12.

$$C = \varepsilon_0 \varepsilon_r \frac{A}{d}$$

Keine Technologie kann alle Aspekte gleichzeitig erfüllen, jede hat jedoch Vor- und Nachteile, exemplarisch sind nachfolgend einige praxisrelevante Kondensatoren genannt.

Keramik-Kondensatoren (Kerko) haben zum Beispiel Keramik als Dielektrikum (siehe Abb. 3.11), das sehr große relative Permittivitäten ε_r (einige 1000) aufweist. Sie können sehr klein ausgestaltet werden und haben eine hohe Durchschlagfestigkeit ($> 100\, kV$), d. h., die elektrische Feldstärke und damit Spannung kann sehr hoch werden bevor es im Dielektrikum zu einem elektrischen Durchschlag (Stromfluss) kommt.

▶ Solange die Spannung im Kondensator unter einem bestimmten Wert bleibt, ist die elektrische Feldstärke im Isolator so gering, dass das Material isolierende Eigenschaft hat. Wenn die Spannung zu hoch wird, steigt die elektrische Feldstärke im Isolator. Ab einer bestimmten kritischen Feldstärke reicht die elektrische Kraft aus, um Elektronen aus den Atomen des Dielektrikums zu lösen, wodurch das Material plötzlich leitend wird. Dies führt zu einem **Kurzschluss** im Kondensator. Der Kondensator schlägt dann durch.

Auch können Stromunfälle bei Hochspannungsleitungen, beispielsweise bei Zügen durch den Effekt des **Durchschlags** verursacht werden, wenn die **elek-**

Abb. 3.11 Der beispielhafte Aufbau (**links**) und ein Foto von Keramik-Kondensatoren (**rechts**)

3.7 Schaltungen mit Kondensatoren

trische Feldstärke in der Nähe der Leitungen so hoch wird, dass die Luft – normalerweise ein Isolator – ihre isolierende Wirkung verliert und zu leiten beginnt. Dies führt zu einem tödlichen **Lichtbogen.**

Folien-Kondensatoren bestehen aus gewickelten Metallfolien, zwischen denen Kunststofffolie oder Papier als Dielektrikum eingebracht wird (siehe Abb. 3.12). Sie besitzen nur eine kleine relative Permittivitäten ε_r (< 100), haben aber durch die vielen Wicklungen eine große Fläche. Außerdem weisen sie eine hohe Durchschlagfestigkeit mit „Selbstheilungseffekt" auf. Durchschläge im Isolationsmaterial „brennen" im Randbereich aus, sodass es zu keinem Stromfluss zwischen den Metallfolien kommt.

Bei **Elektrolyt-Kondensatoren (Elko)** entsteht das Dielektrikum als dünne Oxidschicht (Schichtdicke ab 10 nm) auf einer rauen Metalloberfläche (siehe Abb. 3.13). Das Metall ist oft Aluminium oder Tantal (Übergangsmetall). Durch die raue Oberfläche und der dünnen Oxidschicht ergeben sich sehr hohe Kapazitäten pro Volumen mit großer To-

Abb. 3.12 Der beispielhafte Prinzipaufbau (**links**) und ein Foto von Folien-Kondensatoren (**rechts**)

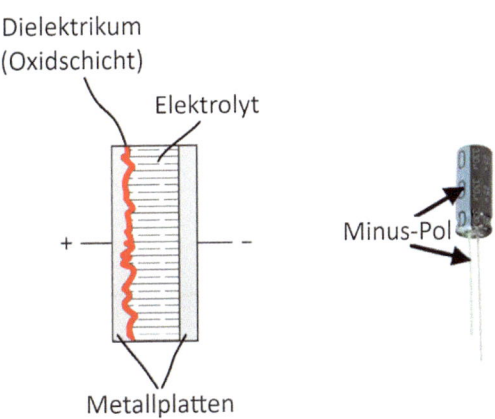

Abb. 3.13 Der beispielhafte Aufbau (**links**) und ein Foto eines Elektrolyt-Kondensators (**rechts**)

leranz (typ. ±20 %). Bei **falscher Polung** bildet sich eine zweite Oxidschicht und dabei entsteht Hitze und Gas. Deshalb besteht dann **Explosionsgefahr**. Entsprechend muss unbedingt auf die korrekte Polung (nur bei Elektrolyt-Kondensatoren) geachtet werden, kurzzeitige (< 1 s) Umpolung schadet jedoch nicht.

▶ Unabhängig von der Bauweise dürfen Elkos nur mit Gleichspannung betrieben werden. Es sind die einzigen Kondensatoren, bei denen auf die Polung (Anschlüsse) geachtet werden muss, die gekennzeichnet sind und/oder unterschiedlich lange Anschlüsse haben.

Kondensatoren können sowohl als **Reihenschaltung** als auch als **Parallelschaltung** in der Praxis auftreten.

Bei einer **Parallelschaltung** werden **zwei** oder **mehrere Kondensatoren** mit möglicherweise unterschiedlichen Kapazitäten C an dieselbe Spannungsquelle angelegt (siehe Abb. 3.14, links).

Es gilt also für jeden Kondensator (vgl. Gl. 3.11)

$$U = \frac{Q_1}{C_1} = \frac{Q_2}{C_2} = \frac{Q_3}{C_3} \cdots = \frac{Q_n}{C_n}$$

Die auf den Kondensatoren gespeicherte Gesamtladung ist die Summe der Einzelladungen.

$$Q_{gesamt} = Q_1 + Q_2 + \cdots + Q_n$$

Mit der Definition (Gl. 3.11) ergibt sich

$$Q_{gesamt} = U \cdot C_1 + U \cdot C_2 + \cdots + U \cdot C_n$$

$$Q_{gesamt} = U \cdot (C_1 + C_2 + \cdots + C_n) = U \cdot C_{gesamt}$$

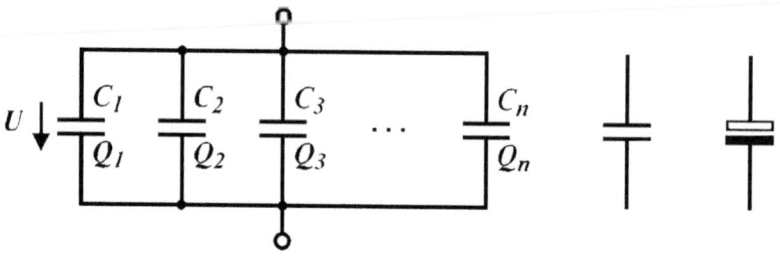

Abb. 3.14 Parallelschaltung von n Kondensatoren (**links**) und ein einfaches Schaltungssymbol sowie das Symbol eines Elektrolyt-Kondensators (**rechts**)

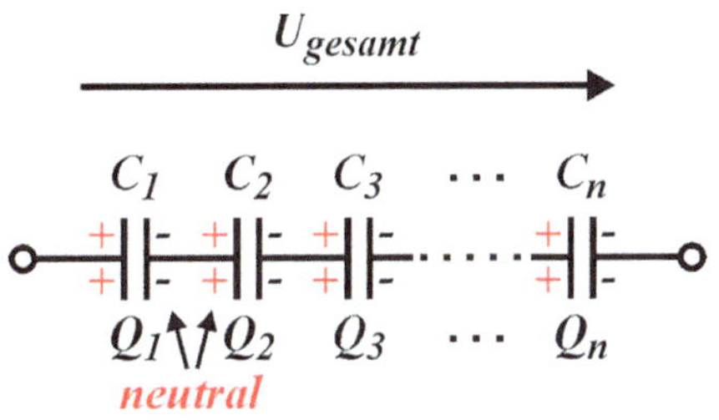

3.7 Schaltungen mit Kondensatoren

Abb. 3.15 Reihenschaltung von n Kondensatoren

$$U_{gesamt} \rightarrow$$

C_1 C_2 C_3 $\cdots$ C_n

$Q_1 \updownarrow Q_2$ Q_3 $\cdots$ Q_n

neutral

folglich muss dann für die Gesamtkapazität gelten

$$C_{gesamt} = C_1 + C_2 + \cdots + C_n \tag{3.14}$$

Dies bedeutet, dass bei **Parallelschaltung** die **Gesamtkapazität immer größer** ist **als die größte Einzelkapazität**.

Bei einer **Reihenschaltung** von Kondensatoren muss die Ladung auf den mit der Spannungsquelle verbundenen beiden äußersten Platten betragsmäßig gleich groß sein (siehe Abb. 3.15). Die verbundenen Platten zweier miteinander verbundener Kondensatoren bilden ein isoliertes System. Dort können sich die Ladungsträger nur trennen. Sie können aber nicht abfließen. Der Gleichgewichtszustand ist erreicht, wenn sich in jedem Einzelkondensator auf den beiden Platten gleich viele Ladungsträger unterschiedlicher Polarität befinden. Damit ist die Ladung aller Kondensatoren gleich groß.

Es gilt also

$$Q_{gesamt} = Q_1 = Q_2 = \cdots = Q_n$$

Die Spannung über allen Kondensatoren muss gleich der Summe der Einzelspannungen sein:

$$U_{gesamt} = U_1 + U_2 + \cdots + U_n$$

Mit der Definition (Gl. 3.11) ergibt sich

$$U_{gesamt} = \frac{Q_{gesamt}}{C_1} + \frac{Q_{gesamt}}{C_2} + \cdots \frac{Q_{gesamt}}{C_n}$$

$$U_{gesamt} = Q_{gesamt} \left(\frac{1}{C_1} + \frac{1}{C_2} + \cdots \frac{1}{C_n} \right) = \frac{Q_{gesamt}}{C_{gesamt}}$$

folglich muss dann gelten

$$\frac{1}{C_{gesamt}} = \frac{1}{C_1} + \frac{1}{C_2} \cdots + \frac{1}{C_n} \tag{3.15}$$

Dies bedeutet, dass bei **Reihenschaltungen** die **Gesamtkapazität immer kleiner** ist, **als die kleinste Einzelkapazität**. Ebenso gilt, dass der Kondensator mit der kleinsten Kapazität die größte Spannung aufnehmen muss ($U = Q/C$).

Die Reihenschaltung darf in der Praxis deshalb nur eingesetzt werden, wenn die Gesamtspannung kleiner als die Nennspannung (Durchschlagsspannung) eines einzelnen Kondensators ist.

Beispiel 3.10

An zwei Kondensatoren C_1 und C_2 liegen zunächst die Spannungen U_1 und U_2. Die Kondensatoren werden jetzt parallel geschaltet, d. h. die Anschlüsse mit jeweils höherem Potenzial und die Anschlüsse mit jeweils geringem Potenzial werden leitend miteinander verbunden.

Nach Gl. 3.11 gilt

$$U = \frac{Q_1}{C_1} = \frac{Q_2}{C_2} = \frac{Q_3}{C_3} \cdots = \frac{Q_n}{C_n}$$

und für eine Parallelschaltung

$$Q_{ges} = Q_1 + Q_2$$

$$C_{ges} U = Q_{ges} = Q_1 + Q_2$$

$$(C_1 + C_2)U = C_1 U_1 + C_2 U_2$$

$$U = \frac{C_1 U_1 + C_2 U_2}{C_1 + C_2}$$

◀

Beispiel 3.11

Zwei gleich große Kondensatoren sind in Reihe geschaltet.
Die Gesamtkapazität C_{ges} berechnet nach Gl. 3.17

$$\frac{1}{C_{ges}} = \frac{1}{C_1} + \frac{1}{C_2} = \frac{2}{C}$$

$$C_{ges} = \frac{C}{2}$$

◀

Übungsaufgaben zu Kapitel 3

3.1) Zwei Metallkugeln mit jeweils der Ladung 12,5 nC haben einen Abstand (Mittelpunkte) von 3 cm. Mit welcher Kraft stoßen sich die Kugeln ab?

3.7 Schaltungen mit Kondensatoren

3.2) Eine Punktladung q von 2 nC wird in einem homogenen elektrischen Feld der Feldstärke 5 kV/cm entgegen des Feldes verschoben. Der Verschiebungsweg x der Ladung beträgt dabei 50 mm. Die Verschiebungsrichtung und Feldlinien werden von einem Winkel von 40° eingeschlossen. Wie groß ist die verrichtete Arbeit?

3.3) Zeichnen Sie qualitativ die elektrischen Feldlinien einer positiv aufgeladenen Kugel, die sich in einer leitenden Ecke befindet.

3.4) Wie groß ist elektrische Feldstärke in einem auf 230 V geladenen Plattenkondensator, wenn der Plattenabstand d ($= 5$ cm) beträgt und das Feld als homogen angenommen wird?

3.5) Eine freistehende Kugel von 8 cm Durchmesser hat eine Oberflächenladung von 5 nC. Wie groß ist die Ladungsdichte σ, die elektrische Flussdichte und die elektrische Feldstärke an der Kugeloberfläche, wenn die Ladung homogen verteilt ist?

3.6) Welche Spannung liegt zwischen zwei Punkten, die im Abstand von 1 cm und 2 cm vom Mittelpunkt einer Punktladung von 1,5 nC entfernt sind?

3.7) Häufig werden Kondensatoren wie Batterien oder Akkumulatoren als Ladungsspeicher eingesetzt, um kurzzeitig Energie zur Verfügung zu stellen. Welche Oberfläche müsste ein Plattenkondensator mit dem Dielektrikum Luft haben, wenn er bei einer Spannung von 230 V und einem Plattenabstand von 1 mm die Ladung 1 C besitzen soll?

3.8) Ein Plattenkondensator mit dem Dielektrikum Luft ($\varepsilon_r = 1$) wird mit einer Spannungsquelle auf eine Spannung von 230 V geladen. Die Spannungsquelle wird danach entfernt. Wie verändert sich die elektrische Spannung, wenn der Zwischenraum mit Paraffinöl ($\varepsilon_{r,1} = 2{,}1$) oder mit Nitrobenzol ($\varepsilon_{r,2} = 36{,}5$) gefüllt wird?

3.9) Wie groß ist die jeweilig Gesamtkapazitäten von den drei nachfolgenden Anordnungen?

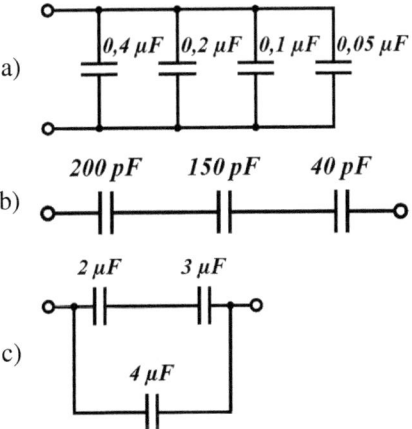

3.10) Von drei in Reihe geschalteten Kondensatoren (150 pF, 250 pF und 480 pF) ist der letztgenannte durchgeschlagen (d. h. die Spannung war zu hoch, sodass im Dielektrikum ein Kurzschluss entsteht). Um welchen Wert verändert sich die Gesamtkapazität?

3.11) Der Spannungsanstieg an einem Kondensator mit der Kapazität 2 µF beträgt konstant 5 V/ms. Wie groß ist der Strom nach 1 ms, wenn der Kondensator zuvor spannungsfrei war?

3.12) An einem Kondensator mit der Kapazität 35 µF liegt der gezeichnete zeitliche Spannungsverlauf. Zeichnen Sie den zugehörigen Stromverlauf und geben Sie die Werte an.

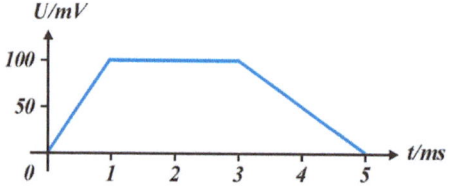

3.13) Der Spannungsanstieg an einem Kondensator mit der Kapazität 100 mF beträgt $U(t) = 5 \text{ V/s}^2 \ t^2$. Wie groß ist der Strom nach 15 ms, wenn der Kondensator zuvor spannungsfrei war?

3.14) Ein Kondensator mit der Kapazität 10 µF wird mit einem konstanten Strom $I = 50$ mA geladen. Wie groß ist die Spannung nach 12 ms, wenn der Kondensator zuvor ungeladen war?

3.15) Derselbe Kondensator aus der Aufgabe 3.14 wird mit einem mit 0,5 A/s konstant ansteigenden Strom geladen. Wie groß ist die Spannung nach 12 ms, wenn der Kondensator zuvor ungeladen war?

Lösungen zu den Aufgaben aus Kapitel 3

3.1) $\quad F_C = \dfrac{1}{4\pi\varepsilon_0} \cdot \dfrac{q_1 \cdot q_2}{r^2} = \dfrac{12{,}5 \cdot 10^{-9} \text{ As} \cdot 12{,}5 \cdot 10^{-9} \text{ As}}{4\pi \cdot 8{,}854 \cdot 10^{-12} \frac{\text{As}}{\text{Vm}} \cdot (30 \cdot 10^{-3} m)^2} = 1{,}6 \text{ mN}$

3.2) $$\Delta W = -q \int_A^B \vec{E} \cdot d\vec{s}$$

Daraus ergibt sich aus dem Skalarprodukt, weil die Tangentialkomponente von $\vec{E}$ immer in Richtung des Weges $d\vec{s}$ weist und integriert wird:

$$\Delta W = q \cdot E \cdot x \cdot \cos(\alpha) = 2 \cdot 10^{-9} \text{ As} \cdot 5 \cdot 10^3 \frac{V}{cm} \cdot 5 \text{ cm} \cdot \cos(40°) = 38{,}3 \text{ µJ}$$

3.7 Schaltungen mit Kondensatoren

Der Wert ist positiv, weil entgegen der Feldrichtung verschoben wird.

3.3)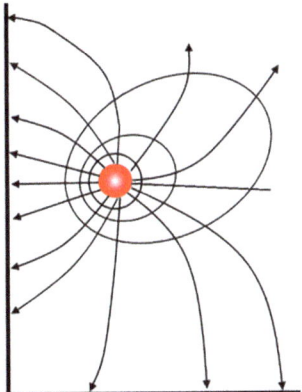

3.4) $U = \int_0^d \vec{E} \cdot d\vec{s}$

Daraus ergibt sich aus dem Skalarprodukt, weil die Tangentialkomponente von $\vec{E}$ immer in Richtung des Weges $d\vec{s}$ weist und integriert wird:

$$U = \int_0^d E\, ds = E[s]_0^d = E \cdot d$$

$$\rightarrow E = \frac{U}{d} = \frac{230\,V}{0{,}05\,m} = 4{,}6\,\frac{kV}{m}$$

3.5) $\sigma = \frac{Q}{A} = \frac{Q}{4\pi r^2} = \frac{5\,nC}{4\pi \cdot (0{,}04\,m)^2} = 0{,}25\,\frac{\mu C}{m^2}$

$$\oint_O \vec{D} \cdot d\vec{A} = Q$$

Die gewählte Fläche, die die Ladung umschließt, ist eine Kugel. Somit durchdringen die Feldlinien an jeder Stelle senkrecht die Oberfläche der Kugel. Daraus ergibt sich aus dem Skalarprodukt, weil die Tangentialkomponente von $\vec{D}$ immer in Richtung Flächen-Normalenvektor $d\vec{A}$ weist und integriert wird.

$$\oint_O D\, dA = D \cdot A = Q$$

$$\rightarrow D = \frac{Q}{A} = E \cdot \varepsilon_0 = 0{,}25\,\frac{\mu C}{m^2}$$

$$\rightarrow E = \frac{Q}{A \cdot \varepsilon_0} = \frac{0{,}25\,\frac{\mu C}{m^2}}{8{,}854 \cdot 10^{-12}\,\frac{As}{Vm}} = 28{,}1\,\frac{kV}{m}$$

3.6) $\oint_O \vec{E} \cdot d\vec{A} = \frac{Q}{\varepsilon_0}$

Die gewählte Fläche, die die Punktladung umschließt, ist wieder eine Kugel. Somit durchdringen die Feldlinien an jeder Stelle senkrecht die Oberfläche. Daraus ergibt sich aus dem Skalarprodukt, weil die Tangentialkomponente von $\vec{E}$ immer in Richtung Flächen-Normalenvektor $d\vec{A}$ weist und integriert wird.

$$\oint_O E \, dA = E \cdot 4\pi r^2 = \frac{Q}{\varepsilon_0}$$

$$\rightarrow E = \frac{Q}{\varepsilon_0 \cdot 4\pi r^2}$$

$$U = \int_{r_1}^{r_2} \vec{E} \cdot d\vec{r}$$

Daraus ergibt sich aus dem Skalarprodukt, weil die Tangentialkomponente von $\vec{E}$ immer in Richtung des Weges $d\vec{r}$ weist und integriert wird.

$$U = \int_{r_1}^{r_2} E \, dr = \int_{r_1}^{r_2} \frac{Q}{\varepsilon_0 \cdot 4\pi} \cdot \frac{1}{r^2} dr$$

$$U = \frac{Q}{\varepsilon_0 \cdot 4\pi} \left[-\frac{1}{r}\right]_{r_1}^{r_2} = \frac{Q}{\varepsilon_0 \cdot 4\pi} \left[\frac{1}{r_1} - \frac{1}{r_2}\right]$$

$$U = \frac{1{,}5\, nC}{8{,}854 \cdot 10^{-12} \frac{As}{Vm} \cdot 4\pi} \left[\frac{1}{0{,}01\, m} - \frac{1}{0{,}02\, m}\right] = 674\, V$$

3.7) $C = \varepsilon_0 \cdot \varepsilon_r \frac{A}{d}$

$$Q = C \cdot U$$

$$\rightarrow Q = \varepsilon_0 \varepsilon_r \frac{A}{d} \cdot U$$

$$\rightarrow A = \frac{Q \cdot d}{\varepsilon_0 \varepsilon_r \cdot U} = \frac{1\, As \cdot 0{,}001\, m}{8{,}854 \cdot 10^{-12} \frac{As}{Vm} \cdot 1 \cdot 230\, V} = 491.000\, m^2 \approx 0{,}5\, km^2$$

3.8) Die Kapazität des Plattenkondensators ändert sich, weil sich das Dielektrikum ändert.

$$C = \varepsilon_0 \varepsilon_r \frac{A}{d}$$

$$Q = C \cdot U$$

$$\rightarrow Q = \varepsilon_0 \varepsilon_r \frac{A}{d} \cdot U$$

3.7 Schaltungen mit Kondensatoren

$$\rightarrow \frac{Q}{A} = \varepsilon_0 \varepsilon_r \frac{U}{d}$$

Die Oberflächenladung ändert sich nicht, weil die Spannungsquelle entfernt wurde.

$$\sigma = \frac{Q}{A} = \text{konstant}$$

$$\rightarrow \frac{d}{\varepsilon_0} = U \cdot \varepsilon_r = U_1 \cdot \varepsilon_{r,1} = U_2 \cdot \varepsilon_{r,2} = U_3 \cdot \varepsilon_{r,3} = \cdots$$

$$\rightarrow U_1 = \frac{\varepsilon_r}{\varepsilon_{r,1}} \cdot U = \frac{1}{2,1} \cdot 230\,V = 109,5\,V$$

$$\rightarrow U_2 = \frac{\varepsilon_r}{\varepsilon_{r,2}} \cdot U = \frac{1}{36,5} \cdot 230\,V = 6,3\,V$$

3.9) a)

$$C_g = C_1 + C_2 + C_3 + C_4 = 0,4\,\mu F + 0,2\,\mu F + 0,1\,\mu F + 0,05\,\mu F = 0,75\,\mu F$$

b)

$$\frac{1}{C_g} = \frac{1}{C_1} + \frac{1}{C_2} + \frac{1}{C_3} = \frac{C_2 \cdot C_3 + C_1 \cdot C_3 + C_1 \cdot C_2}{C_1 \cdot C_2 \cdot C_3}$$

$$\rightarrow C_g = \frac{C_1 \cdot C_2 \cdot C_3}{C_2 \cdot C_3 + C_1 \cdot C_3 + C_1 \cdot C_2}$$

$$C_g = \frac{200\,pF \cdot 150\,pF \cdot 40\,pF}{150\,pF \cdot 40\,pF + 200\,pF \cdot 40\,pF + 200\,pF \cdot 150\,pF} = 27,3\,pF$$

oder

$$C_g = \frac{1}{\frac{1}{C_1} + \frac{1}{C_2} + \frac{1}{C_3}}$$

$$\frac{1}{C_R} = \frac{1}{C_1} + \frac{1}{C_2} \rightarrow C_R = \frac{C_1 \cdot C_2}{C_1 + C_2} = \frac{2\,\mu F \cdot 3\,\mu F}{2\,\mu F + 3\,\mu F} = \frac{6}{5}\,\mu F$$

c) Reihenschaltung:

$$\frac{1}{C_R} = \frac{1}{C_1} + \frac{1}{C_2} \rightarrow C_R = \frac{C_1 \cdot C_2}{C_1 + C_2} = \frac{2\,\mu F \cdot 3\,\mu F}{2\,\mu F + 3\,\mu F} = \frac{6}{5}\,\mu F$$

$$C_g = C_R + C_3 = \frac{6}{5}\,\mu F + 4\,\mu F = 5{,}2\,\mu F$$

ist parallel zum Kondensator C_3, daraus ergibt sich

$$C_g = C_R + C_3 = \frac{6}{5}\,\mu F + 4\,\mu F = 5{,}2\,\mu F$$

3.10) $C_{g,3} = \dfrac{1}{\frac{1}{C_1}+\frac{1}{C_2}+\frac{1}{C_3}} = \dfrac{1}{\frac{1}{150\,pF}+\frac{1}{250\,pF}+\frac{1}{480\,pF}} = 78{,}4\,pF$

$$C_{g,2} = \frac{C_1 \cdot C_2}{C_1 + C_2} = \frac{150\,pF \cdot 250\,pF}{150\,pF + 250\,pF} = 93{,}8\,pF$$

$$\Delta C = C_{g,2} - C_{g,3} = 93{,}8\,pF - 78{,}3\,pF = 15{,}5\,pF$$

3.11) $I = C\dfrac{dU}{dt}$

Weil der Anstieg konstant ist, gilt:

$$\rightarrow I = C\frac{\Delta U}{\Delta t} = 2 \cdot 10^{-6}\,F \cdot \frac{5}{10^{-3}}\frac{V}{s} = 0{,}01\,A$$

3.12) $\quad I_{0-1} = C\dfrac{\Delta U}{\Delta t} = 35 \cdot 10^{-6}\,F \cdot 100\,\dfrac{V}{s} = 3{,}5\,mA$

$$I_{1-3} = C\frac{\Delta U}{\Delta t} = 35 \cdot 10^{-6}\,F \cdot 0\,\frac{V}{s} = 0\,mA$$

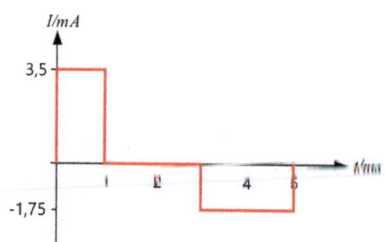

$$I_{3-5} = C\frac{\Delta U}{\Delta t} = 35 \cdot 10^{-6}\,F \cdot \left(-50\,\frac{V}{s}\right) = -1{,}75\,mA$$

3.7 Schaltungen mit Kondensatoren

3.13)
$$I = C\frac{dU}{dt}$$

$$\rightarrow I = C\frac{d}{dt}\left(5\frac{V}{s^2}t^2\right) = C \cdot 10\frac{V}{s^2} \cdot t = 100 \cdot 10^{-3} F \cdot 10\frac{V}{s^2} \cdot 15 \cdot 10^{-3} s = 15\,mA$$

3.14)
$$I = C\frac{dU}{dt}$$

$$\rightarrow U = \frac{1}{C}\int_0^{t_l} I\,dt = \frac{1}{C} \cdot I[t]\Big|_0^{t_l} = \frac{I}{C} \cdot t_l$$

$$\rightarrow U = \frac{50 \cdot 10^{-3}\,A}{10 \cdot 10^{-6}\,F} \cdot 12 \cdot 10^{-3} s = 60\,V$$

3.15)
$$I = C\frac{dU}{dt}$$

$$\rightarrow U = \frac{1}{C}\int_0^{t_l} \frac{1}{2}\frac{A}{s} t\,dt = \frac{1}{4C}\frac{A}{s}[t^2]\Big|_0^{t_l} = \frac{1}{4C}\frac{A}{s} \cdot t_l^2$$

$$\rightarrow U = \frac{1}{4 \cdot 10 \cdot 10^{-6}\,F}\frac{A}{s} \cdot \left(12 \cdot 10^{-3}\,s\right)^2 = 3{,}6\,V$$

Magnetostatik 4

4.1 Das magnetische Feld

In Kap. 3 wurde das elektrische Feld behandelt. Es wurde gezeigt, dass die Physik zwischen einer Punktmasse im Gravitationsfeld und die einer Ladung im elektrischen Feld ganz ähnlich ist. Im Gravitationsfeld und im elektrischen Feld machen sich (Fern-)Kraftwirkungen ihrer Probekörper bemerkbar – dies sind die Gravitationskraft sowie die elektrische (Coulomb-)Kraft.

Um die Physik mit den zuvor genannten Beispielen in Einklang zu bringen, wird zunächst eine gedachte „magnetische Ladung" in folgender Tabelle eingeführt. Diese wird in Anlehnung an die Pole eines Magneten als **Probennordpol (pn)** bzw. **Probensüdpol (ps)** definiert.

Elektrisches Feld	Gravitationsfeld	Magnetisches Feld
In einem Raumgebiet besteht ein elektrisches Feld, wenn in allen Raumpunkten auf elektrische Probekörper Kräfte wirken. Solche Kräfte heißen elektrische Kräfte.	In einem Raumgebiet besteht ein Gravitationsfeld, wenn in allen Raumpunkten auf gravitative Probekörper Kräfte wirken. Solche Kräfte heißen Gravitationskräfte.	In einem Raumgebiet besteht ein magnetisches Feld, wenn in allen Raumpunkten auf magnetische Probekörper Kräfte wirken. Solche Kräfte heißen magnetische Kräfte.

Elektrisches Feld	Gravitationsfeld	Magnetisches Feld
Beispiel Eine **positive Probeladung** q befindet sich zwischen zwei Kondensatorplatten. Es wirkt die elektrische (Coulomb-) Kraft F_{el}. Die Kraftrichtung wird (lokal) durch die Richtung der Feldlinien vorgegeben.	**Beispiel** Eine **Probemasse** m (z. B. ein Stein) befindet sich im Gravitationsfeld der Erde. Es wirkt die Gravitationskraft F_g. Die Kraftrichtung wird (lokal) durch die Richtung der Feldlinien vorgegeben.	**Beispiel** Eine **Probennordpol** pn befindet sich in einem Magnetfeld eines Stabmagneten. Es wirkt die magnetische Kraft F_{magn}. Die Kraftrichtung wird (lokal) durch die Richtung der Feldlinien vorgegeben.
Das elektrische Feld wird z. B durch unterschiedlich geladene Platten erzeugt.	Das Gravitationsfeld wird durch unterschiedlich große Massen erzeugt.	Das magnetische Feld wird z. B. durch Stabmagneten erzeugt.

Statische Magnetfelder werden demnach auch durch Feldlinien veranschaulicht, die im Gegensatz zu elektrischen Feldern aber **geschlossene Feldlinien** aufweisen. Sie haben, wie die nicht geschlossenen elektrischen Feldlinien auch, eine echte physikalische Bedeutung. Durch die Dichte der Feldlinien wird die Stärke der magnetischen Kräfte und durch die Richtung der Feldlinien die Richtung der magnetischen Kräfte angezeigt. Wird z. B. Eisenpulver auf ein Blatt Papier gestreut, unter dem sich ein Magnet befindet, so ordnen sich die Eisenteilchen in linienförmigen Strukturen an und zeichnen die magnetischen Feldlinien direkt ab, vgl. Abb. 4.1, **rechts**. An die **Feldlinien** können auch Pfeilspitzen gezeichnet werden, die dann definitionsgemäß vom **Nordpol zum Südpol** des Magneten zeigen.

▸ Allgemein gilt, dass sich Feldlinien niemals kreuzen. Je größer die Feldliniendichte, desto größer ist die resultierende Kraft. Dies ist sowohl im Gravitationsfeld, im elektrischen als auch im magnetischen Feld der Fall. Alle genannten Felder können zudem Energie speichern.

Magnetfelder können auch durch bewegte elektrische Ladungen (Ströme, vgl. Abb. 4.1, **links**) oder durch magnetisierte Materie (kann auf atomare Ströme zurückgeführt werden) erzeugt werden.

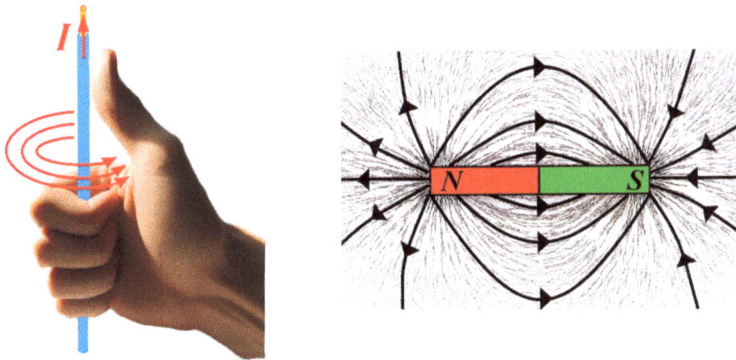

Abb. 4.1 Um den stromdurchflossener Leiter bildet sich ein Feld aus, dessen Feldlinienrichtung mit der **rechten Handregel** ermittelt werden kann (Daumen in technischer Stromrichtung, gekrümmte Finger in Feldrichtung, **links**). Daneben ist das experimentelle Ergebnis gezeigt, wenn Eisenpulver auf ein Blatt Papier gestreut wird, unter dem sich ein Stabmagnet befindet. Das Eisenpulver ordnet sich dabei entlang der Magnetfeldlinien an. Schematisch ist der Verlauf der Feldlinien mit der festgelegten Richtung vom Nord- (rot) zum Südpol (grün) angedeutet (**rechts**)

▷ In der ebenen Darstellung erfolgt Strom- und Feldlinienrichtung in folgender Form:

Analog zur Mechanik gilt für die Richtung des Stromes der dargestellte Pfeil: Kreuz, der Strom fließt in die Papierebene, Punkt er fließt heraus.

4.2 Der magnetische Fluss im Vakuum

Analog zum elektrischen Fluss existiert auch ein magnetischer Fluss.

$$\begin{array}{cc} \text{Elektrischer Fluss} & \text{Magnetischer Fluss} \\ \psi = \oint_O \vec{D} \cdot d\vec{A} & \phi = \oint_O \vec{B} \cdot d\vec{A} \end{array} \quad (4.1)$$

Die **magnetische Flussdichte** $\vec{B}$ (auch magnetische Induktion) wird häufig nur als „**Flussdichte**" oder „**Magnetfeld**" bezeichnet, sie hat die Einheit Tesla ($T = Vs/m^2$) und der **magnetische Fluss** ϕ hat die Einheit Weber ($Wb = 1Vs$).

Allgemein gilt in der Magnetostatik

- Die Richtung der magnetischen Feldstärke an jeder Stelle des Raumes wird durch Feldlinie dargestellt.
- Der gesamte magnetische Fluss durch eine beliebig geformte und geschlossene Oberfläche (eines Körpers, Abb. 4.2) ist Null. D. h., der magnetische Fluss der „hinein fließt" muss an anderer Stelle wieder „heraus fließen".
- Das Magnetfeld hat keine Quellen und Senken, die Feldlinien bilden geschlossene Linie.

Mathematisch formuliert gilt, was ebenfalls eine **Maxwellsche Gleichung** darstellt.

$$\oint_O \vec{B} \cdot d\vec{A} = 0 \tag{4.2}$$

Die **Gesamtzahl der magnetischen Feldlinien** wird als „**magnetischer Fluss**" ϕ bezeichnet. Er steigt proportional mit der magnetischen Flussdichte und dem Querschnitt des Werkstoffes bzw. Hohlraumes, welcher sich im Magnetfeld befindet.

Für den Spezialfall (siehe Abb. 4.2 **rechts**), dass die Fläche senkrecht zu den Magnetfeldlinien liegt [also $d\vec{A}$ (Flächen-)Normalen-Vektor parallel $\vec{B}$] und die magnetische Flussdichte über die komplette Fläche konstant ist, gilt

$$\phi = B \cdot A$$

▶ Der magnetische Fluss ϕ kann damit mit einem senkrechten Rohr der Fläche A im Regen verglichen werden. Der Regen-Fluss durch das Rohr entspricht dem magnetischen Fluss.

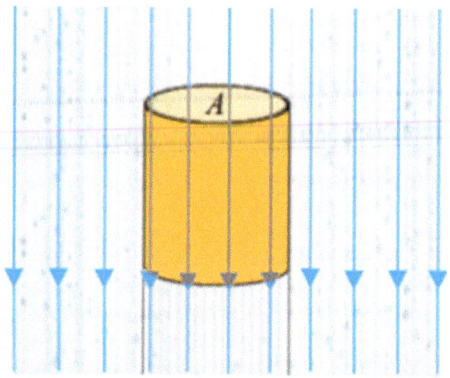

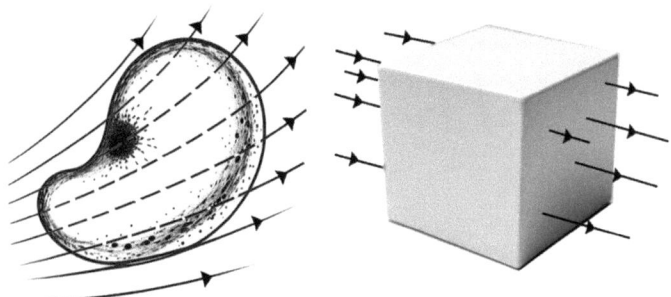

Abb. 4.2 Ein beispielhaft beliebig geformter Körper (**links**) und ein Würfel (**rechts**), die von magnetischen Feldlinien durchdrungen werden

4.3 Das Amperesche Gesetz im Vakuum

Wie das **Gaußsche Gesetz**, das **Analogon** für die **Elektrostatik**, ist auch das **Amperesche Gesetz** (auch **Durchflutungsgesetz**) eine **Maxwellsche Gleichung**.

Das Amperesche Gesetz beschreibt in der Magnetostatik das Magnetfeld (magnetische Flussdichte $\vec{B}$, auch verkürzt B-Feld genannt), das von einer Stromverteilung innerhalb einer Fläche erzeugt wird. Die beliebig (nicht geschlossene) Fläche kann auch gewölbt sein. Die Umrandung (geschlossene Linie) der Fläche befindet sich im Magnetfeld, das von der Stromverteilung erzeugt wird. Für das Weg- oder Linienintegral längs der Umrandung ergibt sich ein Wert des Feldes, der vom gesamten Strom durch die Fläche abhängt. Vereinfacht ausgedrückt heißt dies: Ein elektrischer Strom in Richtung der Flächennormalen ruft somit ein, ihm proportionales Magnetfeld hervor, dessen Richtung mit der des Stromes eine rechtsdrehende Schraube bildet (Rechte-Hand-Regel, vgl. Abb. 4.1, **links**).

Die Umrandung U der Fläche kann in sehr kleine Vektoren $d\vec{s}$ unterteilt werden, deren Betrag genau die Länge des Stückes ist und in Richtung von $\vec{B}$ weist (siehe Abb. 4.3). Die magnetische Flussdichte $\vec{B}$ eines solchen Stückes ist die Komponente der Flussdichte in der Richtung des Stückes mit dem Wegstück multipliziert; was durch das Skalarprodukt ausgedrückt wird.

Für das Amperesche Gesetz gilt dann, wenn der Strom I orthogonal die Fläche A mit der Umrandung U durchdringt (durchflutet) und mit der **magnetischen Feldkonstante** (oder **Permeabilität des Vakuums**) μ_0 $(= 4\pi \cdot 10^{-7} Vs/Am)$ multipliziert wird.

$$\oint_U \vec{B} \cdot d\vec{s} = \mu_0 I \quad (4.3)$$

Der Gesamtstrom beträgt unter Beachtung der Richtung(en) (Vorzeichen)

$$I = \sum I_i$$

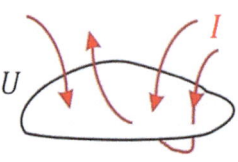 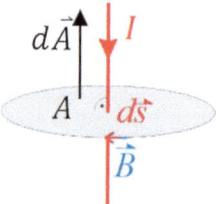

Abb. 4.3 Eine beliebig geformte Fläche mit der Umrandung U, die von Strömen durchflutet wird (**links**). Entgegengesetzte Stromrichtungen sind mit unterschiedlichen Vorzeichen zu berücksichtigen. Ein stromdurchflossener Leiter um den radial eine Kreisfläche gelegt wird, deren Normalenvektor $d\vec{A}$ parallel zum Leiter ausgerichtet ist. Die „Wegstücke" $d\vec{s}$ sind immer längs der Feldlinien $\vec{B}$ (**rechts**). Die Richtung des B-Feldes kann wieder mit der Rechten-Hand-Regel bestimmt werden

und bei inhomogenen Stromdichten S

$$I = \int_A S\, dA$$

Das Amperesche Gesetz gilt immer, ist aber wieder (wie beim Gaußsche Gesetz) nur bei speziellen (symmetrischen) Anordnungen „einfach" anzuwenden, bei denen der Verlauf des Feldes bekannt ist. Neben dem Ampereschen Gesetz existiert noch das **Biot-Savart-sche Gesetz** (auf das nicht näher eingegangen wird) mit dem zu mindestens numerisch die Berechnung der magnetischen Flussdichte $\vec{B}$ für „komplizierte" Anordnungen möglich ist. Beide zusammen bilden die **Grundgesetze der Magnetostatik**.

Beispiel 4.1

Der Strom fließt durch einen langen und gerade verlaufenden, stromdurchflossenen Leiter. Mit der Rechten-Hand-Regel kann der radiale Verlauf der Feldlinien um den Draht ermittelt werden (vgl. Abb. 4.1, **links**). Der Leiter durchdringt zentral und orthogonal die gewählte Kreisfläche.

Daraus ergibt sich mit dem Ampereschen Gesetz (Gl. 4.3)

$$\oint_U \vec{B} \cdot d\vec{s} = B \cdot 2\pi r = \mu_0 I$$

$$B(r) = \frac{\mu_0 I}{2\pi r}$$

$$B(r) = konstant \cdot \frac{1}{r}$$

Die magnetische Flussdichte nimmt mit $1/r$ ab. ◀

4.3 Das Amperesche Gesetz im Vakuum

Beispiel 4.2

Der Strom fließt durch einen isolierten elektrischen Leiter, der zu einer langen Zylinderspule mit der Länge l und N Windungen gewickelt ist. Mit der Rechten-Hand-Regel kann der Verlauf der Feldlinien ermittelt werden, die sich innerhalb der Spule verdichten. Der Leiter durchdringt mehrfach orthogonal mit derselben Stromrichtung mittig auf einer Linie die gewählte Fläche. Dadurch verdichten sich die Feldlinien im Inneren der Spule. Die magnetische Flussdichte im Außenraum ist vernachlässigbar klein gegenüber der Flussdichte im Inneren, wenn die Spulenlänge viel größer als der Durchmesser ist.

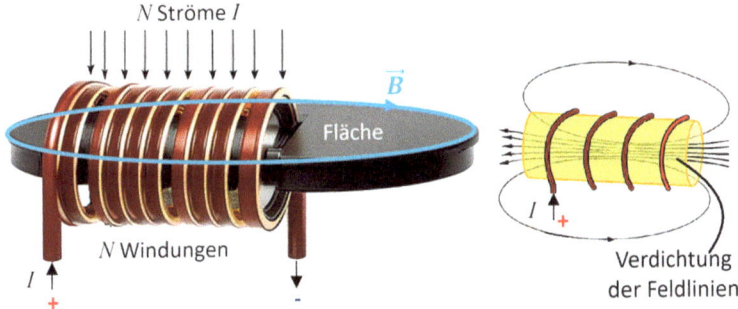

Daraus ergibt sich im **homogenen Feld** (im Inneren der Spule) für die Spule mit der Windungszahl N und für die Fläche mit der Umrandung U aus

$$\oint_U \vec{B} \cdot d\vec{s} = \mu_0 I$$

schließlich

$$B \cdot l = \mu_0 N I$$

$$B = \frac{\mu_0 N I}{l}$$ ◀

▷ Die Länge l bzw. l_m ist die mittlere Länge der **homogenen** Feldlinien.

Würde die Ringspule rechts durchgeschnitten und der Länge nach geradegebogen, ergäbe sich eine Zylinderspule nach der linken Abbildung. In diesem Fall wird von der gestreckten Länge oder mittlere Länge l_m gesprochen. Mit dem inneren und äußeren Umfang der Ringspule ergibt sich die mittlere Länge zu

$$l_m = \frac{2\pi(r+R)}{2} = \pi(r+R)$$

Beispiel 4.3

Der Strom $20\,A$ fließt durch eine Luft-Spule mit der Länge $5\,cm$, die mit einer Windungsanzahl 50 angegeben ist.

Die Stärke des Magnetfeldes im Inneren der Spule berechnet sich mit dem Ergebnis aus dem Beispiel 4.2 (lange Zylinderspule).

$$B = \frac{\mu_0 NI}{l} = \frac{4\pi \cdot 10^{-7}\,\frac{Vs}{Am} \cdot 50 \cdot 20\,A}{5 \cdot 10^{-2}\,m} = 25\,mT \quad \blacktriangleleft$$

4.4 Das Amperesche Gesetz mit Materie

Analog zum elektrischen Feld wird auch bei magnetischen Feldern im Material eine **Polarisation** induziert. Es zeigt sich experimentell, dass die von außen wirkende Magnetkraft auf Materie abhängig vom Material ist. Dieses Phänomen kann prinzipiell durch Bahnbewegungen der Elektronen um den Kern auf atomarer Ebene erklärt werden, die sogenannten **Ringströme** verursachen und damit **magnetische Dipolmomente**. In dem einfachsten Modell besteht ferromagnetische Materie aus begrenzten Bereichen, der sogenannten **Weiss´schen Bezirken**. Die magnetischen Dipolmomente der Atome können als „Elementarmagnete" betrachtet werden, die ohne äußeres Magnetfeld statistisch verteilt ausgerichtet sind. Wird die Materie einem Feld ausgesetzt, das z. B. im Inneren einer stromdurchflossenen Spule vorherrscht, richten sich die Elementarmagnete in Richtung des äußeren Feldes aus, was zu einer Feldverstärkung führt (siehe Abb. 4.4). Die Feldlinien des äußeren Feldes können vektoriell mit den Feldlinien der Elementarmagneten addiert werden.

Die Ausprägung der erzeugten magnetischen Dipole hängt von dem Material ab und kann prinzipiell in drei technische Stoffgruppen unterteilt werden.

Diamagnetische Stoffe (z. B. Graphit)
Prinzipiell kommt Diagmagnetismus in allen Stoffen vor, die **kein permanentes** magnetisches Moment haben. Dies entspricht in der Elektrostatik der **Verschiebungspolarisation**. Ein äußeres Magnetfeld erzeugt im Stoff zum äußeren Feld antiparallel ausgerichtete Momente, die eine kleine magnetische Polarisation entgegengesetzter Richtung zum äußeren Feld erzeugt. Das Feld wird somit geringfügig geschwächt.

4.4 Das Amperesche Gesetz mit Materie

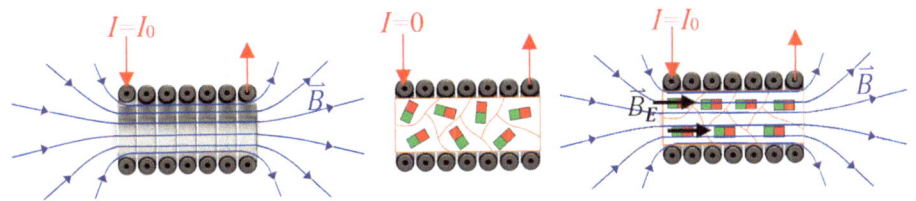

Abb. 4.4 Querschnittdarstellungen einer stromdurchflossenen Zylinderspule ohne Materie (**links**), einer stromlosen Zylinderspule mit Materie (ungeordnete Elementarmagnete in den Weiss´schen Bezirken, **mittig**) sowie einer stromdurchflossenen Zylinderspule mit Materie (ausgerichtete Elementarmagnete in den Weiss´schen Bezirken, **rechts**)

Paramagnetische Stoffe (z. B. Metalle der seltenen Erden)
Ein äußeres Magnetfeld erzeugt durch regellos ausgerichtete und **vorhandene** magnetische Momente eine magnetische Polarisation. Dies entspricht in der Elektrostatik der **Orientierungspolarisation**. Ein äußeres Magnetfeld erzeugt im Stoff eine kleine magnetische Polarisation in derselben Richtung zum äußeren Feld. Das Feld wird somit geringfügig gestärkt.

Ferromagnetische Stoffe (Metalle in Reinform)
Ein äußeres Magnetfeld erzeugt durch parallele **permanente** magnetische Momente in den sogenannten Weiss´schen Bezirken (lokale Zellen) eine magnetische Polarisation in derselben Richtung zum äußeren Feld. Das Feld wird somit (durch sogenannte „Elementarmagneten") sehr gestärkt.

Technisch sehr interessant sind somit die ferromagnetischen Stoffe die jedoch beim Ummagnetisieren eine Hysterese besitzt (Magnetisierungskurve). Oberhalb der Curie-Temperatur (z. B. Fe ca. 774 °C, Ni ca. 327 °C, Co ca. 1131 °C) sind ferromagnetische Stoffe paramagnetisch.

In der Technik wird die Größe **magnetische Feldstärke** $\vec{H}$ (A/m) eingeführt, sie entspricht sozusagen dem gesamten magnetischen Feld. In der Praxis interessiert jedoch die Auswirkung des magnetischen Feldes, welche durch die magnetische Flussdichte beeinflusst wird. Die **magnetische Flussdichte** $\vec{B}_0$ des Vakuums/Luft ist proportional zur Feldstärke, mit der Proportionalitätskonstanten „**magnetische Feldkonstante**" (oder **Permeabilität** des **Vakuums**) μ_0. Für die Beträge gilt

$$B_0 = \mu_0 H$$

Wird das magnetische Feld (magnetische Flussdichte) z. B. mit Eisen (ferromagnetischer Stoff) **verstärkt**, wird es um den **Faktor** μ_r größer als das ohne Eisen. Es gilt somit für die Beträge.

$$B = \mu_r B_0 = \mu_r \mu_0 H = \mu H \quad (4.4)$$

Mit dem Eisen muss also die magnetische Polarisation berücksichtigt werden. Daraus ergibt sich das modifizierte Amperesche Gesetz (auch **Durchflutung** Θ genannt) mit dem

„gestärkten B- bzw. H-Feld", das mit der **relativen Permeabilität** μ_r (auch **magnetische Leitfähigkeit**) berücksichtigt wird.

$$\oint_U \frac{\vec{B}}{\mu_0 \mu_r} \cdot d\vec{s} = \oint_U \vec{H} \cdot d\vec{s} = \sum I = \Theta \quad (4.5)$$

Die Permeabilität μ eines Stoffes wird (wie bei der Permittivität ε) allgemein als Vielfaches der Permeabilität des Vakuums angegeben $\mu = \mu_0 \mu_r$. Dabei ist der Faktor μ_r die stoffabhängige relative Permeabilität. Die Werte für die unterschiedlichen Stoffe sind nicht konstant, sie können jedoch der sogenannten Magnetisierungskurve entnommen werden, die den Zusammenhang von $\vec{B}$ und $\vec{H}$ angibt (siehe Abb. 4.5, links).

Werden einige Windungen eines isolierten Leiters auf einen Eisenkern gewickelt, so kann im Inneren der so entstandenen Spule mit demselben Strom eine wesentlich höhere magnetische Induktion erreichen werden, als ohne Eisenkern. Ist der Eisenkern so geformt, dass er einen **geschlossenen Weg** für die Feldlinien anbietet, so **konzentriert** sich somit fast der gesamte Fluss im Eisen. Selbst wenn eine kurze Luftstrecke l_{Luft} zu überwinden ist (vgl. Abb. 4.5, **rechts** Spaltbreite d), gilt dies immer noch und es liegt kein „Ausbeulen" der Feldlinien vor. Unter der Voraussetzung des stetigen Übergangs (z. B. keine sprunghaften Änderungen) der Normalkomponente der Flussdichte längs des Weges ist

$$B_{Eisen} = B_{Luft} = B$$

und wegen der Durchflutung (modifiziertes Amperesche Gesetz, Gl. 4.5) gilt

$$\oint_U \frac{\vec{B}}{\mu_0 \mu_r} \cdot d\vec{s} = \Theta$$

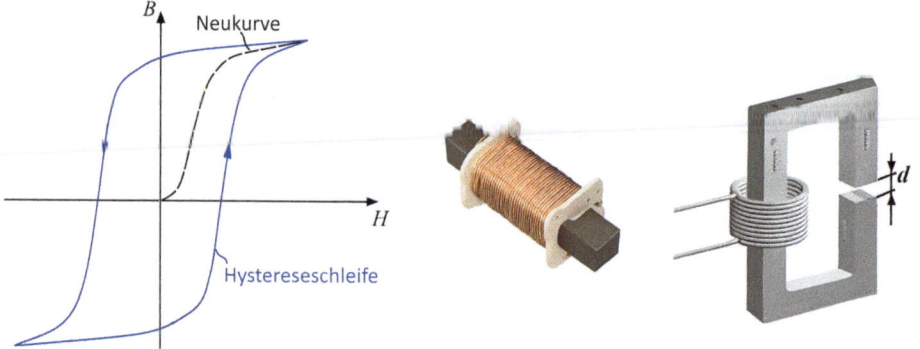

Abb. 4.5 Hystereseschleife eines ferromagnetischen Stoffes, die die Abhängigkeit B von H darstellt (**links**). Die Neukurve stellt den Anfangsteil (Startkennlinie) der Hysteresekurve dar und ab einer bestimmten magnetischen Feldstärke kommt es zu keinem nennenswerten magnetischen Flussdichteanstieg, weil alle Elementarmagnete ausgerichtet sind. Darstellung von zwei Beispielen für ferromagnetische Spulenkerne (**rechts**)

4.4 Das Amperesche Gesetz mit Materie

$$\frac{B}{\mu_0 \mu_{Eisen}} l_{Eisen} + \frac{B}{\mu_0 \mu_{Luft}} l_{Luft} = B \cdot \left(\frac{l_{Eisen}}{\mu_0 \mu_{Eisen}} + \frac{l_{Luft}}{\mu_0 \mu_{Luft}} \right) = \Theta$$

Wird die linke Seite mit „eins" (Fläche *A* in rot) multipliziert, ergibt sich

$$B \cdot A \cdot \left(\frac{l_{Eisen}}{A \cdot \mu_0 \mu_{Eisen}} + \frac{l_{Luft}}{A \cdot \mu_0 \mu_{Luft}} \right) = \Theta$$

$$\phi \cdot \left(\frac{l_{Eisen}}{A \cdot \mu_0 \mu_{Eisen}} + \frac{l_{Luft}}{A \cdot \mu_0 \mu_{Luft}} \right) = \Theta$$

Die beiden Summanden in der Klammer sind genauso gebildet, wie die Ausdrücke für den ohmschen Widerstand eines Leiters der Länge *l*, des Querschnittes *A* und der elektrischen Leitfähigkeit σ (Kehrwert des spezifischen Widerstandes ρ). Da liegt es nahe, ein **magnetisches Analogon** zu definieren, den **magnetischen Widerstand**.

$$R = \rho \cdot \frac{l}{A} = \frac{1}{\sigma} \cdot \frac{l}{A} \qquad (ohmscher\ Widerstand)$$

Magnetisches Analogon

$$R_m = \frac{1}{\mu} \cdot \frac{l}{A} \qquad [R_m] = \frac{1}{H} = \frac{A}{Vs}$$

Damit sind die magnetischen Widerstände der Eisen- und der Luftstrecke definiert und es ergibt sich die Durchflutung Θ aus dem Produkt magnetischer Fluss und magnetischer Widerstand

$$\phi \cdot \left(R_{m,Eisen} + R_{m,Luft} \right) = \Theta$$

und weil $\mu_{Eisen} \gg \mu_{Luft}$ kann $R_{m,Eisen}$ auch vernachlässigt werden.

Beispiel 4.4

Der Strom 1 *A* fließt durch eine schlanke Torus-Spule, die mit einer mittleren Länge von 25 *cm* und eine Windungsanzahl 100 angegeben ist. Die Spule hat als Kernmaterial Elektroblech des Typs V360–50 A, dessen Magnetisierungskurve nachfolgend dargestellt ist.

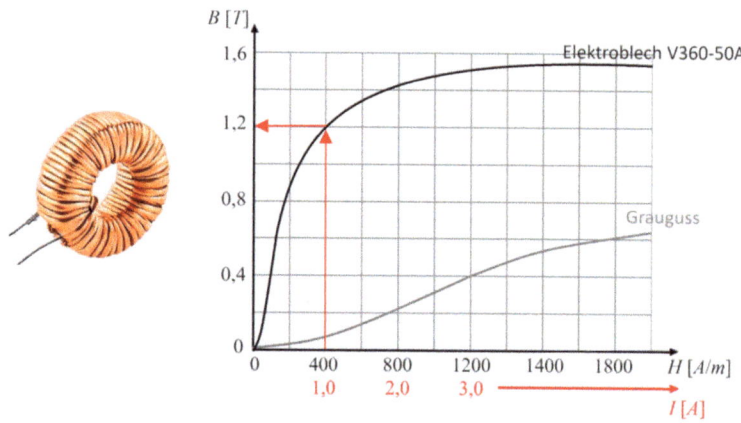

Die Beträge der magnetischen Flussdichte B_0 (siehe **Abschn.** 4.3, Beispiel 4.2) und der magnetischen Feldstärke H der Luftspule berechnen sich mit

$$B_0 = \frac{\mu_0 N I}{l_m} = \mu_0 \frac{100 \cdot 1\,A}{0{,}25\,m} = \mu_0 \cdot 400\,\frac{A}{m} = 0{,}5\,mT$$

und

$$H = \frac{B_0}{\mu_0} = 400\,\frac{A}{m}$$

Der Wert der magnetischen Flussdichte B mit Kern kann für den H-Wert der Magnetisierungskurve mit $1{,}2\,T$ entnommen werden, sodass sich bei einem Strom von $1\,A$ eine relative Permeabilität von

$$\mu_r = \frac{B}{B_0} = 2.400$$

ergibt. Wird der Stromwert verändert, ändert sich auch die relative Permeabilität, sodass die Abszisse der Magnetisierungskurve auch mit einem Stromwert I versehen werden kann.

So könnte in diesem Beispiel die Abszisse auch mit $1\,A$ statt $400\,A/m$ und $2\,A$ statt $800\,A/m$ beschriftet werden.

In der Praxis wird häufig der geschlossene Eisenkreis durch einen „breiten" Luftspalt unterbrochen. Dadurch wird das Feld stark verringert, ist aber noch immer viel größer als bei einer Luftspule. Der wesentliche Vorteil ist jedoch, dass die relative Permeabilität konstant ist, was zu einem linearen Zusammenhang zwischen der magnetischen Flussdichte B und der magnetischen Feldstärke H führt (siehe Abb. 4.6).

In Abb. 4.7 sind praktisch **relevante Magnetisierungskurven** dargestellt. Aufgrund der besseren Lesbarkeit gibt es für die verschiedenen Wertebereiche verschiedene Diagramme anderer Skalierung, wie z. B. in **Beispiel** 4.5 dargestellt.

4.4 Das Amperesche Gesetz mit Materie

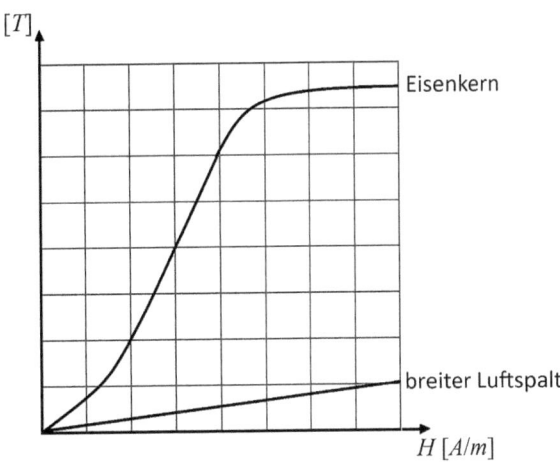

Abb. 4.6 Magnetische Flussdichte B in Abhängigkeit von der magnetischen Feldstärke H für eine Spule mit einem geschlossenen Eisenkern und einem Eisenkern mit breitem Luftspalt

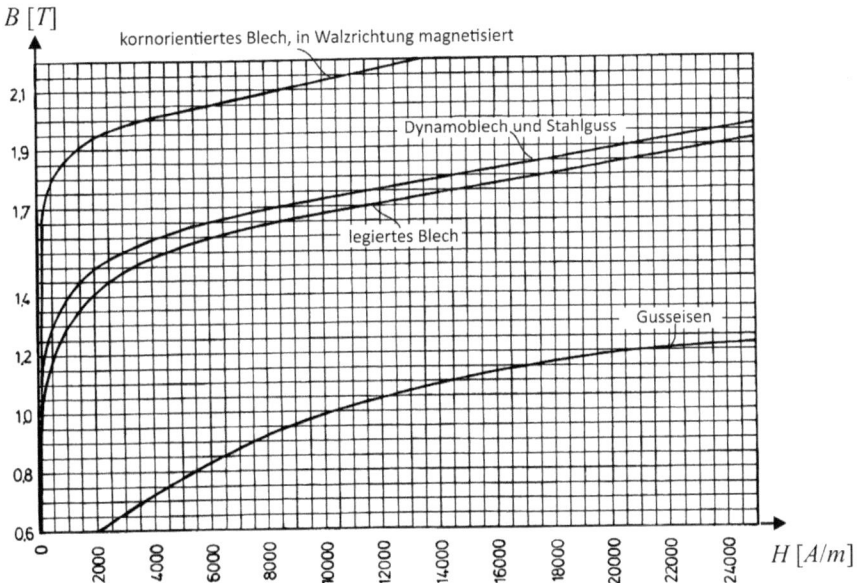

Abb. 4.7 Magnetisierungskurven praktisch relevanter Werkstoffe, wie Gusseisen, legiertes Blech, Dynamoblech, Stahlguss und kornoriertes Blech

Beispiel 4.5

Der magnetische Widerstand für einen geschlossenes Kern (legiertes Blech mit der Fläche 5 cm^2 und der mittleren Länge im Eisen von 31 cm) kann für eine magnetischen Flussdichte von 1,2 T mit der Magnetisierungskurve ermittelt werden.

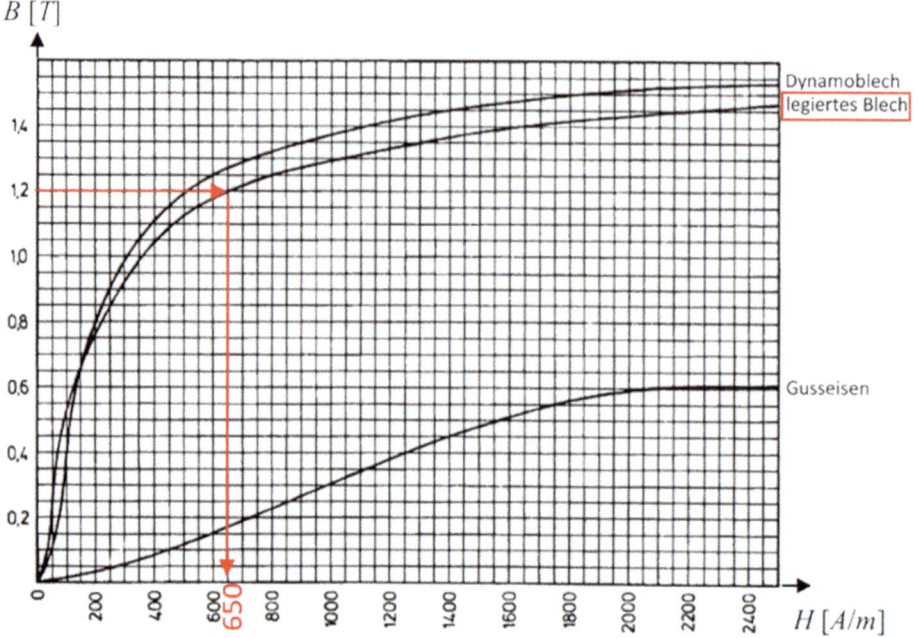

Für 1,2 T kann für legiertes Blech 650 A/m dem Diagramm entnommen werden.

$$R_{m,Eisen} = \frac{l_{Eisen}}{\mu_0 \mu_{Eisen} A} = \frac{H_{Eisen} l_{Eisen}}{BA}$$

$$R_{m,Eisen} = \frac{650 \frac{A}{m} \cdot 0{,}31\ m}{1{,}2\ T \cdot 0{,}0005\ m^2} = 336 \cdot 10^3\ \frac{1}{H} \blacktriangleleft$$

▷ In der Literatur wird häufig der umwickelte Querschnitt als Fläche A angenommen.

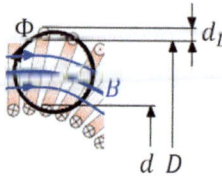

In der Realität haben Teile der Leiterschleife ebenfalls einen Flächenbeitrag, sodass sich z. B. für eine eng oder lückenlos gewickelte Ringspule die wirksame Fläche A zu

$$A = \frac{\pi}{4}\left(\frac{D-d}{2} + d_L\right)^2$$

ergibt. Aus diesem Grund können einige Rechenergebnisse etwas abweichen. Für die Bedingung $d_L \ll D$ muss dies nicht beachtet werden.

4.5 Induktivität einer Leiteranordnung

Wenn ein magnetischer Fluss ϕ eine Leiteranordnung durchdringt, entsteht ein Stromfluss I in der Leiteranordnung (vgl. Kap. 5). Es wird deshalb wieder (wie beim Kondensator die Kapazität C) eine neue **Größe definiert**, die für beliebige Anordnungen gültig ist und **Induktivität L** genannt wird:

$$L = \frac{\phi}{I} \quad [L] = \frac{Vs}{A} = H(Henry) \quad \left(vgl.\, C = \frac{Q}{U}\right) \tag{4.8}$$

Die Induktivität L kann nach dem folgenden Schema (Reihenfolge) berechnet werden, wobei dies wieder nur für wenige Anordnungen, bei denen der Feldverlauf bekannt ist, einfach möglich ist.

$$I \to B \to \phi \to L \quad (vgl.\, Q \to E \to U \to C)$$

Beispiel 4.6

Die Berechnung der Induktivität L einer Doppelleitung ist einfach, wenn die magnetische Flussdichte bereits bekannt ist. Für einen langen Draht gilt für die magnetische Flussdichte (siehe Abschn. 4.3, Beispiel 4.1).

$$B(r) = \frac{\mu I}{2\pi r}$$

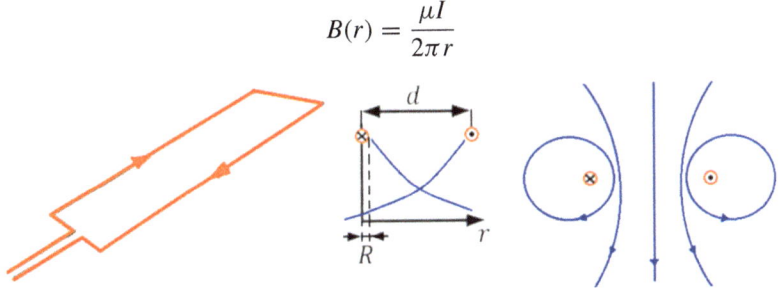

Aus Symmetriegründen berechnet sich der Betrag des magnetischen Flusses ϕ in der Ebene zwischen einer Doppelleitung (für Länge $l \gg$ Abstand d und $B \perp A$)

$$\phi = \oint_O \vec{B} \cdot d\vec{A} = 2\int_R^{d-R} B(r) \cdot l\, dr$$

mit $d \gg R$ beträgt $d - R \approx d$

$$\phi = 2\int_R^d \frac{\mu \cdot I}{2\pi \cdot r} l\, dr = \frac{\mu \cdot I \cdot l}{\pi} ln\left(\frac{d}{R}\right)$$

Nach dem Einsetzen in die **Definitionsgleichung 4.8** ergibt sich für die Induktivität L der Doppelleitung

$$L = \frac{\phi}{I} = \frac{\mu \cdot l}{\pi} \ln\left(\frac{d}{R}\right) = \frac{\mu_0 \mu_r \cdot l}{\pi} \ln\left(\frac{d}{R}\right)$$

Die **Induktivität** ist nur von der **relativen Permeabilität** μ_r (die im Allgemeinen nicht konstant und vom Kernmaterial abhängig ist) und der **Geometrie** abhängig.

Vergleiche die **Kapazität**, die nur von der **relativen Permittivität** ε_r und der **Geometrie** abhängig ist. ◄

▶ Die Induktivität ist eine wichtige Eigenschaft elektrischer Bauelemente, Leitungen oder Spulen. Bei einer Doppelleitung ergibt sich eine Schleife. Bei Spulen sind mehrere Schleifen aneinandergereiht bzw. verkettet. In diesem Fall wird vom Verkettungsfluss $\Psi_m = N \cdot \phi$ (magnetische Flussverknüpfung) gesprochen. Für die Induktivität einer Spule ergibt sich damit

$L = \frac{N \cdot \phi}{I} = \frac{\Psi_m}{I}$

Sie ist ebenfalls ein Maß für den magnetischen Fluss bei einer gegebenen Stromstärke. Die Induktivität stellt zudem eine Art „Trägheit" in elektrischen Systemen dar, vgl. Tab. 5.1.

Beispiel 4.7

Der in der Abbildung gezeigte ringförmige Körper aus ferromagnetischem Material mit der relativen Permeabilitätszahl 500 besitzt einen kreisrunden Querschnitt mit einem Radius von $6\,mm$. Der mittlere Radius beträgt $32\,mm$. Der Ring ist über den gesamten Umfang gleichmäßig mit einem Kupferlackdraht umwickelt, sodass eine in sich geschlossene Ringspule vorliegt, welche vom Material des Ringes vollständig ausgefüllt ist. Die Anzahl der Drahtwindungen beträgt 1000. In der Spule fließt ein Strom von $1A$. Die magnetische Feldstärke H, die magnetische Flussdichte B, der magnetische Fluss ϕ sowie die Induktivität L berechnen sich wie folgt.

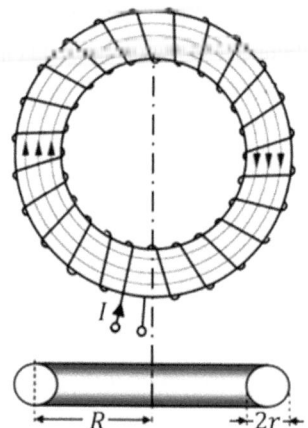

4.5 Induktivität einer Leiteranordnung

Die mittlere Länge des Rings beträgt

$$l_m = \pi(R - r + R + r) = 2\pi R = 2\pi \cdot 32 \, mm = 201 \, mm$$

Aus dem modifizierten Ampereschen Gesetz (Gl. 4.5)

$$\oint_U \vec{H} \cdot d\vec{s} = \sum I$$

ergibt sich

$$H \cdot l_m = N \cdot I$$

$$H = \frac{N \cdot I}{l_m} = \frac{1000 \cdot 1 \, A}{201 \cdot 10^{-3} \, m} = 4.975 \, \frac{A}{m}$$

Mit Gl. 4.4 lässt sich dann die magn. Flussdichte bestimmen

$$B = \mu_r B_0 = \mu_r \mu_0 H = 500 \cdot 4\pi \cdot 10^{-7} \, \frac{Vs}{Am} \cdot 4.975 \, \frac{A}{m} = 3{,}13 \, T$$

und mit Gl. 4.1 der magn. Fluss (Spezialfall $B \perp A$)

$$\phi = B \cdot A = B \cdot \pi r^2$$

$$\phi = 3{,}13 \, T \cdot \pi \cdot \left(6 \cdot 10^{-3} \, m\right)^2 = 3{,}54 \cdot 10^{-4} \, Wb = 35{,}4 \, mWb$$

Die Induktivität ist mit Gl. 4.8 zu ermitteln

$$L = \frac{N \cdot \phi}{I} = \frac{1000 \cdot 3{,}54 \cdot 10^{-4} \, Wb}{1 \, A} = 0{,}354 \, H \quad \blacktriangleleft$$

Beispiel 4.8

Eine einlagige, zylinderförmige Luftspule hat 200 Windungen und einen Wicklungsdurchmesser von $6 \, cm$. Durch die Spule fließt der Strom $4 \, A$. Im Spuleninneren ist das magnetische Feld homogen: Dort wird eine durch magnetische Induktion hervorgerufene Flussdichte von $2{,}2 \, mT$ gemessen.

Die Durchflutung im Inneren der Spule ergibt sich mit Gl. 4.5

$$\Theta = \oint_U \vec{H} \cdot d\vec{s} = \sum I = N \cdot I = 200 \cdot 4 \, A = 800 \, A$$

und der magn. Fluss mit Gl. 4.1 (Spezialfall $B \perp A$) ist

$$\phi = B \cdot A = 2{,}2 \cdot 10^{-3} \, T \cdot \frac{\pi}{4} \left(6 \cdot 10^{-2} \, m\right)^2 = 6{,}22 \cdot 10^{-6} \, Vs \quad \blacktriangleleft$$

Übungsaufgaben zu Kapitel 4

4.1) Ein gerader Leiter wird von einem Strom 3,5 A durchflossen.
   (a) Wie verlaufen die Feldlinien?
   (b) Wie groß ist die magnetische Flussdichte und Feldstärke in einer Entfernung von 18 cm vom Mittelpunkt des Leiters?

4.2) Eine Zylinderspule wird von einem Strom durchflossen.
   (a) Skizzieren Sie den Feldlinienverlauf.
   (b) Zeichnen Sie in den Feldlinienverlauf eine Fläche ein, die von der (homogenen) magnetischen Flussdichte senkrecht durchdrungen wird, so das gilt $\phi = B \cdot A$.
   (c) Zeichnen Sie in den Feldlinienverlauf eine Fläche ein, die vom Strom orthogonal „durchflutet" wird.

4.3) Ein Keramikring (Ringspule nach **Beispiel** 4.4) mit der mittleren Länge von 17,3 cm ist mit 300 Windungen Kupferdraht bewickelt, durch den ein Strom von 1,5 A fließt. Der Durchmesser des Kupferdrahts ist vernachlässigbar im Vergleich zum Ringdurchmesser.
   (a) Wie verlaufen die Feldlinien?
   (b) Wie groß ist die magnetische Flussdichte und Feldstärke?

4.4) Die Feldlinien eines homogenen magnetischen Feldes mit der Stärke 33 mT treffen unter einem Winkel von 35° auf eine ebene Fläche der Größe 0,1 m^2.
   Wie groß ist der magnetische Fluss?

4.5) Eine Ringspule mit einem Kunststoffkern von 3,5 cm^2 Querschnitt, 35 cm mittlerer Länge und 250 Windungen weist einen magnetischen Fluss von $65 \cdot 10^{-8}$ Wb auf.
   Welcher Strom fließt durch die Ringspule?

4.6) Mit wie vielen Windungen muss eine Ringspule mit mittlerer Länge von 28,5 cm bewickelt werden, wenn ein Strom von 0,2 A eine magnetische Flussdichte von 0,65 mT erzeugen soll?

4.7) Eine Zylinderspule hat einen Eisenkern. Die magnetische Feldstärke beträgt 20 mA/m, wenn die relative Permeabilität von 700 beträgt. Wie groß ist die magnetische Flussdichte?

4.8) Es liegen die Magnetisierungskennlinien von verschiedenen Stoffen vor.
   (a) Welche magnetischen Feldstärken in A/m entsprechen den magnetischen Flussdichten 0,85 T und 1,5 T in Dynamoblech?
   (b) Wie groß sind die relative Permeabilitäten, wenn die magnetischen Flussdichten 0,85 T und 1,5 T betragen?

4.5 Induktivität einer Leiteranordnung

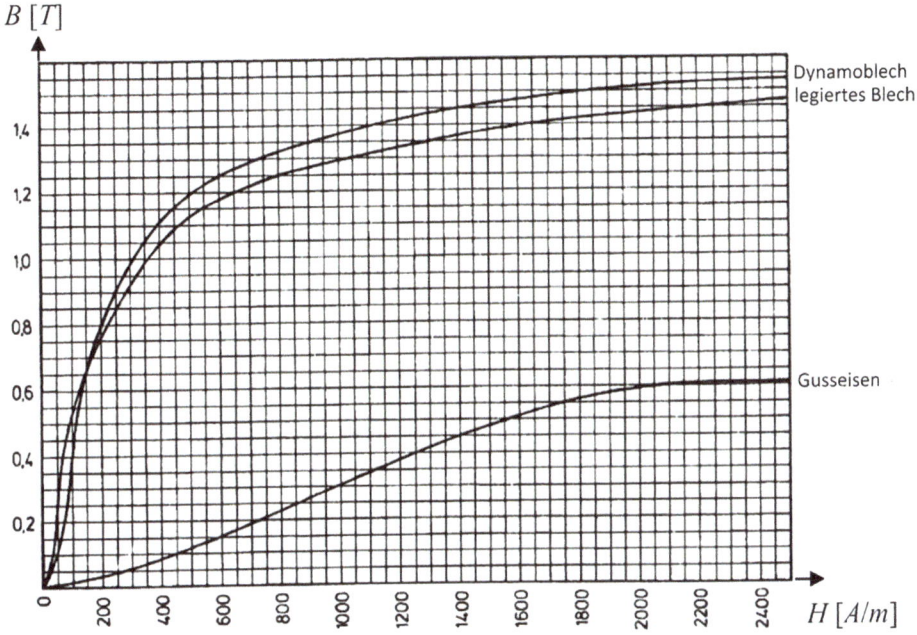

4.9) Welcher magnetische Widerstand ergibt sich für einen Gusseisenring von 8,5 cm mittlerer Länge und einem Querschnitt von 4,8 cm^2 bei einer magnetischen Flussdichte von 0,5 T?

4.10) Ein Eisenkern mit einem Luftspalt von 2 mm hat eine mittlere Länge und einen Querschnitt von 12 cm bzw. 2,5 cm^2. Die relative Permeabilität im Kern beträgt 2000.
Welcher magnetische Gesamtwiderstand ergibt sich?

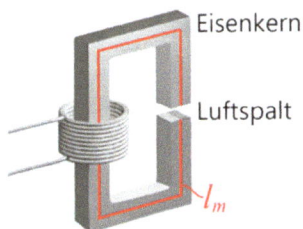

Lösungen zu den Aufgaben aus Kap. 4

4.1) (a)

Die Feldlinien verlaufen kreisförmig um den Leiter, was mit der Rechten-Hand-Regel ermittelt werden kann.

(b)

$$\Theta = \oint_U \vec{H} \cdot d\vec{s} = \sum I$$

Die gewählte Fläche, die der Strom im Zentrum einmalig orthogonal „durchflutet", ist ein Kreis. Es ergibt sich somit für die Durchflutung Θ und für das Skalarprodukt, weil die Tangentialkomponente von $\vec{H}$ an jedem Ort in Richtung des Weges $d\vec{s}$ weist und integriert wird.

$$\oint_U H\, ds = I$$

Für das Integral der Kreisflächen-Umrandung ergibt sich:

$$H \cdot 2\pi r = I$$

$$\to H = \frac{I}{2\pi r} = \frac{3{,}5\ A}{2\pi \cdot 0{,}18\ m} = 3{,}09\ \frac{A}{m}$$

$$B = \mu_r \mu_0 \cdot H = 1 \cdot 4\pi \cdot 10^{-7}\ \frac{Vs}{Am} \cdot 3{,}09\ \frac{A}{m} = 3{,}88\ \mu T$$

4.2) (a)

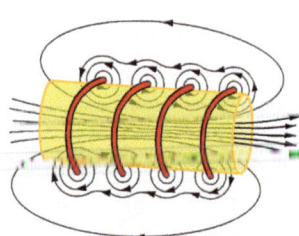

(b)

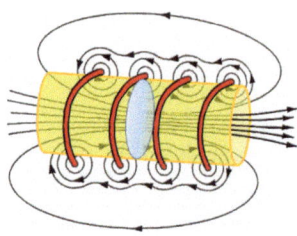

4.5 Induktivität einer Leiteranordnung

(c)

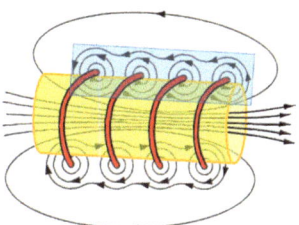

4.3) (a)

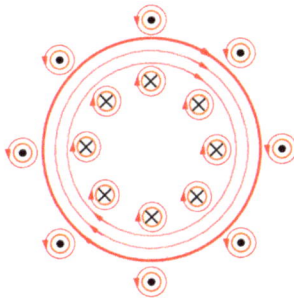

(b)
Die Feldlinien der einzelnen Drähte summieren sich längs des Weges s (neutrale Faser) auf.

$$\Theta = \oint_U \vec{H} \cdot d\vec{s} = \sum I$$

Die gewählte Fläche, die der Strom 300-fach orthogonal „durchflutet", ist ein Kreis. Es ergibt sich somit für die Durchflutung Θ und für das Skalarprodukt, weil die einzelnen (eines jeden Drahtes) Tangentialkomponente von $\vec{H}$ an jedem Ort in Richtung des Weges $d\vec{s}$ weist und integriert wird

$$\oint_U H \cdot ds = N \cdot I$$

Für das Integral der Kreisfläche-Umrandung ergibt sich

$$H \cdot s = N \cdot I$$

$$\rightarrow H = \frac{N \cdot I}{s} = \frac{300 \cdot 1{,}5\,A}{0{,}173\,m} = 2.601\,\frac{A}{m}$$

$$B = \mu_r \cdot \mu_0 \cdot H = 1 \cdot 4\pi \cdot 10^{-7}\,\frac{Vs}{Am} \cdot 2.601\,\frac{A}{m} = 3{,}27\,mT$$

4.4)
$$\phi = \oint_O \vec{B} \cdot d\vec{A}$$

Es ergibt sich für das Skalarprodukt, weil nur die Feldlinienanteile $\vec{B}$ in Richtung des Flächennormalenvektors für den Fluss maßgebend sind.

$$\phi = B \cdot A \cdot \cos(\alpha) = 33 \; mT \cdot 0,1 \; m^2 \cdot \cos(35°) = 2,7 \; mWb$$

4.5) Für das Integral der gewählten Kreisfläche-Umrandung ergibt sich (vgl. **Aufg. 4.3**)

$$H \cdot l_m = N \cdot I$$

$$\rightarrow I = \frac{H \cdot l_m}{N}$$

$$\rightarrow H = \frac{B}{\mu_r \mu_0}$$

$$\rightarrow I = \frac{B \cdot l_m}{N \cdot \mu_r \mu_0}$$

$$\phi = \oint_O \vec{B} \cdot d\vec{A}$$

Weil die Feldlinien senkrecht auf die Querschnittsfläche treffen ergibt sich:

$$\phi = B \cdot A$$

$$\rightarrow B = \frac{\phi}{A}$$

$$\rightarrow I = \frac{\phi \cdot l_m}{A \cdot N \cdot \mu_r \mu_0} = \frac{0,65 \cdot 10^{-6} \; Wb \cdot 0,35 \; m}{3,5 \cdot 10^{-4} \; m^2 \cdot 250 \cdot 1 \cdot 4\pi \cdot 10^{-7} \; \frac{Vs}{Am}} = 2,07 \; A$$

4.6) Für das Integral der gewählten Kreisfläche-Umrandung ergibt sich (vgl. **Aufg. 4.3**)

$$H \cdot s = N \cdot I$$

$$\rightarrow N = \frac{H \cdot s}{I}$$

$$H = \frac{B}{\mu_r \mu_0}$$

4.5 Induktivität einer Leiteranordnung

$$\rightarrow N = \frac{B \cdot s}{I \cdot \mu_r \mu_0} = \frac{0{,}65 \cdot 10^{-3}\,T \cdot 0{,}285\,m}{0{,}2\,A \cdot 1 \cdot 4\pi \cdot 10^{-7}\,\frac{Vs}{Am}} = 737$$

4.7)
$$B = \mu_r \mu_0 \cdot H = 700 \cdot 4\pi \cdot 10^{-7}\,\frac{Vs}{Am} \cdot 20 \cdot 10^{-3}\,\frac{A}{m} = 17{,}6\ \mu T$$

4.8) (a)

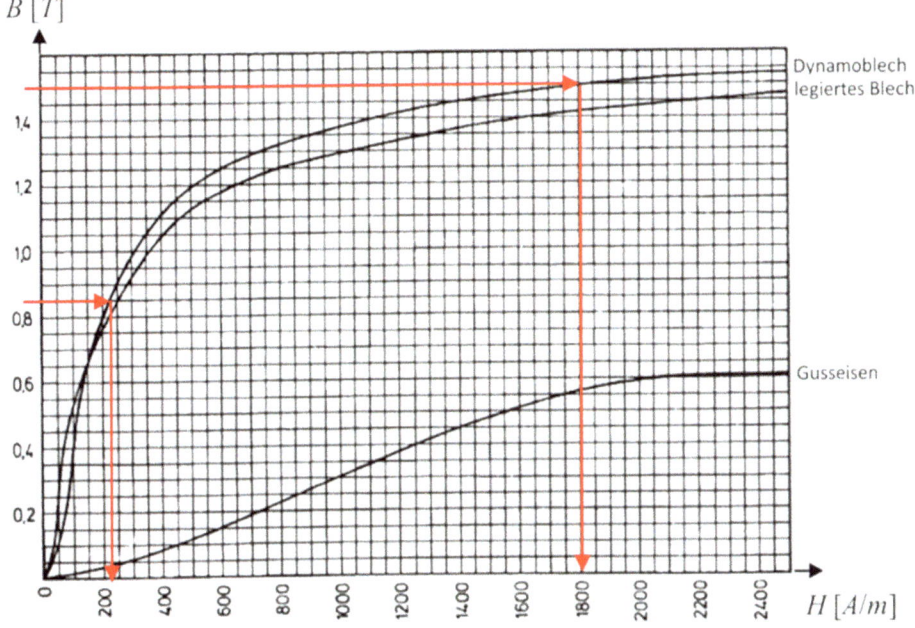

$$H(0{,}85\,T) = 225\,\frac{A}{m}$$

$$H(1{,}5\,T) = 1.800\,\frac{A}{m}$$

(b)
$$\mu_{r085} = \frac{B}{\mu_0 \cdot H} = \frac{0{,}85\,T}{4\pi \cdot 10^{-7}\,\frac{Vs}{Am} \cdot 225\,\frac{A}{m}} \approx 3.000$$

$$\mu_{r15} = \frac{B}{\mu_0 \cdot H} = \frac{1{,}5\,T}{4\pi \cdot 10^{-7}\,\frac{Vs}{Am} \cdot 1.800\,\frac{A}{m}} \approx 663$$

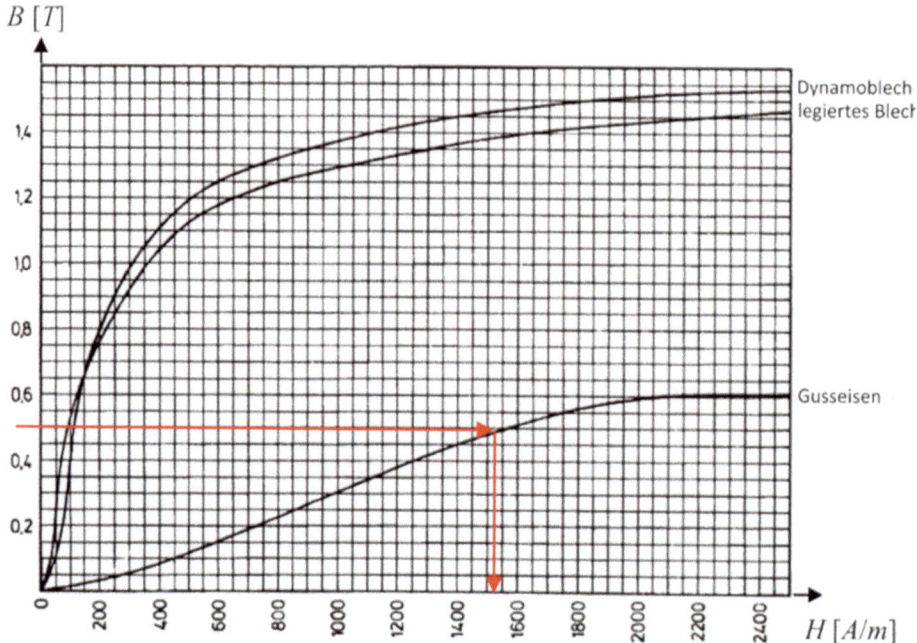

4.9)

Dem Diagramm kann

$$H(0{,}5\,T) = 1.550\,\frac{A}{m}$$

$$B = \mu_r \mu_0 \cdot H$$

$$\rightarrow \mu_r = \frac{B}{\mu_0 \cdot H} = \frac{0{,}5\,T}{4\pi \cdot 10^{-7}\,\frac{Vs}{Am} \cdot 1.550\,\frac{A}{m}} \approx 257$$

$$R_{m,Ring} = \frac{s}{\mu_r \mu_0 \cdot A} = \frac{d \cdot \pi}{\mu_r \mu_0 \cdot A}$$

$$R_{m,Ring} = \frac{0{,}085\,m}{257 \cdot 4\pi \cdot 10^{-7}\,\frac{Vs}{Am} \cdot 4{,}8 \cdot 10^{-4}\,m^2} = 5{,}48 \cdot 10^5\,\frac{A}{Vs}$$

4.10)
$$R_{m,g} = R_{m,Eisen} + R_{m,Luft}$$

$$R_{m,g} = \frac{s_{Eisen}}{\mu_r \mu_0 \cdot A} + \frac{s_{Luft}}{\mu_r \mu_0 \cdot A}$$

$$R_{m,g} = \frac{118 \cdot 10^{-3}\,m}{2.000 \cdot 4\pi \cdot 10^{-7}\,\frac{Vs}{Am} \cdot 2{,}5 \cdot 10^{-4}\,m^2} + \frac{2 \cdot 10^{-3}\,m}{1 \cdot 4\pi \cdot 10^{-7}\,\frac{Vs}{Am} \cdot 2{,}5 \cdot 10^{-4}\,m^2}$$

$$R_{m,g} = 187{,}8 \cdot 10^3\,\frac{A}{Vs} + 6{,}4 \cdot 10^6\,\frac{A}{Vs} = 6{,}59 \cdot 10^6\,\frac{A}{Vs}$$

Der magnetische Widerstand im Eisen ist im Vergleich zum Widerstand in der Luft vernachlässigbar.

Elektrodynamik 5

In Abschn. 4.1 wurde beschrieben, dass Felder Energie speichern können. Dies ist insbesondere bei der potenziellen Energie eines Körpers im Gravitationsfeld einleuchtend. Solange der Körper im selben Höhenpotenzial **verharrt**, bleibt der Zustand unverändert, d. h. **statisch**. Wird er nun aber aus der Höhe zu Boden fallen gelassen, erfährt er auf der einen Seite eine Geschwindigkeitszunahme (aufgrund der Erdbeschleunigung) und auf der anderen Seite einen Luftwiderstand, welcher die Geschwindigkeitszunahme etwas abbremst. Der Zustand ist nun **dynamisch**. Zum besseren Verständnis sind in Tab. 5.1 die Eigenschaften der Bauteile Widerstand, Kapazität und Induktivität mit dem Wassermodell gegenübergestellt.

In den dynamischen Fällen bewegen sich Probekörper (z. B Probemasse, Probeladung, Probenpol) im entsprechenden Feld. Es gibt dabei verschiedene zeitabhängige Effekte, die Einfluss finden und gleichzeitig (gekoppelt) auftreten.

In der Elektrodynamik **verändern** sich **zeitlich die elektrischen und magnetischen Felder**, damit können die beiden Felder nicht mehr getrennt betrachtet werden, sondern es gibt eine **Kopplung zwischen den beiden Feldern**, was z. B. bei der elektro-magnetischen Induktion gezeigt werden kann.

5.1 Elektromagnetische Induktion

Wie das **Gaußsche Gesetz**, das **Amperesche Gesetz** und das **Gesetz der Quellen- und Senkenfreiheit eines Magnetfeldes** ist auch das Gesetz der **elektro-magnetischen Induktion** eine der vier **Maxwellschen Gleichungen**. Das Gesetz wird auch Faradaysche Induktion oder einfach Induktion genannt und es besagt, dass im Prinzip ein elektrisches Feld entsteht, wenn es zu einer Änderung des magnetischen Flusses kommt.

Tab. 5.1 Vergleich – Elektrischer Leiter und Wasserleitung

	Wasserleitung	Elektrischer Leiter
Widerstand	Der Strömungswiderstand hängt vom Leitungsquerschnitt und der Leitungslänge sowie von der Rauheit der Rohrinnenwand (Material) ab. Es entsteht Wärme	Maß für Behinderung des Stromes. Der ohmsche Widerstand hängt vom Leiterquerschnitt und der Leiterlänge sowie vom Material ab, vgl. Gl 2.15 $R = \frac{\rho \cdot l}{A}$ Es entsteht Wärme.
Kapazität	Einfluss von Volumen bzw. Fassungsvermögen eines Wasserbehälters. Ein Stausee hält z. B. für ein Wasserkraftwerk immer genügend Wasser vorrätig. Je nach Widerstand bzw. Geometrie der Wasserleitung fließt das Wasser schneller oder langsamer ab.	Maß für die Ladungsmenge in Abhängigkeit der Kondensatorgröße, vgl. Gl. 3.11 $C = \frac{Q}{\Delta \varphi} = \frac{Q}{U}$ Der Kondensator hält getrennte Ladungen vorrätig, die in Form von Strom über den elektrischen Leiter abfließen können (auch schlagartig), vgl. Abschn. 3.6 Je nach Widerstand bzw. Geometrie des Leiters fließt der Strom schneller oder langsamer ab.
Induktivität	Widerstand der Flüssigkeit gegen deren Beschleunigung. Ein Schaufelrad kann diesen Widerstand darstellen. Das Rad hat eine Trägheit. Es ist Wasserkraft notwendig, damit das Rad in „Schwung" kommt. Eine „schlagartige" Richtungsänderung ist nicht möglich. (Großes Rad – große Trägheit – große Wasserkraft, kleines Rad – kleine Trägheit – kleine Wasserkraft	Maß für die Behinderung des Stromflusses aufgrund eines Magnetfeldes, vgl. Gl. 4.11 $L = \frac{\phi}{I}$ Ein stromdurchflossener Draht der zu einer Spule gewickelt ist, baut entlang des Leiters ein Magnetfeld auf. Über dieses Magnetfeld wird (sehr vereinfacht) ein Gegenstrom und damit ein entgegengesetztes Magnetfeld „erzeugt", vgl. Abschn. 4.5 (Große Spule – große Trägheit – großer Gegenstrom, kleine Spule – kleine Trägheit – kleiner Gegenstrom, vgl. Abschn. 5.2)

Ändert sich beispielsweise der magnetische Fluss durch eine von einer Leiterschleife umrandete Fläche, entsteht zwischen den Drahtenden eine (Induktions-)Spannung.

Die **Flussänderung** kann allgemein durch

5.1 Elektromagnetische Induktion

- eine **stehende Leiterschleife**, die von einem **zeitlich sich ändernden Magnetfeld** (magnetische Flussdichte $\vec{B}$) durchdrungen wird,
- eine **bewegte** Leiterschleife, die durch ein **konstantes Magnetfeld** transversal bewegt wird,
- eine **rotierende Leiterschleife**, die sich in einem **konstanten Magnetfeld** befindet,
- eine in der **Form veränderte Leiterschleife**, die sich in einem **konstanten Magnetfeld** befindet,

entstehen.

Ändert sich zeitlich das Magnetfeld (magnetische Flussdichte $\vec{B}$), das von einer durch einen Spannungsmesser geschlossenen Leiterschleife umfasst wird, so entsteht eine Induktionsspannung u_{ind} zwischen den Drahtenden sowie eine zugehörige elektrische Feldstärke (siehe Abb. 5.1).

Die elektrische Feldstärke ist nach Maxwell auch vorhanden, wenn die Leiterschleife nicht vorhanden ist. Dies ist ein Teil der Erklärung, weshalb sich **elektro-magnetische Wellen nach Maxwell im Vakuum** ausbreiten können.

Die Induktionsspannung ist so gepolt, dass der Induktionsstrom in der Schleife der äußeren Flussänderung entgegenwirkt (Lenzsche Regel), was durch ein Minuszeichen Berücksichtigung findet. Der Induktionsstrom kann jedoch nur fließen, wenn der Stromkreis auch geschlossen ist, vgl. Abb. 5.2. Das Magnetfeld, das durch den Induktionsstrom erzeugt wird, verhindert jeweils die Zu- und Abnahme des äußeren magnetischen Flusses. Es ist somit dem äußeren Feld entgegengerichtet, vgl. Abb. 5.2.

Für die Induktionsspannung gilt das Induktionsgesetz (für die Windungsanzahl $N = 1$)

$$u_{ind} = -\frac{d\phi}{dt} \tag{5.1}$$

Mit dem magnetischen Fluss (siehe Abschn. 4.2)

$$\phi = \oint_O \vec{B} \cdot d\vec{A}$$

ergibt sich

$$u_{ind} = -\frac{d}{dt} \oint_O \vec{B} \cdot d\vec{A} \tag{5.2}$$

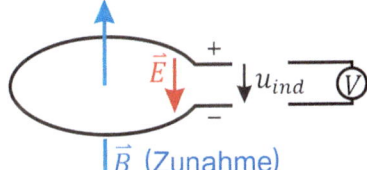

Abb. 5.1 Leiterschleife, die von einem zeitlich sich ändernden Magnetfeld (magnetische Flussdichte $\vec{B}$) durchdrungen wird

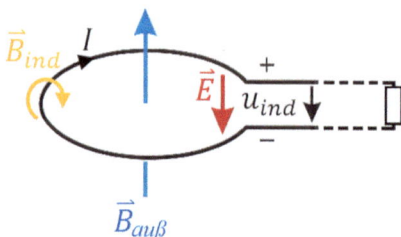

Abb. 5.2 Leiterschleife, die von einem zeitlich sich ändernden „Magnetfeld" (magnetische Flussdichte $\vec{B}_{auß}$) durchdrungen wird. Die Polung der Induktionsspannung ist so, dass der Induktionsstrom der Flussänderung entgegenwirkt. Die Leiterschleife stellt somit eine Spannungsquelle dar. Die Richtung der Feldlinien um einen elektrischen Leiter kann mit der Rechten-Hand-Regel (vgl. Kap. 4) ermittelt werden

Für die Induktionsspannung einer einfachen Leiterschleife ergibt sich, wenn die Feldlinien orthogonal die konstante Leiterfläche durchdringen,

$$u_{ind} = -\frac{d}{dt}(B \cdot A) = -A\frac{dB}{dt} \qquad (5.3)$$

Die Induktionsspannung ist dann nur von der zeitlichen Änderung der magnetischen Flussdichte abhängig.

Ist die magnetische Flussdichte konstant und ändert sich die Fläche der Leiterschleife, ergibt sich (vgl. Kap. 6)

$$u_{ind} = -\frac{d}{dt}(B \cdot A) = -B\frac{dA}{dt}$$

5.2 Selbstinduktivität

Bei der **Induktion** wird durch eine Flussänderung eine Spannung in einer Leiteranordnung induziert. Dabei ist das sich ändernde Feld ein „fremdes" äußeres Feld, das z. B. von einem Dauermagneten oder einem anderen Stromkreis erzeugt wird.

Bei der **Selbstinduktion** fließt durch eine Leiteranordnung (z. B. Spule) ein Strom, der einen Fluss in der Leiteranordnung erzeugt. Ändert sich der Strom, ändert sich auch der Fluss. Die von der eigenen Flussänderung verursachte Spannung wir auch als **Selbstinduktionsspannung** bezeichnet. Die Größe der Spannung hängt von der Induktivität (also von der Geometrie und Permeabilität, vgl. Kap. 4) ab. Nach der sog. Lenzschen Regel ist die Induktionsspannung so gepolt, dass sie der Ursache entgegenwirkt.

▶ Die sog. **Lenzsche Regel** sagt aus, dass der durch die induzierte Spannung getriebene Strom in der Leiterschleife immer so gerichtet ist, dass das vom Strom

5.2 Selbstinduktivität

erzeugte Magnetfeld die induzierende Flussänderung zu schwächen versucht. Daher ist die induzierte Spannung negativ, dies wird in der Literatur häufig „verschwiegen".

Die **Selbstinduktivität** wirkt somit wie eine Spannungsquelle mit einer Polung, die die Stromzu- oder Stromabnahme behindert. Die Selbstinduktionsspannung ist der Erregerspannung entgegen gerichtet (Abb. 5.3).

$$\frac{di}{dt} \to \frac{dB}{dt} \to \frac{d\phi}{dt} \to u_{selbst} = u_L = -N\frac{d\phi}{dt} \qquad (5.4)$$

▶ Das Induktionsgesetz sagt aus:
Es wird dann eine Spannung induziert, wenn sich das von der Spule umschlossene Magnetfeld (auch das eigene) ändert. Es wird keine Spannung induziert, wenn das von der Spule umschlossene Magnetfeld gleich bleibt.
Der Betrag der Induktionsspannung ist davon abhängig, wie schnell und wie stark sich das von der Spule umschlossene Magnetfeld ändert.

Für eine lange Zylinderspule (siehe Beispiel 4.2) mit Kern ($\mu = \mu_0 \mu_r$) gilt beispielsweise

$$B = \frac{\mu N i}{l}$$

sodass sich mit dem magnetischen Fluss (vgl. Kap. 4) und der Gl. 5.4

$$u_{selbst} = -N\frac{d\phi}{dt} = -N\frac{d(BA)}{dt} = -\frac{\mu N^2 A}{l}\frac{di}{dt} = -L\frac{di}{dt}$$

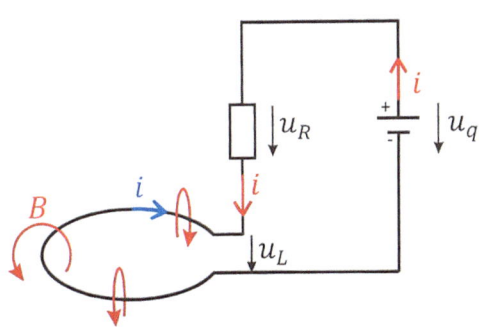

Abb. 5.3 Darstellung eines Stromkreises nach dem Schließen eines Schalters. i (rot) ist der eingeprägte Strom und i (blau) der Strom, der der Flussänderung und damit dem eingeprägten Strom entgegen wirkt. Im Einschaltmoment ist die Stromänderung am größten und die Selbstinduktionsspannung fast gleich der Quellenspannung u_0

ergibt, wenn sich der Strom durch die Spule zeitlich ändert.

Die **Selbstinduktionsspannung** u_{selbst} ist somit abhängig von der zeitlichen Stromänderung

$$u_{selbst} = u_L = -L\frac{di}{dt} \tag{5.5}$$

mit der **Proportionalitätskonstanten Selbstinduktivität L**

$$L = \frac{\mu N^2 A}{l} \tag{5.6}$$

Wenn es sich um eine Luftspule handelt oder der Spulenkern einen breiten Luftspalt besitzt ist die **Proportionalitätskonstante linear** (vgl. Kap. 4).

Der Zusammenhang zwischen den Beträgen von Strom und Spannung an einer Spule ist somit

$$u(t) = L\frac{di(t)}{dt} \quad \left(i(t) = \frac{1}{L}\int u(t)dt\right) \tag{5.7}$$

Liegt die Spule z. B. an einer konstanten Spannung U, steigt der Strom linear an. Der Wert des Stroms i hängt dann nur von der Größe der Induktivität L und von der Zeit t ab.

Beispiel 5.1

An eine Spule mit der Induktivität $100\,mH$ wird eine konstante Spannung von $200\,mV$ für die Dauer von $800\,ms$ angelegt. Der Stromverlauf berechnen sich

$$i(t) = \frac{1}{L}\int_0^T U\,dt = [t]_0^T \frac{U}{L} = \frac{U}{L}T = 2\,\frac{V}{H} \cdot 800\,ms = 1{,}6\,A$$

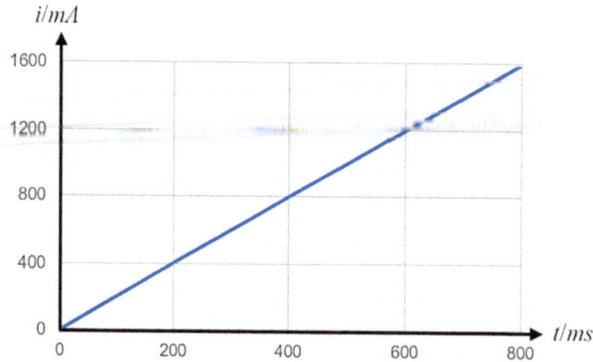

◀

5.3 Schaltungen mit Spulen

Es existieren verschiedene Technologien, um Spulen mit unterschiedlichen Induktivitätswerten herzustellen. Jede Technologie hat dabei wieder Vor- und Nachteile.

Spulen besitzen häufig als **Kern** das Material **Keramik** oder **Ferrit** (Metalloxide). Sie werden z. B. in kleinen SMD-Bauformen (engl. *Surface Mounted Device*) oder in größeren Bauformen hergestellt (siehe Abb. 5.4). Für Transformatoren werden auch mehrlagige elektrisch isolierte (laminierte) Bleche (Fe-Si-Legierung) eingesetzt, um die Wirbelstromverluste im Kernmaterial zu minimieren. Induzierte Wirbelströme entstehen in leitfähigen Materialien (wie z. B. Eisen) und führen zu Verlusten in Form von Wärme. Manchmal werden Spulen auch durch das Wickeln eines isolierten Drahtes speziell für eine bestimmte Anwendung hergestellt.

Das allgemeine Schaltungssymbol für eine Spule ist eine schwarze rechteckige Fläche, die die Windungen symbolisch darstellt (siehe Abb. 5.5).

Spulen können wie Kondensatoren sowohl als Reihenschaltung als auch als Parallelschaltung in der Praxis auftreten.

Abb. 5.4 Darstellung von beispielhaften Spulentechnologien, Foto von SMD-Spulen und Aufbau einer SMD-Spule mit Ferrit-Kern (**links**), einer Luftspule (**mittig**) und eine Spulen mit isolierten Blechen als Kernmaterial (**rechts**)

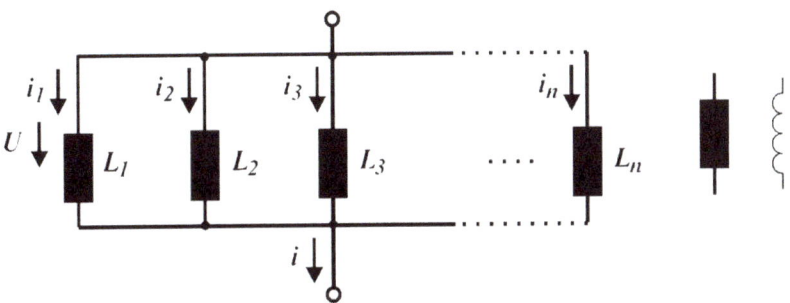

Abb. 5.5 Parallelschaltung von n Spulen (**links**) und die üblichen Schaltungssymbole (**rechts**)

Bei einer **Parallelschaltung** werden zwei oder mehrere Spulen mit möglicherweise unterschiedlichen Induktivitäten an dieselbe Spannungsquelle angelegt (siehe Abb. 5.5).
Für den Gesamtstrom bzw. die zeitliche Änderung des Gesamtstroms gilt

$$i = i_1 + i_2 + \cdots + i_n$$

$$\frac{di}{dt} = \frac{di_1}{dt} + \frac{di_2}{dt} + \cdots + \frac{di_n}{dt} = \frac{u}{L_1} + \frac{u}{L_2} + \cdots + \frac{u}{L_n}$$

$$u \cdot \left(\frac{1}{L_1} + \frac{1}{L_2} + \cdots + \frac{1}{L_n}\right) = \frac{u}{L_{\text{gesamt}}}$$

Folglich muss dann gelten

$$\frac{1}{L_{\text{gesamt}}} = \frac{1}{L_1} + \frac{1}{L_2} + \cdots + \frac{1}{L_n} \qquad (5.8)$$

Das bedeutet, dass bei **Parallelschaltung** die **Gesamtinduktivität immer kleiner** ist **als die kleinste Einzelinduktivität**.

Bei einer **Reihenschaltung** von Spulen (siehe Abb. 5.6) wird mit demselben Strom i in allen Spulen ein individuelles Magnetfeld erzeugt.
Es gilt also

$$u = u_{L1} + u_{L2} + \cdots + u_{Ln}$$

$$u = L_1 \frac{di}{dt} + L_2 \frac{di}{dt} + \cdots + L_n \frac{di}{dt}$$

$$u = (L_1 + L_2 + \cdots + L_n)\frac{di}{dt} = L_{\text{gesamt}}\frac{di}{dt}$$

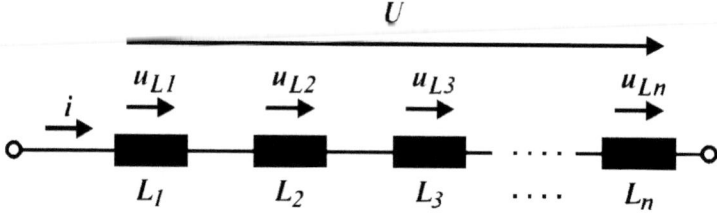

Abb. 5.6 Reihenschaltung von n Spulen

Folglich muss dann gelten

$$L_{gesamt} = L_1 + L_2 + \cdots + L_n \tag{5.9}$$

Dies bedeutet, dass bei **Reihenschaltungen** die **Gesamtinduktivität immer größer** ist **als die kleinste Einzelinduktivität**.

Beispiel 5.2

Zwei gleiche Spulen mit den Induktivitätswerten 100 mH sind parallel geschaltet, in Reihe zu dieser Parallelschaltung befindet sich eine weitere Spule mit 200 mH.

Die Gesamtinduktivität ergibt sich aus Gl. 5.8 für die Induktivität der Parallelschaltung

$$\frac{1}{L_{par}} = \frac{1}{L_1} + \frac{1}{L_2} \rightarrow L_{par} = \frac{L_1 \cdot L_2}{L_1 + L_2} = \frac{100\,mH \cdot 100\,mH}{100\,mH + 100\,mH} = 50\,mH$$

und mit der Reihenschaltung von Induktivitäten (Gl. 5.9) zu

$$L_{gesamt} = L_{par} + L_3 = 50\,mH + 200\,mH = 250\,mH \; \blacktriangleleft$$

5.4 Lorentz-Kraft

Wird eine elektrische **Ladung** q z. B. mithilfe eines **elektrischen Feldes** E auf eine bestimmte **Geschwindigkeit** v gebracht und durchquert ein **magnetisches Feld** mit der **Induktion (magnetischen Flussdichte** $\vec{B}$), ändert sich im Magnetfeld die Bewegungsrichtung der Ladung. Dieser Effekt wird z. B. bei der **Elektronenstrahlröhre** (ehemals TV-Gerät oder analoges Oszilloskop) ausgenutzt. Dort werden die Elektronen mithilfe einer Hochspannung (einige kV) in Vakuum von der Kathode in waagerechter Richtung zum Bildschirm hin beschleunigt. Die Zielrichtung ist dabei genau der Mittelpunkt des Bildschirms, siehe Abb. 5.7.

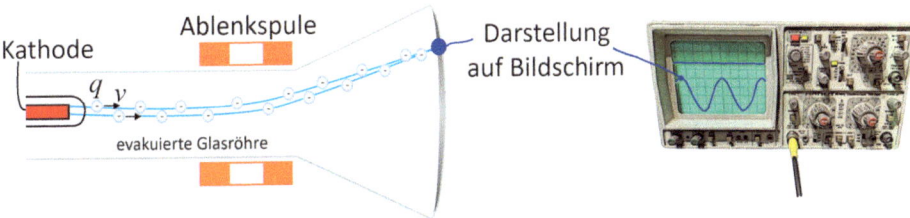

Abb. 5.7 Prinzipaufbau einer Elektronenstrahlröhre (**links**) und Foto eines Oszilloskop (**rechts**)

Treffen die Elektronen dort auf, erzeugen sie in der Beschichtung des Bildschirms eine Leuchterscheinung. Die Röhre ist mit zwei Spulen bewickelt, die die Elektronen ablenken und somit als Ablenkspulen bezeichnet werden. Eine ist dabei für die horizontale und eine für die vertikale Ablenkung zuständig. Fließt in diesen Spulen ein Strom, so entsteht in einem bestimmten Bereich des Weges, den die Elektronen zurücklegen, ein Magnetfeld. Durch geschickte, koordinierte Veränderung der Ströme in den beiden Spulen wird erreicht, dass der Elektronenstrahl zeilenweise vom linken oberen Rand der Bildröhre bis zum rechten unteren Rand wandert. Wenn dieser Vorgang häufiger als 80-fach pro Sekunde wiederholt wird, bekommt das menschliche Auge davon nichts mit und sieht nur ein vom Elektronenstrahl erzeugtes Bild. Die Helligkeit der einzelnen Bildpunkte kann über die elektrische Feldstärke, also über die Kathodenspannung, verändert werden. Bei der Ablenkung handelt es sich um die technische Nutzung der **Lorentz-Kraft** $\vec{F}_L$

$$\vec{F}_L = q(\vec{v} \times \vec{B}) \tag{5.10}$$

bzw. für den Betrag

$$F_L = q \cdot v \cdot B$$

wenn die Ausbreitungsrichtung der Ladung orthogonal (senkrecht) in Magnetfeldrichtung erfolgt, da es sich bei der Lorentz-Kraft um ein Kreuzprodukt (Vektorprodukt) handelt.

Die „Rechte-Hand-Regel" aus Abb. 4.1 kann damit um eine Achse erweitert werden, vgl. Abb. 5.8.

Bei gegebener Geschwindigkeit und gegebener Induktion $\vec{B}$ wird die Kraft dann maximal, wenn die Bewegungsrichtung der Ladungsträger senkrecht auf der Richtung der magnetischen Feldlinien steht. Die Kraftrichtung wiederum steht senkrecht auf der von $\vec{v}$ und $\vec{B}$ aufgespannten Fläche, was dem Kreuzprodukt entspricht.

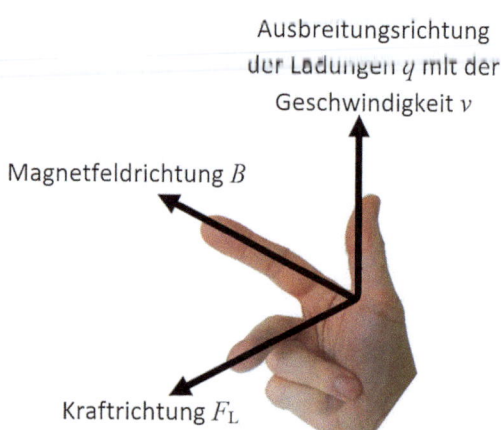

Abb 5.8 Veranschaulichung des Kreuzprodukts (Vektorprodukt) und damit die Richtung der Lorentz-Kraft mittels Rechte-Hand-Regel

5.4 Lorentz-Kraft

Durchqueren z. B. die Ladungsträger des Elektronenstrahls der oben genannten Röhre, erfahren die Ladungsträger eine Kraft (siehe Abb. 5.9).

Wenn Ladungsträger nicht ein Magnetfeld durchqueren, sondern durch einen linienhaften Leiter fließen, entspricht dies einem gerichteten elektrischen Stromfluss (bewegte Ladungen). Die Stromstärke I hat somit eine Richtung, obwohl sie keine vektorielle Größe ist. Stattdessen ist die Länge des Leiterstückes $\vec{l}$ ein Vektor, der in (die technische) Stromrichtung weist. Somit wird die Gleichung der Lorentz-Kraft modifiziert, indem die Ladung q durch einen (Ladungs-)Strom I und die gerichtete Geschwindigkeit $\vec{v}$ durch den gerichteten Leitungsabschnitt $\vec{l}$ im Magnetfeld ersetzt werden. Es gilt

$$\vec{F}_L = I(\vec{l} \times \vec{B}) \qquad (\vec{F}_L = q(\vec{v} \times \vec{B})) \tag{5.11}$$

bzw. für den Betrag

$$F_L = I \cdot l \cdot B \tag{5.12}$$

wenn die Ausbreitungsrichtung der Ladungen (Strom) im Leiter orthogonal in Magnetfeldrichtung erfolgt, da es sich bei der Lorentz-Kraft um ein Kreuzprodukt (Vektorprodukt) handelt (siehe Abb. 5.10).

Hierauf beruht eines der Grundprinzipien elektro-mechanischer Energiewandler. In Elektromotoren wird auf diese Art eine Kraft bzw. ein Drehmoment erzeugt, siehe Kap. 6.

Beispiel 5.3

Die Kraft, die auf einen stromdurchflossenen Leiter der Länge 10 cm mit dem Strom 20 A in einem Magnetfeld von 200 mT wirkt, beträgt
nach Gl. 5.12

$$F_L = I \cdot l \cdot B = 20\,A \cdot 0{,}1\,m \cdot 0{,}2\,T = 0{,}4\,N$$

wenn die Ausbreitungsrichtung der Ladungen (Strom) im Leiter orthogonal in Magnetfeldrichtung erfolgt. ◄

Abb. 5.9 Richtungen der Lorentz-Kraft F_L auf eine bewegte Ladung q im Magnetfeld B

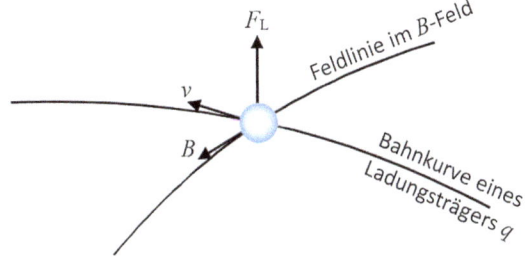

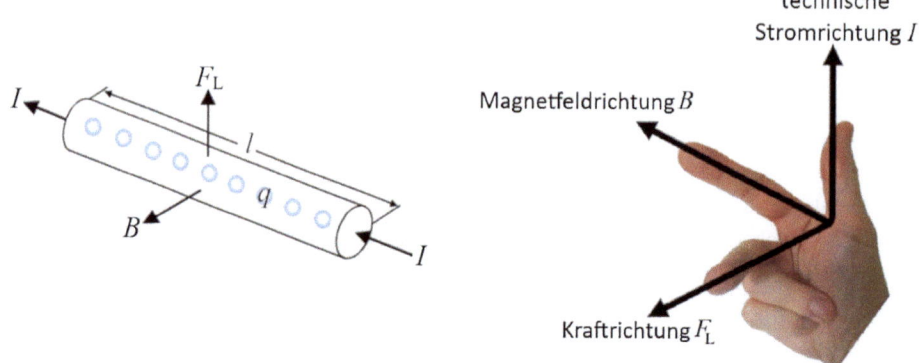

Abb. 5.10 Lorentz-Kraft auf einen stromdurchflossenen Leiter im Magnetfeld (**links**) sowie Veranschaulichung der Richtung der Lorentz-Kraft mittels „geänderter" Rechte-Hand-Regel (Kreuzprodukt, **rechts**)

▷ Bei der Bestimmung der Lorentz-Kraft muss darauf geachtet werden, dass die Rechte-Hand-Regel gilt, wenn die technische Stromrichtung (mit dem Daumen) betrachtet wird. Wenn die Ladungsträger jedoch Elektronen sind, muss der Daumen in die entgegengesetzte Richtung weisen.

In Abb. 4.1 wurde dargestellt, dass sich jeder stromdurchflossene Leiter mit einem eigenen Magnetfeld umgibt. Wird derselbe Leiter jedoch in ein externes Magnetfeld gebracht, entsteht ein verformtes Magnetfeld, vgl. Abb. 5.11. Das fremd erzeugte Magnetfeld und das eigene überlagern sich wegen des sog. Superpositionsprinzips, das durch Vektoraddition für jeden Raumpunkt ermittelt werden kann. Analog zu Abb. 5.10 ist die Lorentz-Kraft eingezeichnet.

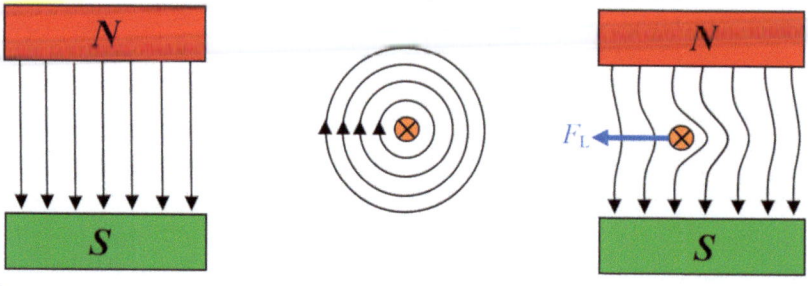

Abb. 5.11 Darstellung des resultierendes Magnetfeldes, das sich aus der Überlagerung des äußeren und des „eigenen" Magnetfeldes ergibt. Das Magnetfeld kann durch vektorielle Addition der beiden unterschiedlichen Felder konstruiert werden

5.4 Lorentz-Kraft

Die Ladungsträger können aber auch innerhalb eines Leiters eine Geschwindigkeit erfahren, wenn der Leiter innerhalb des Magnetfeldes bewegt wird. Dabei wird angenommen, dass der Leiter quer zu seiner Achse und quer zum Magnetfeld bewegt wird. Ein Stromfluss im Leiter ist nicht notwendig. Die durch die Bewegung des Leiters entstehende Kraft, die auf die Ladungsträger wirkt, wirkt nun in Richtung der Leiterachse. Die Elektronen werden in Bewegungsrichtung gesehen nach rechts gedrängt. Auf der linken Seite bleiben positiv geladene Ionen zurück, siehe Abb. 5.12.

Durch die Ladungsträgertrennung entsteht eine elektrische Feldstärke $E = F_e/q$ im Leiter. Dieses Prinzip der Wandlung einer mechanischen Bewegung in eine elektrische Spannung wurde von Werner von SIEMENS um 1865 erstmals in der sog. Dynamo-Maschine angewendet. Dabei sind die elektrische (vgl. Kap. 3) und magnetische (Lorentz-) Kraft gleich (siehe Abb. 5.12), sodass für die Beträge gilt

$$F_e = F_m$$

$$q \cdot E = q \cdot v \cdot B$$

bzw.

$$E = v \cdot B \tag{5.13}$$

wenn die Leiterachse, das Magnetfeld und die Ausbreitungsrichtung (Geschwindigkeit) senkrecht aufeinander stehen (Leiterachse $\perp B \perp v$). Ist l die Länge des Leiters, die sich im Magnetfeld befindet, kann zwischen den Leiterenden folgende Spannung (vgl. Kap. 3) gemessen werden.

$$u_{ind} = -\int_l \vec{E} \cdot d\vec{s} = -\int_0^l v \cdot B \, ds = -v \cdot B \int_0^l ds = -v \cdot B \cdot l$$

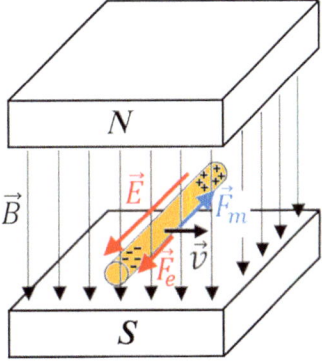

Abb. 5.12 Darstellung eines bewegten Leiters im Magnetfeld (Leiterachse $\perp v \perp B$) sowie das dabei erzeugte elektrische Feld und die elektrische Kraft $\vec{F}_e$ und die magnetische Kraft $\vec{F}_m$ (Lorentz-Kraft)

Diese Spannung ist wiederum gleich der im Abschn. 5.1 eingeführten, induzierten Spannung

$$u_{ind} = -\frac{d\phi}{dt} = -v \cdot B \cdot l$$

Damit ist das zweite Grundprinzip elektromechanischer Energiewandler formuliert. Mithilfe dieses Effektes kann ein Generator gebaut werden, der eine elektrische Spannung liefert, siehe Kap. 6.

Beispiel 5.4

Ein Metallstab der Länge 100 cm wird mit einer Geschwindigkeit von 2 m/s durch das Magnetfeld der Erde mit 40 μT bewegt.

Die an den Enden des Stabes entstandene Induktionsspannung beträgt nach dem Induktionsgesetz (Gl. 5.12)

$$u_{\text{ind}} = -\frac{d\phi}{dt} = -v \cdot B \cdot l$$

$$u_{\text{ind}} = -2\,\frac{m}{s} \cdot 40 \cdot 10^{-6}\,T \cdot 1\,m = -80 \cdot 10^{-6}\,V = -80\,\mu V$$

Beide Effekte können auch überlagert werden, indem der Leiter bewegt wird und gleichzeitig in ihm einen Strom fließt. Auf der mechanischen Seite existieren dann Geschwindigkeit $\vec{v}$ und Kraft $\vec{F}$. Auf der elektrischen Seite existieren eine Spannung U und ein Strom I. Die mechanisch aufgebrachte Leistung wird dem System auf der elektrischen Seite entnommen oder umgekehrt.

Es gilt für die Beträge

$$P_e = P_m$$
$$U \cdot I = F \cdot v$$

oder

$$P = U \cdot I = F \cdot v \qquad (5.14)$$

◀

▶ Das Induktionsgesetz $u_{ind} = -\frac{d\phi}{dt} = -v \cdot B \cdot l$ sagt aus:
Je schneller sich ein Leiter in einem Magnetfeld bewegt und / oder je stärker das senkrecht zur Bewegungsrichtung des Leiters stehende Magnetfeld ist, desto größer ist die induzierte Spannung.

Beispiel 5.5

Ein Elektron ($q=-e$) soll ohne Ablenkung horizontal durch einen Plattenkondensator (graue Platten) fliegen, der sich in einem Magnetfeld befindet. Bekannt sind die am Kondensator anliegende Spannung U, der Plattenabstand d und das wirkende Magnetfeld B.

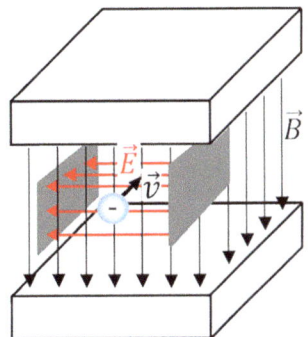

Die Geschwindigkeit des Elektrons, um den Kondensator im Vakuum zu durchqueren, berechnet sich

mit der Coulomb-Kraft F_{el} (vgl. Kap. 3)

$$F_{el} = q \cdot E$$

und der Lorentz-Kraft F_L (Gl. 5.10)

$$F_L = q \cdot v \cdot B = q \cdot E$$

die im Gleichgewicht stehen müssen.

Für einen Plattenkondensator ist

$$E = \frac{U}{d}$$

bekannt (vgl. Kap. 3), sodass sich nach dem Einsetzen die Geschwindigkeit, in Abhängigkeit von der angelegten Spannung und der magnetischen Flussdichte, ergibt

$$v = \frac{U}{d \cdot B}$$

◀

Übungsaufgaben zu Kapitel 5

5.1) Welche Gesamtinduktivität hat die nachfolgende Schaltung?

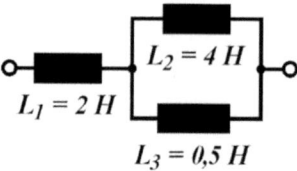

5.2) Welchen Wert hat die Induktivität L_3, wenn die Gesamtinduktivität 1 H beträgt?

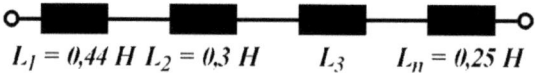

$L_1 = 0{,}44\ H\quad L_2 = 0{,}3\ H\qquad L_3\qquad L_n = 0{,}25\ H$

5.3) Durch eine Spule fließt nachfolgender Strom. Skizzieren Sie qualitativ die durch die Stromänderung bedingte Spannung $u(t)$.

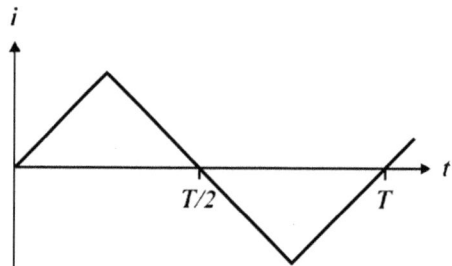

5.4) Durch eine Spule mit der Induktivität $L = 509\ \mu H$ fließt nachfolgender Strom. Zeichnen Sie die durch die Stromänderung bedingte Spannung $u(t)$ und geben Sie die jeweiligen Spannungswerte an.

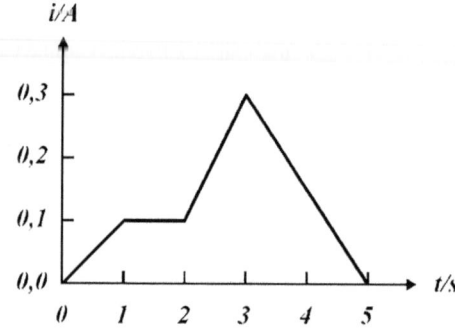

5.5) An einer Spule mit der Induktivität 250 mH wird eine konstante Spannung von 500 mV angelegt.
Wie groß ist der Strom nach 2 s?

5.4 Lorentz-Kraft

5.6) An einer Spule mit der Induktivität 250 *mH* steigt die Spannung linear mit 200 *mV/s* an. Wie groß ist der Strom nach 4 *s*?

5.7) Mit einem Drehspul-Messwerk (vgl. Abb. 2.8) kann ein elektrischer Strom gemessen werden. Das Magnetfeld von 150 *mT* wird durch einen Dauermagneten erzeugt. Der magnetische Kreis schließt sich über Polschuhe, einem ringförmigen Luftspalt und zylindrischen Eisenkern. In dem gleichmäßigen Luftspalt, in dem eine Rechteck-Spule ($l = 50$ *mm*, 30 Windungen) zusammen mit dem Eisenkern drehbar gelagert ist, entsteht eine radial-homogene magnetische Induktion. Welche Gegenkraft muss von der Spiralfeder aufgebracht werden, wenn ein Strom von 1 A fließt?

Lösungen zu den Aufgaben aus Kap. 5

5.1)
$$L_{123} = L_1 + L_2 \| L_3$$

$$\rightarrow L_{123} = L_1 + \frac{L_2 \cdot L_3}{L_2 + L_3} = 2\,H + \frac{4\,H \cdot 0{,}5\,H}{4\,H + 0{,}5\,H} = 2{,}44\,H$$

5.2)
$$L_g = L_1 + L_2 + L_3 + L_4$$

$$\rightarrow L_3 = L_g - (L_1 + L_2 + L_4) = 1\,H - (0{,}44\,H + 0{,}3\,H + 0{,}25\,H) = 0{,}01\,H$$

5.3) Die Spannung ist proportional zu Steigung des Stromverlaufes

$$u(t) = L\frac{di}{dt}$$

5.4)
$$u_{01} = L\frac{di}{dt} = 509 \cdot 10^{-6}\,H \cdot \frac{0{,}1\,A}{1\,s} = 50{,}9\,\mu V$$

$$u_{12} = L\frac{di}{dt} = 509 \cdot 10^{-6}\,H \cdot 0 = 0$$

$$u_{23} = L\frac{di}{dt} = 509 \cdot 10^{-6}\,H \cdot \frac{0{,}2\,A}{1\,s} = 101{,}8\,\mu V$$

$$u_{35} = -L\frac{di}{dt} = -509 \cdot 10^{-6}\,H \cdot \frac{0{,}3\,A}{2\,s} = -76{,}4\,\mu V$$

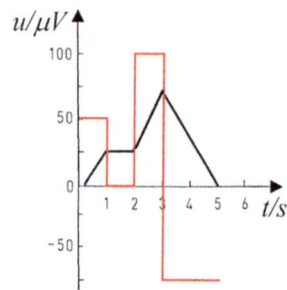

5.5
$$u = L\frac{di}{dt}$$

$$\to i = \frac{1}{L}\int_0^{t_2} u\,dt = \frac{u}{L}[t]_0^{t_2} = \frac{u}{L}t_2$$

$$i = \frac{u}{L}t_2 = \frac{500 \cdot 10^{-3}\,V}{250 \cdot 10^{-3}\,H} \cdot 2\,s = 4\,A$$

5.6)
$$u = L\frac{di}{dt}$$

$$\to i = \frac{1}{L}\int_0^{t_4} 0{,}2\,\frac{V}{s}t\,dt = 0{,}2\,\frac{V}{s}\frac{1}{L} \cdot \frac{1}{2}[t^2]_0^{t_4} = 0{,}2\,\frac{V}{s}\frac{1}{L} \cdot \frac{1}{2}t_4^2$$

$$i = 0{,}2\,\frac{V}{s}\frac{1}{250 \cdot 10^{-3}\,H} \cdot \frac{1}{2}(4\,s)^2 = 6{,}4\,A$$

5.7)
$$\vec{F}_{\text{elk}} = q\vec{v} \times \vec{B}$$

Weil die Magnetfeldlinien und die Bewegungsrichtung der Ladungsträger (Elektronen) sowie die Bewegungsrichtung des Eisenkerns jeweils einen rechten Winkel bilden, gilt

$$F_{\text{elek}} = q \cdot v \cdot B$$

5.4 Lorentz-Kraft

Wird die Geschwindigkeit der Ladungsträger $v = l/t$ berücksichtigt, ergibt sich

$$F_{\text{elek}} = q \cdot N \cdot \frac{l}{t} \cdot B$$

Mit $I = q/t$

$$F_{\text{elek}} = N \cdot l \cdot B \cdot I$$

$$F_{\text{mech}} = F_{\text{elek}}$$

$$\rightarrow F_{\text{mech}} = N \cdot l \cdot B \cdot I = 30 \cdot 0,05\,m \cdot 0,15\,T \cdot 1\,A = 0,225\,N$$

Wechselstromlehre 6

Bisher wurden im Wesentlichen stationäre Vorgänge behandelt. **Stationär** heißt, es liegt ein statisches Verhalten vor oder nach dem Einschalten wird so lange gewartet, bis alle evtl. auftretenden **Ausgleichsvorgänge abgeklungen** sind (sog. **eingeschwungener Zustand**). Dies betrifft besonders Schaltungen, in denen Energiespeicher enthalten sind, also Kondensatoren oder Spulen.

> **Beispiel**
>
> Bei elektrischen „**Schaltvorgängen**" beeinflussen die Bauteileigenschaften das Eingangs-/ Ausgangsverhalten. Analog zum Stoßdämpfer (mit der Masse des PKW, der Schraubenfeder und dem Öldämpfer) in Abb. 6.1 können auch im Gleichstromfall beim Ein- oder Ausschalten (gedämpfte) Schwingungen durch die verschiedenen Energiespeicher Kondensator oder Spule sowie Widerstand entstehen. Stationär heißt, die Schwingungen sind abgeklungen. Wäre keine Dämpfung vorhanden würden die Schwingungen mit derselben Amplitude weiter schwingen.
>
> Anhand dieses einführenden Beispiels wird deutlich, dass die Eigenschaften der Bauteile einen Einfluss auf das zeitliche Verhalten des Gesamtsystems haben. Im Gegensatz dazu kann auch die Art der Eingangsgröße (etwa sprunghaft, wellig, etc.), z. B. in das Stoßdämpfersystem eines PKW, eine veränderte Reaktion der Bauteile und entsprechend eine andere Reaktion des Gesamtsystems hervorrufen. ◄

Es wird nun ein einfaches Feder-Masse-System mit der Masse m und der Federrate c (auch Federkonstante) betrachtet, Abb. 6.2, **links**. Wird die Masse m etwas nach unten gezogen (in y-Richtung) und zum Zeitpunkt $t = 0$ losgelassen, dann ist es sicherlich nachvollziehbar, dass sich die Masse entlang der blauen Kurve bewegen wird, siehe

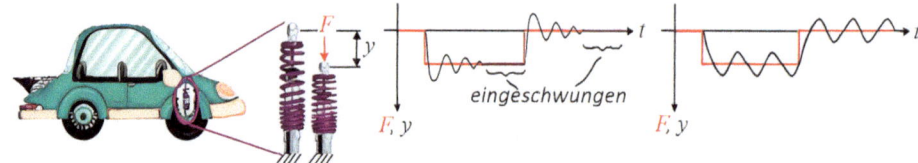

Abb. 6.1 Dynamisches Verhalten eines PKW-Stoßdämpfers (**links**) im eingeschwungenen Zustand mit (**mittig**) und ohne Dämpfung (**rechts**). Die Dämpfung bewirkt eine Abnahme der Amplitude, während ohne Dämpfung die Amplitude gleich hoch bleibt

Abb. 6.2, rechts. Zu jedem Zeitpunkt (Momentanaufnahme) befindet sich die Masse m an einem anderen Ort y. Die blaue Bahn heißt **harmonische Schwingung**. Die Form der Schwingung wird dabei von der Stärke der Feder (Federrate c) sowie von der Trägheit der Masse m bestimmt.

Wird dem System aus Abb. 6.2. nun z. B. ein Stoßdämpfer mit der Dämpferkonstanten d hinzugefügt, so wird die Auslenkung zu jedem Zeitpunkt kleiner, also gedämpft, siehe Abb. 6.3.

In der Elektrotechnik beeinflussen die Energiespeicher (Kondensator und Spule), ebenso wie ein mechanisches Feder-Masse- oder Feder-Masse-Dämpfer-System, die Schwingungsform.

▶ In elektrischen Schaltungen hat eine Induktivität eine ähnliche Wirkung wie die träge Masse im mechanischen System. Ebenso wirkt ein Kondensator wie eine Federsteifigkeit und der elektrische Widerstand wie ein Dämpfer.

In diesem Abschnitt werden nun wechselnde Größen als Eingang in ein elektrisches System und die Einflüsse der elektrischen Bauteile betrachtet.

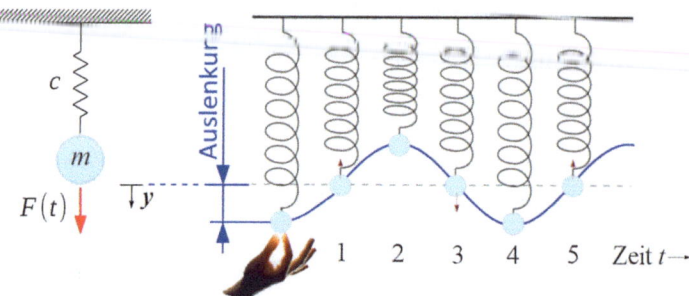

Abb. 6.2 Darstellung eines Feder-Masse-Systems (**links**) und der zeitliche Verlauf (Momentanaufnahmen) des ungedämpften, harmonisch schwingenden Systems (**rechts**)

6.1 Erzeugung von Wechselspannung

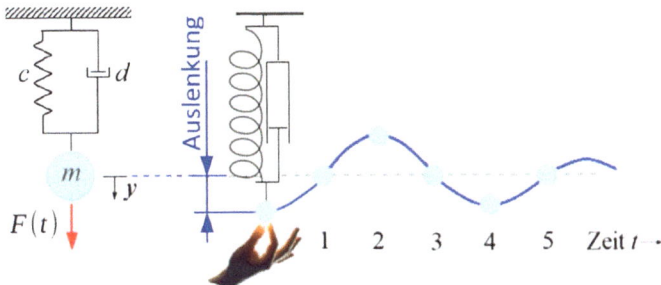

Abb. 6.3 Darstellung eines Feder-Masse-Systems (**links**) und der zeitliche Verlauf (Momentanaufnahmen) des gedämpften, harmonisch schwingenden Systems (**rechts**)

Der harmonische **Wechselstrom** (auch **Wechselspannung**) ist in der Elekrotechnik sehr weit verbreitet, er wird auch als *AC*-Strom (engl. *Alternating Current*) bezeichnet (vgl. *DC*, engl. *Direct Current*). Am bekanntesten ist der Netz-Wechselstrom zur Energieversorgung. Die Spannung wird in den Kraftwerken erzeugt und über mehrere Spannungsebenen (Hochspannungs-, Mittelspannungs- und Niederspannungs-Ebene) bis zum Verbraucher in Haushalt, Industrie usw. gebracht. Die Spannung und der Strom sind hier relativ niederfrequent. Es wird mit 50 Schwingungen pro Sekunde, also 50 Hertz gearbeitet. Z. B. sind es in der Bahnstromversorgung nur 16 2/3 *Hz*.

Ein anderes Anwendungsgebiet ist die Audiotechnik. Das menschliche Ohr hört in einem maximalen Frequenzbereich von 20 *Hz* bis 20.000 *Hz*. Die Schwingungen der Lautsprechermembran entstehen aus elektrischen harmonischen Schwingungen.

Zur Übertragung von Radio- und Fernsehsignalen wird ein Frequenzbereich verwendet, der von einigen hundert Kilohertz bis einige hundert Megahertz geht. Beim Satelliten-Funk / Mobilfunk liegen die Frequenzen im Gigahertz-Bereich.

Wechselspannungen können nicht mithilfe von Batterien oder Akkumulatoren erzeugt werden. Diese Spannungsquellen sind immer Gleichspannungsquellen. Wechselspannungen werden mit rotierenden elektrischen Maschinen oder aus einer Gleichspannung elektrisch oder elektronisch erzeugt.

6.1 Erzeugung von Wechselspannung

In Kap. 5 wurde das Induktionsgesetz

$$u_{\text{ind}} = -N\frac{d\phi}{dt} = -N\frac{d}{dt}\left(\vec{B}\cdot\vec{A}\right)$$

für den Fall betrachtet, dass zeitlich veränderliche und homogen verlaufende *B*-Feldlinien eine konstante Leiterfläche orthogonal durchdringen. In diesem Sonderfall wird eine Induktionsspannung nach Gl. 5.3

$$u_{\text{ind}} = -\frac{d}{dt}(B \cdot A) = -A\frac{dB}{dt}$$

erzeugt. Eine weitere Möglichkeit, eine Spannung zu induzieren, ist etwa, eine zeitlich veränderliche Leiterfläche in ein konstantes B-Feld zu bringen. Dieses Prinzip wird bei der **Wechselspannungs-Erzeugung** genutzt.

In Abb. 6.4 ist eine Möglichkeit dargestellt die im Allgemeinen in der Kraftwerktechnik eingesetzt wird. Dabei wird (stark vereinfacht) eine Leiterschleife in ein homogenes magnetisches Feld gebracht. Das zeitlich konstante Feld wird von Magneten (Permanentmagneten oder Elektromagneten) erzeugt. Die Leiterschleife ist drehbar gelagert (**Gegensatz:** beim Fahrraddynamo dreht sich der Magnet, vgl. Abb. 6.4, **rechts**).

▷ Eine vollständige Umdrehung wird als Periode bezeichnet und die Zeit, die für eine Umdrehung benötigt wird, ist die Periodendauer.

Die Drehachse zeigt in Richtung des Betrachters und die drehbare Spule kann aus einer oder mehreren Windungen bestehen. Die Spulenenden werden auf sogenannte Schleifringe geführt. Auf diesen Ringen sitzen ruhende Kohlebürsten, damit der Kontakt zwischen ruhendem und beweglichem Teil hergestellt werden kann.

Wird die Leiterschleife um den Winkel α in Rotation versetzt, so ist der von der Schleife umfasste magnetische Fluss ϕ zeitlich nicht konstant, siehe Abb. 6.4 (**links**). Wenn die Feldlinien senkrecht auf der aufgespannten Fläche stehen (Stellung a, $\alpha = 0°$), die Flächennormale also entgegen den Feldlinien nach oben zeigt, ist der Fluss maximal, jedoch negativ zu zählen. Liegt die Fläche parallel zu den Feldlinien (Stellung c, $\alpha = 90°$, die Flächennormale zeigt jetzt nach links), wird der umfasste magnetische Fluss zu Null. Wird die Schleife weitergedreht, so kehrt sich aus Sicht der Spule die Richtung der Feldlinien um. Nun ist der Fluss positiv zu zählen. Für diesen Fall, wenn das Magnetfeld

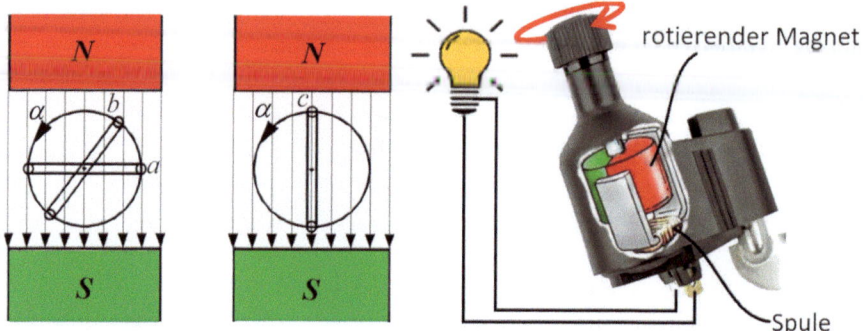

Abb. 6.4 Prinzipdarstellung eines Wechselstromgenerators (**links**) und eines Fahrraddynamos (**rechts**). α ist der Lagewinkel, bezogen auf eine gedachte horizontale Linie. Die Positionen entsprechen: $a = 0°$, $b \neq 0°$ und $c = 90°$

6.1 Erzeugung von Wechselspannung

konstant ist und sich die Flächengröße zeitlich verändert, kann das Induktionsgesetz (vgl. Gl. 5.3) wie folgt formuliert werden

$$u_{ind} = -N\frac{d\phi}{dt} = -N \cdot B \frac{d}{dt}[A \cdot \cos(\alpha)]$$

Es wird deutlich, dass sich das Vorzeichen der induzierten Spannung in Abhängigkeit von α umkehrt – es entsteht eine Wechselspannung. Bei der weiteren Betrachtung wird angenommen, dass die zeitliche Winkeländerung, also die **Drehzahl** ω (besser: **Drehfrequenz** oder **Winkelgeschwindigkeit**) der Spule konstant ist.

Es ergibt sich bei konstanter Winkelgeschwindigkeit ω mit

$$\omega = \frac{d\alpha}{dt}$$

$$\alpha = \int \omega \, dt = \omega t$$

somit nach dem Einsetzen in das Induktionsgesetz

$$u_{ind} = -N \cdot B \frac{d}{dt}[A \cdot \cos(\omega t)] = N \cdot B \cdot A \cdot \omega \cdot \sin(\omega t)$$

Der Maximalwert der induzierten Spannung beträgt dann

$$\hat{u}_{ind} = N \cdot B \cdot A \cdot \omega$$

▶ Der Scheitelwert einer elektrischen Spannung oder eines elektrischen Stroms ist der jeweilige Maximalwert (der Schwingungsamplitude, siehe Abb. 6.5). Er wird oft mit einem „Dach", demnach $\hat{u}$ oder $\hat{i}$, angegeben.

Damit lässt sich die induzierte Spannung zu

$$u_{ind} = \hat{u}_{ind} \sin(\omega t) \quad (6.1)$$

zusammenfassen.

Die konstante Winkelgeschwindigkeit ω der Leiterschleife bestimmt die Periodendauer T und Frequenz f der elektrischen Schwingung.

$$f = \frac{1}{T} = \frac{\omega}{2\pi} \quad (6.2)$$

Soll eine Wechselspannung der Frequenz 50 Hertz mit obiger Anordnung erzeugt werden, so wird folgende Winkelgeschwindigkeit benötigt

$$\omega = 2\pi f = 100\pi \ s^{-1}$$

Die entsprechende Drehzahl beträgt 3000 min^{-1}. Mit dieser Drehzahl drehen die sog. Turboläufer der Generatoren in den Großkraftwerken.

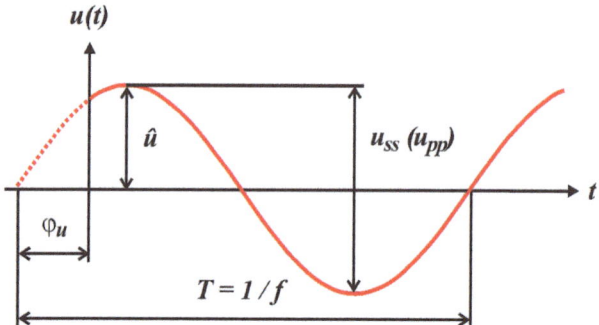

Abb. 6.5 Zeitlicher Verlauf (als Liniendiagramm) einer Wechselspannung mit dem Amplituden- / Scheitelwert $\hat{u}$, dem Spitze-Spitze-Wert *(peak-peak)* u_{ss} (u_{pp}), dem Phasenwinkel φ_u sowie der Periodendauer T (bzw. Frequenz f)

Mit anderen Anordnungen im Generator (z. B. bei Wasserkraftwerken) kann dieselbe elektrische Frequenz auch mit niedrigeren Drehzahlen erzeugt werden.

Da die **Winkelgeschwindigkeit** des Generators für die Nutzung der Wechselspannung nicht von Interesse ist, bekommt das ω der Schwingung in der Elektrotechnik eine andere Bezeichnung, nämlich **Kreisfrequenz** (auch: **Winkelfrequenz**).

▶ Die Frequenz und die **Kreisfrequenz** haben dieselbe Einheit. Um beide immer gut auseinander halten zu können, wird vereinbarungsgemäß die **Frequenz** immer in *Hz* und die **Kreisfrequenz** jedoch in s^{-1} angegeben.

Beispiel 6.1

Der Kopf des Fahrraddynamos aus Abb. 6.4 soll mit einer Umdrehungsdauer von zwei Sekunden gedreht werden. Die Periodendauer, die Frequenz und die Winkelfrequenz ist demnach $T = 2\,s$ bzw. $f = 1/T = 0{,}5\,Hz$ und $\omega = 2\pi/T = \pi\,s^{-1}$.

Nachfolgend sind zwei Darstellungen mit gleichem Verhalten aufgeführt.

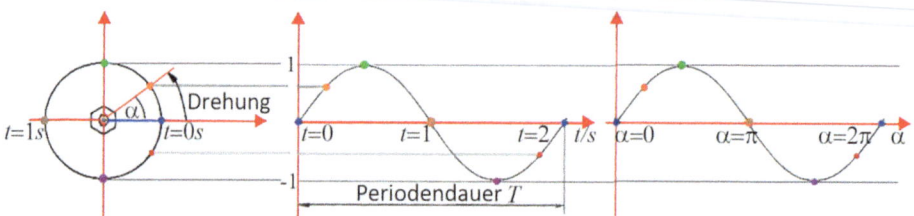

Die Winkelfrequenz ω (im Bogenmaß, bezogen auf den Einheitskreis) ist in beiden Fällen maßgebend und jeweils gleich. Es gilt

$$\omega = \frac{\Delta \alpha}{\Delta t} = \frac{2\pi - 0}{2\,s - 0\,s} = \frac{\pi}{s}$$

oder

$$\omega = 2\pi f = \frac{2\pi}{T} = 2\pi \frac{1}{2\,s} = \frac{\pi}{s} \blacktriangleleft$$

6.2 Darstellung harmonischer Wechselspannungen und -ströme

Harmonische **Wechselspannungen** und -ströme im stationären Zustand können mathematisch wie folgt **beschrieben** werden, wobei φ ein beliebiger Ausgangswinkel ist:

$$u(t) = \hat{u} \sin(\omega t \pm \varphi_u) \qquad (6.3)$$

oder

$$i(t) = \hat{i} \sin(\omega t \pm \varphi_i) \qquad (6.4)$$

Der Phasenwinkel φ kennzeichnet den Zeitpunkt des Nulldurchgangs, was in Abb. 6.5 exemplarisch für einen willkürlich gewählten Spannungsverlauf (daher der Index u) dargestellt ist.

6.3 Effektivwert von Wechselspannungen und -ströme

Der **zeitliche Mittelwert** einer Größe ist das **Integral der Größe bezogen** auf den **Beobachtungszeitraum**. Bei periodischen Verläufen bietet es sich an, als Beobachtungszeitraum eine Periodendauer der Schwingung zu wählen. Der **zeitliche Mittelwert** einer **harmonischen Wechselspannung** ist jedoch **Null,** weshalb der Mittelwert bei Spannungen und Strömen nicht geeignet ist. Deshalb wird der sogenannte **Effektivwert** *rms* (engl. *root mean square*) eingeführt.

Dazu wird ein ohmscher Widerstand betrachtet, bei dem der Strom zu jedem Zeitpunkt durch das ohmsche Gesetz gegeben ist, d. h. der Strom und die Spannung sind immer in Phase. Der Momentanwert der **Leistung** ist das **Produkt der Momentanwerte** aus **Spannung** und **Strom**.

$$p(t) = u(t) \cdot i(t) \qquad (6.5)$$

und mit den Gl. 6.3 und 6.4 ergibt sich mit

$$p(t) = \hat{u} \sin(\omega t) \cdot \hat{i} \sin(\omega t) = \hat{u} \cdot \hat{i} \sin^2(\omega t) = \frac{1}{2} \hat{u} \cdot \hat{i}(1 - \cos(2\omega t))$$

schließlich

$$p(t) = \frac{1}{2} p_{max}[1 - \cos(2\omega t)]$$

Die Leistung pulsiert demnach mit der doppelten Frequenz, vgl. Abb. 6.6. Sie wird niemals negativ, denn ein ohmscher Widerstand kann zu keinem Zeitpunkt Leistung abgeben. Die Leistung besitzt einen zeitlichen Mittelwert $<p>$, der verschieden von Null ist.

Der Mittelwert kann entweder über das Integral oder aber auch graphisch ermittelt werde. Für das Integral gilt

$$<p> = \frac{\widehat{u} \cdot \widehat{i}}{2T} \int_0^T (1 - \cos(2\omega t))\, dt = \frac{\widehat{u} \cdot \widehat{i}}{2} = \frac{\widehat{u}}{\sqrt{2}} \cdot \frac{\widehat{i}}{\sqrt{2}} = U_\text{eff} \cdot I_\text{eff}$$

Der Zusammenhang kann auch direkt der Abb. 6.6 über die grauen Flächen entnommen werden.

$$<p> = \frac{p_\text{max}}{2} = \frac{\widehat{u}}{\sqrt{2}} \cdot \frac{\widehat{i}}{\sqrt{2}} = U_\text{eff} \cdot I_\text{eff} \tag{6.6}$$

▶ Der Zusammenhang kann folgendermaßen interpretieren werden: Die **mittlere, an einem ohmschen Widerstand in Wärme umgewandelte Leistung** ist an **Wechselspannung** mit dem Scheitelwert $\widehat{u}$ genau **so groß, wie an einer konstanten Gleichspannung** mit dem Wert $\widehat{u}/\sqrt{2}$. In beiden Fällen wird der Widerstand gleich warm.

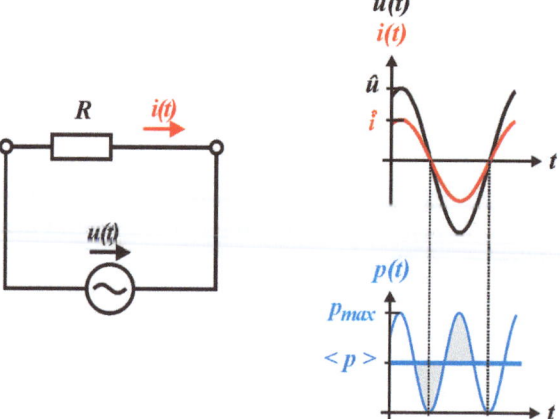

Abb. 6.6 Belastung einer idealen Wechselspannungsquelle mit einem ohmschen Widerstand (**links**) und der zeitliche Verlauf von Spannung $u(t)$, Strom $i(t)$ und Leistung $p(t)$ sowie dem zeitlichen Mittelwert $<p>$ und dem Maximalwert p_max der Leistung (**rechts**)

6.3 Effektivwert von Wechselspannungen und -ströme

Damit ist der Effektivwert der harmonischen Wechselspannung und -strom definiert

$$U_\text{eff} = \frac{\widehat{u}}{\sqrt{2}} \tag{6.7}$$

$$I_\text{eff} = \frac{\widehat{i}}{\sqrt{2}} \tag{6.8}$$

Es wurde vereinbart, bei Wechselspannungen und -strömen nicht den Scheitelwert, sondern den Effektivwert anzugeben. So ist die Nennspannung (Effektivwert) im deutschen Wechselstromnetz 230 *V* und der Scheitelwert 325 *V*.

▶ Messgeräte für Strom und Spannung zeigen in der **Stellung *AC*** den Effektivwert an. Der Anzeigewert eines (elektro-mechanischen) Drehspulinstruments oder „einfachen" Digitalmessgerätes in der Stellung *AC* ist jedoch nur **richtig,** wenn eine **harmonische Spannung oder Strom** anliegt. Nur Messgeräte mit der Beschriftung ***True RMS*** zeigen unabhängig von dem zeitlichen Verlauf den tatsächlichen Effektivwert an (siehe Abb. 6.7).

Wenn ein Spannungsverlauf vorliegt, der zwar periodisch, aber nicht harmonisch ist, muss der Effektivwert mit einer allgemeinen Formel definiert werden. Dazu muss die Gleichspannung ermittelt werden, die die mittlere Leistung hervorruft.

$$<p> = \frac{U_\text{eff}^2}{R} = \frac{1}{T}\int_0^T \frac{u^2(t)}{R} dt$$

Abb. 6.7 Foto von einem Drehspulinstrument (**links**), einem „einfachen" Digitalmessgerät (**mittig**) und einem hochwertigen Messgerät mit der Aufschrift *True RMS* (**rechts**)

Durch den Vergleich ergibt sich für den Effektivwert einer periodischen Spannung

$$U_{\text{eff}} = \sqrt{\frac{1}{T}\int_0^T u^2(t)dt} \tag{6.9}$$

Beispiel 6.2

Gegeben ist der periodische aber nicht harmonische Spannungsverlauf (sogenannte Sägezahnspannung), von dem der Effektivwert berechnet werden soll. Außerdem ist der Verlauf dargestellt, nachdem die Spannung zu jedem Zeitpunkt quadriert wurde.

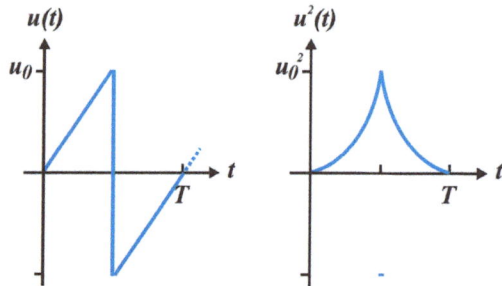

Der Effektivwert einer periodischen Spannung berechnet sich allgemein mit der Gl. 6.9

$$U_{\text{eff}} = \sqrt{\frac{1}{T}\int_0^T u^2(t)dt}$$

Weil die Spannung vor der Integration noch quadriert werden muss, kann die Symmetrie des zeitlichen Verlaufes ausgenutzt werden, siehe Abbildung rechts. Dadurch muss augenscheinlich nur über eine halbe Periodendauer integriert werden (dafür mit Faktor zwei multiplizieren), was die Berechnung sehr vereinfacht, weil nur eine Funktion benötigt wird. Somit ergibt sich, mit

$$u(t) = \frac{2u_0}{T}t$$

für den zeitlichen Verlauf der Spannung während der ersten halben Periode

$$U_{\text{eff}} = \sqrt{\frac{1}{T}\cdot 2\int_0^{\frac{T}{2}}\left(\frac{2u_0}{T}t\right)^2 dt}$$

6.3 Effektivwert von Wechselspannungen und -ströme

$$U_{\text{eff}} = \sqrt{\frac{8u_0^2}{T^3} \cdot \left[\frac{1}{3}t^3\right]_0^{\frac{T}{2}}} = \sqrt{\frac{8u_0^2}{T^3} \cdot \frac{\left(\frac{1}{8}T^3 - 0\right)}{3}} = \frac{u_0}{\sqrt{3}} = 0{,}577\, u_0$$

Im Vergleich dazu ergäbe sich für einen harmonischen Spannungsverlauf ein Effektivwert $u_0/\sqrt{2} = 0{,}707 u_0$.

Die absolute und relative Abweichung der zu kleinen Spannung beträgt

$$\Delta U_{\text{eff}} = 0{,}577\, u_0 - 0{,}707\, u_0 = -0{,}13\, u_0$$

$$\Delta U_{\text{eff}_{rel}} = \frac{\Delta U}{0{,}707\, u_0} 100\,\% = -\frac{0{,}13\, u_0}{0{,}707\, u_0} 100\,\% \approx -18\,\% \blacktriangleleft$$

Beispiel 6.3

Es soll die Zeit nach Beginn der Periode eines Wechselstroms mit der Amplitude (Scheitelwert) 20 A und der Frequenz von 50 Hz ermittelt werden, wenn ein Augenblickswert (Momentanwert) von 0,25 A vorliegt und die Phasen-Verschiebung Null ist.

Mit Gl. 6.4

$$i(t) = \hat{i}\sin(\omega t)$$

kann die Zeit t allgemein mit

$$t = \frac{1}{\omega}\arcsin\left(\frac{i(t)}{\hat{i}}\right) = \frac{1}{2\pi f}\arcsin\left(\frac{i(t)}{\hat{i}}\right)$$

bestimmt werden, die mit eingesetzten Werten

$$t = \frac{s}{2\pi \cdot 50}\arcsin\left(\frac{0{,}25\,A}{20\,A}\right) = 39{,}8\,\mu s$$

ergibt. ◀

▶ Es ist zu beachten, dass Sinus- und / oder Kosinus-Terme im Bogenmaß vorliegen und somit ggf. der Taschenrechner auf Bogenmaß (Einstellung „rad") gestellt werden muss.

Beispiel 6.4

Es werden mit einem Messgerät die Effektivwerte 400 V und 2 A gemessen. Die Scheitelwertewerte berechnet sich mit den Gl. 6.7 und 6.8 zu

$$U_{\text{eff}} = \frac{\hat{u}}{\sqrt{2}}$$

$$\hat{u} = \sqrt{2} \cdot U_{\text{eff}} = \sqrt{2} \cdot 400\,V = 565{,}7\,V$$

$$I_{\text{eff}} = \frac{\hat{i}}{\sqrt{2}}$$

$$\hat{i} = \sqrt{2} \cdot I_{\text{eff}} = \sqrt{2} \cdot 2\,A = 2{,}83\,A$$

und der zeitliche Mittelwert der elektrischen Leistung ist dann nach Gl. 6.6

$$<p> = \frac{\hat{u}}{\sqrt{2}} \cdot \frac{\hat{i}}{\sqrt{2}} = U_{\text{eff}} \cdot I_{\text{eff}} = 400\,V \cdot 2\,A = 800\,W \blacktriangleleft$$

6.4 Elementarzweipole im Wechselstromkreis

Bisher wurden die Erzeugung und die quantitative Angabe über den Effektivwert einer harmonischen Spannung und Strom betrachtet. Jetzt soll das Verhalten der Elementarzweipole **ohmscher Widerstand**, **Kondensator** und **Spule** im **Wechselstromkreis** näher beleuchtet werden, das zunächst wieder anschaulich als **Wassermodell** betrachtet werden kann.

Wie bereits gezeigt, können Ladungsträger in Form eines elektrischen Stroms nur dann durch einen Verbraucher (Last) fließen, wenn eine Potentialdifferenz vorhanden ist. Genauso ist es im Wassernetz, nur wenn der Wasserhahn geöffnet wird, kann Wasser fließen.

Dem Wasserstrom ist es dabei egal, von „welcher Seite das Wasser kommt" bzw. wie der Wasserdruck erzeugt wird – ob mit einem Wasserturm oder mit dem Tiefbrunnen (siehe Abb. 6.8). Und genauso ist es z. B. bei einer Lampe (**ohmschen Widerstand**). Es ist ihr auch egal, von welcher Seite der elektrische Strom kommt, daher leuchtet die Fahrradlampe am Wechselstrom-Dynamo.

Im Falle des **Kondensators** ist es jedoch etwas anders, vgl. Abb. 6.9. Im **Gleichstrom**-Fall ist er ein reiner **Energiespeicher** (vgl. Tab. 5.1), d. h., das Wasser würde von einer Seite in den Kondensator fließen und die Federn im Feder-Platte-System auslenken, wie bei einer Badewanne „läuft der Kondensator mit Ladungsträgern voll" (Energie ist als Spannenergie gespeichert). Wird der Kondensator hingegen von beiden Seiten im schnellen Wechsel, wie im Wechselstromkreis, mit demselben Wasserdruck beaufschlagt, bewegt sich die rote (masselose und damit dann nicht mehr vorhandene) Platte

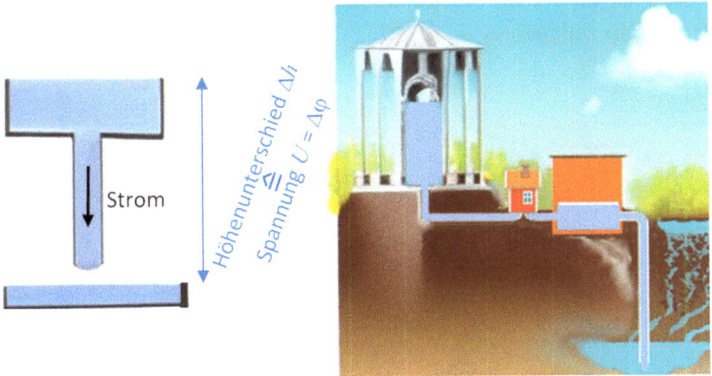

Abb. 6.8 Der ohmsche Widerstand im Wechselstromkreis als Wassermodell

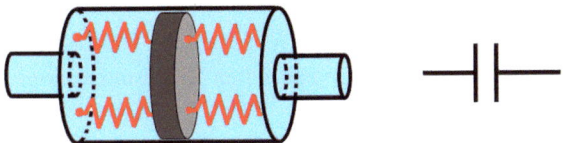

Abb. 6.9 Der Kondensator im Wechselstromkreis als Feder-Platte-System im Wassermodell

nicht, d. h. die Federn dehnen oder stauchen sich nicht. In der Elektrotechnik wirkt der Kondensator bei Wechselstrom also nicht als Energiespeicher (Wasserspeicher), sondern teilweise sogar so, als wäre er gar nicht da, also als einfacher Leiter – bei **hohen Frequenzen** wirkt er dann auch wie ein **Kurzschluss**.

Im Falle einer **Spule** wird nun eine Turbine am Wasseranschluss betrachtet, (siehe Tab. 5.1 und Abb. 6.10). Die Trägheit des Schaufelrades macht es dem Wasser zunächst sehr schwer, hindurch zu fließen. Nach kurzer Zeit werden das Wasser und das Schaufelrad jedoch immer schneller, sodass es für das Wasser immer leichter wird, hindurch zu fließen. Dies geht soweit, bis das Wasser mit der Geschwindigkeit fließt, mit der es auch fließen würde wenn die Turbine gar nicht da wäre (Die Energie ist als Bewegungsenergie „gespeichert"). In diesem Zustand bietet das schnell drehende Wasserrad dem Wasser dann keinen Widerstand mehr, wenn die Turbine masselos und damit nicht vorhanden wäre. Gleichstrom kann (nach einer kurzen Anlaufzeit) daher völlig ungehindert durch eine Spule fließen. Im Gegensatz dazu kann **Wechselstrom** mit höheren Frequenzen nicht durch die Spule fließen, denn das Schwungrad ist träge und lässt sich nicht in sehr kurzer Zeit mal nach links und mal nach rechts drehen.

Abb. 6.10 Die Spule im Wechselstromkreis als Turbine im Wassermodell

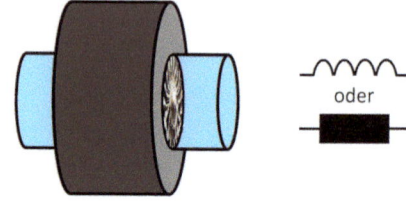

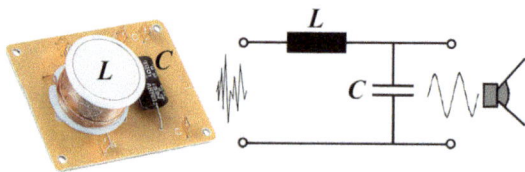

Abb. 6.11 Foto (**links**) und Prinzipschaltung einer einfachen Frequenzweiche (**rechts**)

Die **Bauteileigenschaften** (Größe von R, C und L) und die **Frequenz** des Stroms bzw. der Spannung bestimmen also die **zeitlichen Zusammenhänge** zwischen den entsprechenden Größen.

Aus dieser Darstellung wird deutlich, dass **Kondensatoren** und **Spulen** ein **frequenzabhängiges Verhalten** haben müssen.

In **elektrischen Schaltungen** sind meist alle Bauteile (ohmscher Widerstand, Kondensator und Spule) verbaut.

Beispiel einer einfachen elektrischen Schaltung

Die Frequenzweiche in einem Lautsprecher bestimmt, **wohin ein bestimmter Signalteil** ober- oder unterhalb einer definierten Frequenz **geleitet wird**. Aufgabe der Frequenzweiche ist es also, jeden Töner genau mit den Signalen zu versorgen, die er am besten verarbeiten kann. Also werden von ihr **beispielsweise nur die tiefen Frequenzen an den Tieftöner** bzw. Subwoofer weitergeben. Die entsprechende Weiche enthält eine Spule und einen Kondensator. In die Frequenzweiche wird das Audiosignal gegeben und heraus kommt ein gefiltertes Signal.

Für die Elementarzweipole wurden bereits in den Kapiteln zuvor die Zusammenhänge zwischen Spannung und Strom gefunden. Nachfolgend ist eine Übersicht, die die wichtigsten Zusammenhänge noch einmal darstellt.

6.4 Elementarzweipole im Wechselstromkreis

Für den **ohmsche Widerstand R** mit der Einheit Ω gilt nach Kap. 2

$$u_R(t) = R \cdot i(t)$$

$$i_R(t) = \frac{u(t)}{R}$$

Der ohmsche Widerstand ist von der „**Beweglichkeit**" der Ladungsträger (materialabhängig) und der **Geometrie** abhängig.

Für die **Kapazität C** eines **Kondensators** mit der Einheit $s/\Omega = F$ gilt nach Kap. 3

$$u_C(t) = \frac{1}{C} \int i(t) dt$$

$$i_C(t) = C \frac{du(t)}{dt}$$

Die **Kapazität** ist von der **rel. Permittivität** ε_r und der **Geometrie** abhängig (siehe Abschn. 3.6).

Für die **Induktivität L** einer **Spule** mit der Einheit $\Omega s = H$ gilt nach Kap. 4

$$u_L(t) = L \frac{di(t)}{dt}$$

$$i_L(t) = \frac{1}{L} \int u(t) \, dt$$

Die **Induktivität** ist von der **rel. Permeabilität** μ_r und der **Geometrie** abhängig (siehe Abschn. 4.4 und 4.5).

Um **Wechselstrom-Netzwerke** (wie die Frequenzweiche oben, die Elementarzweipole beinhaltet) zu **berechnen,** gibt es prinzipiell drei verschiedene Vorgehensweisen.

1) Beispielsweise können die Lösungen im sogenannten **Originalbereich (Zeitbereich)** ermittelt werden. Dabei werden die bekannten Regeln aus der Gleichstromtechnik verwendet. Die Lösungen sind jedoch meist nur mit viel Aufwand zu ermitteln, weil sich **Differentialgleichungen (DGL)** ergeben. ◀

Beispiel 6.5

Es liegt eine einfache Reihenschaltung vor, die aus einem ohmschen Widerstand, einer Spule und einem Kondensator besteht. Es fließt ein harmonischer Wechselstrom.

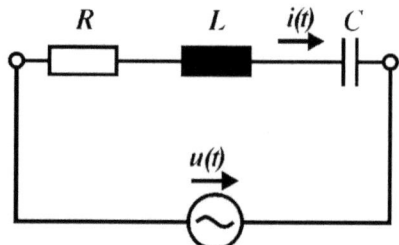

Für die Gesamtspannung gemäß Maschensatz gilt

$$u(t) = u_R(t) + u_L(t) + u_C(t)$$

Nach dem Einsetzen der Spannungen über die einzelnen Bauteile ergibt sich

$$u(t) = R \cdot i(t) + L\frac{di(t)}{dt} + \frac{1}{C}\int i(t)dt$$

oder mit d/dt erweitert

$$\frac{du(t)}{dt} = R \cdot \frac{di(t)}{dt} + L\frac{d^2i(t)}{dt^2} + \frac{1}{C}i(t)dt$$

bzw. mit der Newtonschen Schreibweise

$$\dot{u}(t) = L \cdot \ddot{i}(t) + R \cdot \dot{i}(t) + \frac{1}{C}i(t)$$

Es ist ersichtlich, dass bereits eine einfache Reihenschaltung nur mit relativ viel Aufwand zu berechnen ist. Deshalb wird im Weiteren auf diese Lösungsfindungsart verzichtet, da es einfachere Lösungswege gibt.

2) Eine andere Vorgehensweise ist das sogenannte **Zeigerdiagramm**, das die Zusammenhänge sehr anschaulich graphisch darstellt (siehe Abschn. 6.7). Jedoch kann nicht immer eine Lösung gefunden werden.

3) Die bevorzugte Vorgehensweise ist das Auffinden der Lösungen im sogenannten **Bildbereich (Frequenzbereich)**. Dabei werden ebenfalls die bekannten Regeln aus der Gleichstromtechnik verwendet. Die Lösungen können jedoch mit viel weniger Aufwand ermittelt werden als im Originalbereich, weil sich keine Differentialgleichungen ergeben. Es muss jedoch zuvor eine mathematische Transformation erfolgen, bei der die Differentialgleichungen in algebraische Gleichungen transformiert werden. ◀

6.5 Mathematische Exkursion

Für die eben genannte mathematische Transformation ist die Verwendung der komplexen Zahlen notwendig.

Komplexe Zahlen können als **Zeiger** (sogenannte **Ortsvektoren**) in die Gaußsche Zahlenebene eingetragen werden, sie besitzen einen Real- und einen Imaginärteil (siehe Abb. 6.12).

In der Mathematik wird als **komplexe Einheit** in der Regel ein i verwendet. Bei der Anwendung in der Elektrotechnik würde das jedoch zu ständigen Verwechslungen mit dem Formelzeichen für den Strom führen. Daher wird hier ein j verwendet. Des Weiteren werden komplexe Größen häufig mit einem Unterstrich gekennzeichnet, damit sie eindeutig von nicht komplexen Zahlen unterschieden werden können.

Es gibt **drei äquivalente Darstellungsformen** für den **komplexen Zeiger**, die der Abb. 6.12 entnommen werden können.

▶ Es wird an dieser Stelle dringend empfohlen, z. B. das Kap. 10 im Buch „**Mindestanforderungen an die Mathematik-Kenntnisse für technische Studiengänge**" durchzuarbeiten, sofern Verständnisprobleme auftreten sollten.

1) Die **kartesische** (oder **algebraische**) Form

$$\underline{x} = \mathrm{Re}(\underline{x}) + j\mathrm{Im}(\underline{x}) \tag{6.10}$$

2) Die **trigonometrische** Form

$$\underline{x} = |\underline{x}|\bigl[\cos(\varphi) + j\sin(\varphi)\bigr] \tag{6.11}$$

Mit

$$|\underline{x}| = \sqrt{(\mathrm{Re}(\underline{x}))^2 + (\mathrm{Im}(\underline{x}))^2} \tag{6.12}$$

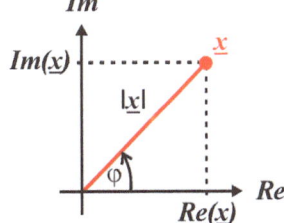

Abb. 6.12 Darstellung einer komplexen Zahl $\underline{x}$ in der komplexe Zahlenebene, mit dem Betrag $|\underline{x}|$ und den Phasenwinkel φ

und

$$\varphi = \arctan\left(\frac{\text{Im}(\underline{x})}{\text{Re}(\underline{x})}\right) \quad (6.13)$$

Die trigonometrische Form hat den Vorteil, dass der **Betrag** und der **Phasenwinkel** des Zeigers sofort abgelesen werden können.

3) Die **eulersche Form** (oder **Exponentialform**)

$$\underline{x} = |\underline{x}|e^{j\varphi} \quad (6.14)$$

Mit der eulerschen Gleichung

$$e^{j\varphi} = \cos(\varphi) + j\sin(\varphi)$$

Auch bei dieser Form wird der Zeiger mit Betrag und Phase ausgedrückt.

Alle drei Darstellungsformen sind ineinander überführbar. In der **Elektrotechnik** werden **in der Regel** nur die **kartesische** und die **eulersche Form** benötigt.

Die wichtigsten Rechenregeln für komplexe Zahlen in der Elektrotechnik

- Die **imaginäre Einheit** j mit sich selbst multipliziert ergibt.

$$j \cdot j = j^2 = -1$$

- Zwei **komplexe Zahlen** werden **addiert**, indem Realteile (A_R, B_R) und Imaginärteile (A_I, B_I) getrennt addiert werden.

$$\underline{C} = \underline{A} + \underline{B} = (A_R + jA_I) + (B_R + jB_I)$$

$$\underline{C} = (A_R + B_R) + j(A_I + B_I) = C_R + jC_I$$

- Zwei **komplexe Zahlen** werden **subtrahiert**, indem Realteile (A_R, B_R) und Imaginärteile (A_I, B_I) getrennt subtrahiert werden.

$$\underline{C} = \underline{A} - \underline{B} = (A_R + jA_I) - (B_R + jB_I)$$

$$\underline{C} = (A_R - B_R) + j(A_I - B_I) = C_R + jC_I$$

$$\underline{C} = \underline{B} - \underline{A} = (B_R + jB_I) - (A_R + jA_I)$$

$$\underline{C} = (B_R - A_R) + j(B_I - A_I) = C_R + jC_I$$

Die **Addition und Subtraktion** von komplexen Zahlen erfolgt bevorzugt in der **kartesischen Form**.

- Zwei **komplexe Zahlen** werden **multipliziert**, indem die Beträge multipliziert und die Phasenwinkel addiert werden.

6.5 Mathematische Exkursion

$$\underline{C} = \underline{A} \cdot \underline{B} = |\underline{A}|e^{j\varphi_A} \cdot |\underline{B}|e^{j\varphi_B} = |\underline{A}| \cdot |\underline{B}|e^{j(\varphi_A+\varphi_B)} = |\underline{C}|e^{j\varphi_C}$$

$$\underline{C} = \underline{B} \cdot \underline{A} = |\underline{B}|e^{j\varphi_B} \cdot |\underline{A}|e^{j\varphi_A} = |\underline{B}| \cdot |\underline{A}|e^{j(\varphi_B+\varphi_A)} = |\underline{C}|e^{j\varphi_C}$$

- Zwei **komplexe Zahlen** werden **dividiert,** indem die Beträge dividiert und die Phasenwinkel subtrahiert werden.

$$\underline{C} = \frac{\underline{A}}{\underline{B}} = \frac{|\underline{A}|e^{j\varphi_A}}{|\underline{B}|e^{j\varphi_B}} = \frac{|\underline{A}|}{|\underline{B}|}e^{j(\varphi_A-\varphi_B)} = |\underline{C}|e^{j\varphi_C}$$

$$\underline{C} = \frac{\underline{B}}{\underline{A}} = \frac{|\underline{B}|e^{j\varphi_B}}{|\underline{A}|e^{j\varphi_A}} = \frac{|\mathrm{B}|}{|\underline{A}|}e^{j(\varphi_B-\varphi_A)} = |\underline{C}|e^{j\varphi_C}$$

Die **Multiplikation und Division** von komplexen Zahlen erfolgt bevorzugt in der **eulerschen Form**.

- Die **Multiplikation einer komplexen Zahl** mit der **konjugiert komplexen Zahl** liefert ein reelles Ergebnis.

$$\underline{C} \cdot \underline{C}^* = (C_R + jC_I) \cdot (C_R - jC_I) = C_R^2 + C_I^2$$

- Die **zeitliche Ableitung eines Zeigers** in der komplexen Ebene

$$\underline{C} = |\underline{C}|e^{j\omega t}$$

ergibt

$$\frac{d\underline{C}}{dt} = |\underline{C}|e^{j\omega t} \cdot j\omega = j\omega \cdot \underline{C} \qquad (6.15)$$

Bei der **zeitlichen Ableitung** einer komplexen Größe ergibt sich wieder die **komplexe Größe,** die noch **mit** $j\omega$ **multipliziert** wird.

- Die **Integration eines Zeigers** in der komplexen Ebene

$$\underline{C} = |\underline{C}|e^{j\omega t}$$

ergibt

$$\int \underline{C} dt = \frac{|\underline{C}|e^{j\omega t}}{j\omega} = \frac{\underline{C}}{j\omega} \qquad (6.16)$$

Bei der **Integration** einer komplexen Größe ergibt sich wieder die **komplexe Größe**, die noch **durch** $j\omega$ **dividiert** wird.

▶ Sollen konkrete Werte in einer elektrischen Schaltung berechnet werden, muss ständig zwischen Addition / Subtraktion (kartesische Form) und Multiplikation / Division (eulersche Form) gewechselt werden. Wissenschaftliche Rechner ermög-

lichen einen schnellen Wechsel zwischen den beiden Formen (siehe Bedienungsanleitung). Oft gilt:
Eingabe Pol (Realteil / Imaginärteil)
Eingabe Rec (Betrag / Phase

Beispiel 6.6

Die komplexe Gleichung $2\underline{x} - j1 = 18 - j3\underline{x}$ soll in die Form $\underline{x} = \text{Re}(\underline{x}) + j\text{Im}(\underline{x})$ überführt und daraus die trigonometrische sowie die eulersche Form bestimmt werden.
Die Gleichung

$$2\underline{x} - j1 = 18 - j3\underline{x}$$

wird zunächst umgeformt. Dann folgt

$$\underline{x} = \frac{18 + j1}{2 + j3}$$

Anschließend erfolgt das „Realmachen" des komplexen Nenners durch die Multiplikation des Zählers und Nenners mit dem konjugiert komplexen Nenner.

$$\underline{x} = \frac{(18+j1)(2-j3)}{(2+j3)(2-j3)} = \frac{36 + j2 - j54 + 3}{4+9} = \frac{39 - j52}{13} = 3 - j4$$

Mit Gl. 6.12 und 6.13 ergibt sich

$$|\underline{x}| = \sqrt{(\text{Re}(\underline{x}))^2 + (\text{Im}(\underline{x}))^2} = \sqrt{(3)^2 + (-4)^2} = 5$$

$$\varphi = \arctan\left(\frac{\text{Im}(\underline{x})}{\text{Re}(\underline{x})}\right) = \arctan\left(-\frac{4}{3}\right) = -53°$$

sodass sich mit den Gl. 6.11 die trigonometrische Form

$$\underline{x} = 5\left[\cos(-53°) + j\sin(-53°)\right]$$

und mit der Gl. 6.14 die eulersche Form ergibt

$$\underline{x} = 5e^{-j53°} \blacktriangleleft$$

6.6 Impedanzen (Wechselstromwiderstände)

Der **komplexe Widerstand (Impedanz)** ordnet Strom und Spannung nach Betrag und Phase einander zu. Er ist definiert als

$$\underline{Z} = \frac{\underline{u}}{\underline{i}} \quad \left(\text{vgl. den Gleichstromwiderstand } R = \frac{U}{I}\right) \tag{6.17}$$

6.6 Impedanzen (Wechselstromwiderstände)

Als **Bezugsgröße** (Phasenwinkel) kann willkürlich die **Spannung** oder der **Strom** gewählt werden. In der Regel wird jedoch die Spannung gewählt, die dann einen beliebigen Phasenwinkel φ_u erhält, der in der Regel 0° gewählt wird (siehe unten).

Für die **(komplexe) Spannung** an einer **idealen Spule** gilt (unter Berücksichtigung der Ableitungsregel, Gl. 6.15)

$$\underline{u}_L = L\frac{di}{dt} = L \cdot j\omega \cdot \underline{i}$$

Damit ergibt sich die **Impedanz** für eine **Spule**

$$\underline{Z}_L = \frac{\underline{u}_L}{\underline{i}} = j\omega L = jX_L = |\underline{X}_L|e^{j90°} \qquad (6.18)$$

$$\underline{Z}_L = \frac{|\underline{u}_L|e^{j0°}}{|\underline{i}_L|e^{-j90°}} = |\underline{X}_L|e^{j90°}$$

mit dem Betrag X_L und dem Phasenwinkel 90°.

▶ Ein sehr wichtiger Merksatz ist, bei der Induktivität kommt der Strom zu spät ($\varphi = -90°$).

Für die **(komplexe) Spannung** an einem **idealen Kondensator** gilt (unter Berücksichtigung der Integrationsregel, Gl. 6.16)

$$\underline{u}_C = \frac{1}{C}\int \underline{i}\,dt = \frac{1}{C} \cdot \frac{\underline{i}}{j\omega}$$

Damit ergibt sich die **Impedanz** für einen **Kondensator**

$$\underline{Z}_C = \frac{\underline{u}_C}{\underline{i}} = \frac{1}{j\omega C} = -jX_C = |\underline{X}_C|e^{-j90°} \qquad (6.19)$$

$$\underline{Z}_C = \frac{|\underline{u}_C|e^{j0°}}{|\underline{i}_C|e^{j90°}} = |\underline{X}_C|e^{-j90°}$$

mit dem Betrag X_C und dem Phasenewinkel $-90°$.

▶ Ein sehr wichtiger Merksatz ist, beim Kondensator eilt der Strom vor ($\varphi = +90°$).

Für die **(komplexe) Spannung** an einem **idealen ohmschen Widerstand** gilt

$$\underline{u}_R = R \cdot \underline{i}$$

Damit ergibt sich formal die **Impedanz** für einen **ohmschen Widerstand**

$$\underline{Z}_R = \frac{\underline{u}_R}{\underline{i}} = R = |R|e^{j0°} \tag{6.20}$$

$$\underline{Z}_R = \frac{|\underline{u}_R|e^{j0°}}{|\underline{i}_R|e^{j0°}} = |R|e^{j0°}$$

▶ Beim ohmschen Widerstand sind Strom und Spannung phasengleich ($\varphi = 0°$).

Die **Impedanz** der **Spule** und die des **Kondensators** werden auch **Blindwiderstand** genannt. **Beide** sind im Gegensatz zu dem ohmschen Widerstand (auch **Wirkwiderstand**) **frequenzabhängig**, vgl. Abb. 6.13. Für die Beträge der idealen Impedanzen gelten nachfolgende Zusammenhänge:

$$|\underline{Z}_L| = \omega L = X_L \tag{6.21}$$

▶ Bei der **Spule** nimmt der **Wechselstromwiderstand** (Impedanz) mit zunehmender Frequenz linear zu (vgl. Wassermodell, Abb. 6.10).

$$|\underline{Z}_C| = \frac{1}{\omega C} = X_C \tag{6.22}$$

Beim **Kondensator** nimmt der **Wechselstromwiderstand** (Impedanz) mit **zunehmender Frequenz** ab, sodass für hohe Frequenzen die Impedanz gegen Null geht (vgl. Wassermodell, Abb. 6.9).

$$|\underline{Z}_R| = R \tag{6.23}$$

Beim **ohmschen Widerstand** bleibt der **Wechselstromwiderstand** konstant, der Wert ist nur vom Aufbau abhängig (vgl. Wassermodell, Tab. 5.1).

Anschaulich besteht der komplexe Widerstand (Impedanz) in der Gaußschen Zahlenebene (komplexen Ebene) im Allgemeinen aus einem sogenannten **Wirk-** (R), **Blind-** (X) und **Scheinwiderstand** ($\underline{Z}$), mit dem Phasenwinkel $+\varphi$.

Abb. 6.13 Abhängigkeit der idealen Betragsimpedanzen von der Kreisfrequenz

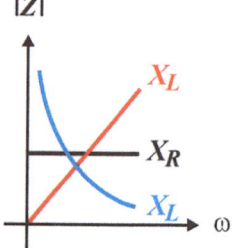

6.6 Impedanzen (Wechselstromwiderstände)

$$\underline{Z} = \frac{\underline{u}}{\underline{i}} = \frac{|\underline{u}|e^{j(\omega t+\varphi_u)}}{|\underline{i}|e^{j(\omega t+\varphi_i)}} = |\underline{Z}|e^{j(\varphi_u-\varphi_i)} = |\underline{Z}|e^{j\varphi} = R \pm jX \quad (6.24)$$

Für **Impedanzen** können sich **maximal Werte** von $\pm 90°$ **für den Phasenwinkel** φ ergeben (rein induktiv oder rein kapazitiv), wenn der ohmsche Anteil R den Wert Null hat.

Beispiel 6.7

Zu berechnen ist

(a) der Betrag des kapazitiven Wechselstromwiderstandes eines Kondensators mit $2.000\ nF$ und einer Frequenz von $500\ kHz$.
Mit Gl. 6.22

$$X_C = \frac{1}{\omega C} = \frac{1}{2\pi f C}$$

$$X_C = \frac{1}{2\pi \cdot 500 \cdot 10^3\ Hz \cdot 2.000 \cdot 10^{-12}\ F} = 159\ m\Omega$$

(b) der Strom, der durch einen Kondensator mit $350\ pF$ fließt, wenn an diesem $100\ V$ mit einer Frequenz von $600\ kHz$ anliegen.
$X_C = \frac{1}{\omega C} = \frac{1}{2\pi f C} = \frac{1}{2\pi \cdot 600 \cdot 10^3\ Hz \cdot 350 \cdot 10^{-12}\ F} = 757\ \Omega$ in Gl. 6.17 werden die Beträgen eingesetzt

$$X_C = \frac{U}{I}$$

$$I = \frac{U}{X_C} = \frac{100\ V}{757\ \Omega} = 130\ mA$$

(c) der Betrag des induktiven Wechselstromwiderstandes einer Spule bei der Frequenz von $800\ kHz$, wenn der Widerstand bei $50\ Hz$ einen Wert von $12\ \Omega$ hat.
Mit Gl. 6.21

$$X_L = \omega L = 2\pi f L$$

$$X_L = 2\pi \cdot 800 \cdot 10^3\ Hz \cdot 38{,}2 \cdot 10^{-3}\ H = 192\ k\Omega$$

$$L = \frac{X_L}{2\pi f} = \frac{12\ \Omega}{2\pi \cdot 50\ Hz} = 38{,}2\ mH \blacktriangleleft$$

6.7 Gemischte Schaltungen mit Impedanzen

Nach der mathematischen **Transformation** in den **Bildbereich** ergibt sich die sogenannte **Bildschaltung** (siehe Beispielschaltung in Abb 6.14), bei der die bekannten Regeln der Elektrotechnik (siehe Kap. 2, Gleichstromlehre, Maschen- und Knotensatz, Spannungs- und Stromteiler, Netzwerkberechnung etc.) angewandt werden dürfen.

Beispiel 6.8

Zu berechnen sind die Impedanz (Scheinwiderstand) und der Gesamtphasenwinkel bei einer Frequenz von $350\,kHz$ der in Reihe geschalteten Bauteile ($R = 40\,k\Omega, L = 35\,mH$).

$$\underline{Z}_g = \underline{Z}_R + \underline{Z}_L = R + j2\pi fL$$

$$\underline{Z}_g = 40 \cdot 10^3\,\Omega + j2\pi \cdot 350 \cdot 10^3\,Hz \cdot 35 \cdot 10^{-3}\,H$$

$$\underline{Z}_g = 40 \cdot 10^3\,\Omega + j76{,}97 \cdot 10^3\,\Omega$$

$$|\underline{Z}| = \sqrt{(\text{Re}(\underline{x}))^2 + (\text{Im}(\underline{x}))^2}$$

$$|\underline{Z}| = \sqrt{\left(40 \cdot 10^3\,\Omega\right)^2 + \left(76{,}97 \cdot 10^3\,\Omega\right)^2} = 86{,}7\,\Omega$$

$$\varphi = \arctan\left(\frac{\text{Im}(\underline{x})}{\text{Re}(\underline{x})}\right) = \arctan\left(\frac{76{,}97}{40}\right) = 62{,}5° \blacktriangleleft$$

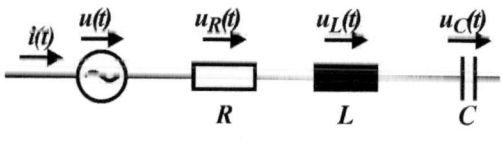

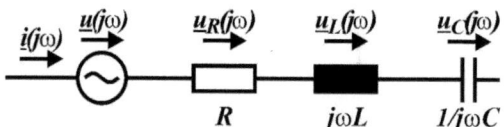

Abb. 6.14 Reihenschaltung als Original- (**oben**) und Bildschaltung (**links**)

6.7 Gemischte Schaltungen mit Impedanzen

Beispiel 6.9

Zu berechnen sind die Impedanz (Scheinwiderstand) und der Gesamtphasenwinkel bei einer Frequenz von $50\,Hz$ der in Reihe geschalteten Bauteile ($R = 650\,\Omega, C = 1{,}3\,\mu F$).

$$\underline{Z}_g = \underline{Z}_R + \underline{Z}_C = R + \frac{1}{j2\pi fC}$$

$$\underline{Z}_g = 650\,\Omega - j\frac{1}{2\pi \cdot 50\,Hz \cdot 1{,}3 \cdot 10^{-6}\,F} = 650\,\Omega - j2{,}449 \cdot 10^3\,\Omega$$

$$|\underline{Z}| = \sqrt{(\text{Re}(\underline{x}))^2 + (\text{Im}(\underline{x}))^2} = \sqrt{(650\,\Omega)^2 + (-2{,}449\,\Omega)^2} = 2.534\,\Omega$$

$$\varphi = \arctan\left(\frac{\text{Im}(\underline{x})}{\text{Re}(\underline{x})}\right) = \arctan\left(-\frac{2.449}{650}\right) = -75{,}1° \blacktriangleleft$$

Beispiel 6.10

Es liegt eine Parallelschaltung vor, die aus einem ohmschen Widerstand $\underline{Z}_R$ und einem Kondensator $\underline{Z}_C$ besteht.

Die Impedanz berechnet sich mit der Multiplikation des Zählers und Nenners mit dem konjugiert komplexen Nenner

$$\underline{Z} = \frac{\underline{Z}_R \cdot \underline{Z}_C}{\underline{Z}_R + \underline{Z}_C} = \frac{R \cdot \frac{1}{j\omega C}}{R + \frac{1}{j\omega C}} = \frac{R}{1 + j\omega RC} \cdot \frac{(1 - j\omega RC)}{(1 - j\omega RC)}$$

$$\underline{Z} = \frac{R}{1 + (\omega RC)^2} - j\frac{\omega R^2 C}{1 + (\omega RC)^2}$$

$$\underline{Z} = \sqrt{\left(\frac{R}{1 + (\omega RC)^2}\right)^2 + \left(\frac{\omega R^2 C}{1 + (\omega RC)^2}\right)^2}\, e^{-j\arctan\left(\frac{\frac{\omega R^2 C}{1+(\omega RC)^2}}{\frac{R}{1+(\omega RC)^2}}\right)}$$

$$\underline{Z} = \frac{R}{\sqrt{1 + (\omega RC)^2}} e^{-j\arctan(\omega RC)}$$

oder

$$\underline{Z} = \frac{R \cdot \frac{1}{j\omega C}}{R + \frac{1}{j\omega C}} = \frac{R}{1 + j\omega RC} = \frac{\sqrt{R^2 + 0^2}\, e^{j\arctan\left(\frac{0}{R}\right)}}{\sqrt{1^2 + (\omega RC)^2}\, e^{j\arctan\left(\frac{\omega RC}{1}\right)}}$$

$$\underline{Z} = \frac{R}{\sqrt{1 + (\omega RC)^2}} e^{-j\arctan(\omega RC)} \blacktriangleleft$$

Beispiel 6.11

Es liegt eine Reihenschaltung vor, die aus einem ohmschen Widerstand $\underline{Z}_R$ ($R = 30\,\Omega$) und einer Spule $\underline{Z}_L$ ($L = 6{,}36\,mH$) besteht. Die Versorgungsspannung hat eine Frequenz von 1 kHz. Die Impedanz der Schaltung berechnet sich

$$\underline{Z} = \underline{Z}_R + \underline{Z}_L = R + j\omega L = R + j2\pi fL$$

$$\underline{Z} = 30\,\Omega + j2\pi \cdot 1\,kHz \cdot 6{,}36\,mH = 30\,\Omega + j40\,\Omega$$

$$\underline{Z} = \frac{\underline{u}}{\underline{i}} = \sqrt{(30\,\Omega)^2 + (40\,\Omega)^2}\, e^{j\arctan\left(\frac{40}{30}\right)} = 50\,\Omega\, e^{j53{,}1°}$$

somit eilt die Spannung dem Strom um 53,1° voraus ◀

Beispiel 6.12

Es liegt die folgende gemischte Schaltung vor, die aus einem ohmschen Widerstand $\underline{Z}_R$ ($R = 10\,\Omega$), einer Spule $\underline{Z}_L$ ($L = 1{,}27\,mH$) und einem Kondensator $\underline{Z}_C$ ($C = 7{,}97\,\mu F$) besteht. Die Versorgungsspannung hat einen Effektivwert $\underline{u}_g$ von 15 V sowie eine Frequenz von 1 kHz.

Die Vorgehensweise für die Berechnung der Ströme und Spannungen erfolgt wie in der Gleichstromlehre. Es müssen lediglich im ersten Schritt zusätzlich noch die Impedanzen der Blindwiderstände berechnet werden.

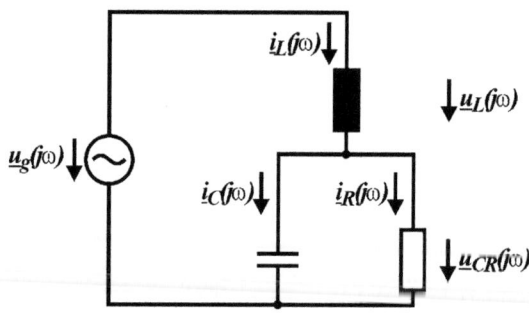

1. Schritt (Impedanzen in beiden Formen)

$$\underline{Z}_L = j2\pi fL = j2\pi \cdot 1\,kHz \cdot 1{,}27\,mH = j8\,\Omega = 8\,\Omega\, e^{j90°}$$

$$\underline{Z}_C = \frac{1}{j2\pi fC} = \frac{1}{j2\pi \cdot 1\,kHz \cdot 7{,}97\,\mu F} = -j20\,\Omega = 20\,\Omega\, e^{-j90°}$$

$$\underline{Z}_R = 10\,\Omega = 10\,\Omega \cdot e^{j0°}$$

6.7 Gemischte Schaltungen mit Impedanzen

2. Schritt (Impedanz der Gesamtschaltung berechnen, Parallel- und Reihenschaltung)

$$\underline{Z}_{CR} = \frac{\underline{Z}_C \cdot \underline{Z}_R}{\underline{Z}_C + \underline{Z}_R} = \frac{20\,\Omega\,e^{-j90°}\,10\,\Omega\,e^{j0°}}{-j20 + 10\,\Omega} = 8{,}93\,\Omega\,e^{-j26{,}6°}$$

$$\underline{Z}_{CR} = 7{,}98\,\Omega - j4\,\Omega$$

$$\underline{Z}_g = \underline{Z}_{CR} + \underline{Z}_L = 7{,}98\,\Omega - j4\,\Omega + j8\,\Omega = 7{,}98\,\Omega + j4\,\Omega$$

$$\underline{Z}_g = 8{,}93\,\Omega\,e^{j26{,}6°}$$

3. Schritt (Gesamtstrom, ohmsches Gesetz des Bildbereiches und Gesamtspannung $\underline{u}_g$ soll soll die Bezugsgröße sein, $\varphi = 0°$)

$$\underline{i}_g = \underline{i}_L = \frac{\underline{u}_g}{\underline{Z}_g} = \frac{15\,V\,e^{j0°}}{8{,}93\,\Omega\,e^{j26{,}6°}} = 1{,}68\,A \cdot e^{-j26{,}6°} = 1{,}50\,A - j0{,}75\,A$$

4. Schritt (Teilspannungen, ohmsches Gesetz des Bildbereiches und Spannungsteiler)

$$\underline{u}_L = \underline{i}_g \cdot \underline{Z}_L = 1{,}68\,A\,e^{-j26{,}6°} \cdot 8\,\Omega\,e^{j90°} = 13{,}44\,V\,e^{j63{,}4°}$$

$$\underline{u}_L = 6{,}02\,V + j12{,}02\,V$$

$$\underline{u}_{CR} = \underline{u}_g \cdot \frac{\underline{Z}_{CR}}{\underline{Z}_g} = 15\,V\,e^{j0°} \cdot \frac{8{,}93\,\Omega\,e^{-j26{,}6°}}{8{,}93\,\Omega\,e^{j26{,}6°}} = 15\,V\,e^{-j53{,}2°}$$

$$\underline{u}_{CR} = 8{,}99\,V - j12{,}01\,V$$

5. Schritt (Teilströme, ohmsches Gesetz des Bildbereiches)

$$\underline{i}_R = \frac{\underline{u}_{CR}}{\underline{Z}_R} = \frac{15\,V\,e^{-j53{,}2°}}{10\,\Omega\,e^{j0°}} = 1{,}5\,A\,e^{-j53{,}2°} = 0{,}89\,A - j1{,}20\,A$$

$$\underline{i}_C = \frac{\underline{u}_{CR}}{\underline{Z}_C} = \frac{15\,V \cdot e^{-j53{,}2°}}{20\,\Omega \cdot e^{-j90°}} = 0{,}75\,A\,e^{j36{,}8°} = 0{,}60\,A + j0{,}45\,A$$

6. Schritt (Probe)

$$\underline{i}_g = \underline{i}_L = \underline{i}_C + \underline{i}_R = 0{,}60\,A + j0{,}45\,A + 0{,}89\,A - j1{,}20\,A$$

$$\underline{i}_g \approx 1{,}50\,A - j0{,}75\,A$$

$$\underline{u}_g = \underline{u}_L + \underline{u}_{CR} = 6{,}02\,V + j12{,}02\,V + 8{,}99\,V - j12{,}01\,V \approx 15\,V\,e^{j0°}$$

Durch Rundungsfehler bei den Zwischenergebnissen entstehen geringe Abweichungen. ◀

6.8 Linien- und Zeigerdiagramm (graphische Lösung)

Im Abschn. 6.3 wurde bereits ein **Liniendiagramm** dargestellt, das den zeitlichen Verlauf von Strom, Spannung und Leistung darstellt. In der Abb. 6.15 ist der Zusammenhang zwischen einem **Linien-** und einem **Zeigerdiagramm** einer Spannung und Strom dargestellt. Es ist gut zu erkennen, dass sich die Zeitverläufe in beiden Diagrammen vollständig beschreiben lassen. Die Darstellung (und Erstellung) im Zeigerdiagramm ist jedoch viel einfacher (nur gerade und keine gebogenen Linien), weshalb in der Elektrotechnik fast immer nur das Zeigerdiagramm gezeichnet wird.

Weiterhin ist es bei harmonischen Verläufen gleichgültig, zu welchem Zeitpunkt mit der Betrachtung begonnen wird, da sich die Vorgänge jeweils nach einer Periodendauer wiederholen. Alle **Zeiger bleiben relativ fest zueinander zugeordnet** und **alle Zeiger (Zeigerpaket) rotieren** im Zeigerdiagramm im mathematischen positiven Uhrzeigersinn mit der Zeit. Die wichtige **Information Zeigerlänge (Wert U und I)** und **Phasenwinkel** φ (siehe Abb. 6.15) zwischen den Zeigern bleibt konstant.

Damit besteht die Freiheit, einem der Zeiger im Zeigerdiagramm eine beliebige Winkellage zu geben (vgl. Beispiel in Abb. 6.15) und die Zeit „anzuhalten". Der oder die anderen Zeiger stehen dann immer im „richtigen" Winkel zum Bezugszeiger. Vereinbarungsgemäß wird in der **Elektrotechnik** der **Bezugszeiger horizontal** und mit $\varphi = 0°$ gezeichnet bzw. angegeben, was jedoch nicht zwingend sein muss. In Abb. 6.16 sind zwei Beispiele dargestellt, bei denen der Phasenwinkel φ jeweils $90°(\pi/2)$ beträgt. In einem Beispiel dient jedoch der Stromzeiger als Bezug $\varphi_i = 0°$ (die Spannung eilt voraus) und im anderen die Spannung $\varphi_u = 0°$ (Strom eilt voraus).

Wie bereits in Abschn. 6.4 erwähnt, können **Netzwerke** auch **graphisch** mit einem **Zeigerdiagramm gelöst** werden. Dabei können die Beträge (Effektivwerte) der Ströme und Spannungen einschließlich der Phasenbeziehungen qualitativ und quantitativ (mit der Zeichenungenauigkeit) ermittelt werden. Es werden auch nur Beträge betrachtet / berechnet sowie Beträge und Phasen durch Messung ermittelt.

Abb. 6.15 Beispiel für den Zusammenhang zwischen Linien- und Zeigerdiagramm anhand eines harmonischen Spannungs- und Stromverlaufs

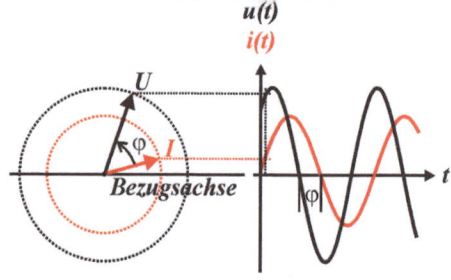

6.8 Linien- und Zeigerdiagramm (graphische Lösung)

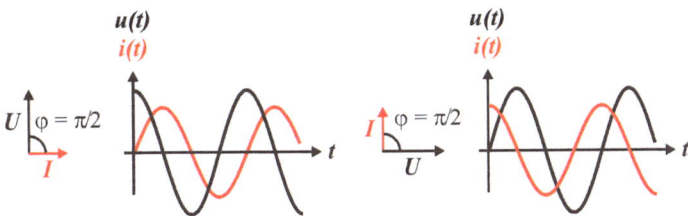

Abb. 6.16 Beispiele für den Zusammenhang von Zeiger- und Liniendiagramm, mit dem Bezugszeiger Strom (**links**) und Spannung (**rechts**)

Die **Vorgehensweise** beinhaltet im Allgemeinen 5 Schritte.

1. **Schritt**: Es muss zunächst ein Maßstab festlegen werden, wenn kein Maßstab vorgegeben ist. Der Maßstab sollte wegen der Zeichenun-genauigkeiten so gewählt werden, dass möglichst die maximale Zeichenfläche genutzt wird.
2. **Schritt**: Es muss zu Beginn ein Bezugszeiger gewählt und ein bekannter Wert verwendet werden. Ist kein Wert bekannt, kann zunächst auch ein willkürlicher Wert angenommen werden (die Korrektur erfolgt am Ende). Der Bezugszeiger muss ein Teilstrom oder -spannung (innerhalb der Schaltung) sein.
3. **Schritt**: Vereinbarungsgemäß wird der erste Zeiger (Bezugszeiger, ist oft der Strom-/Spannungszeiger durch einen Wirkwiderstand) horizontal gezeichnet.
4. **Schritt**: Es müssen die Strom- und Spannungszeigerwerte nacheinander eingezeichnet und vektoriell addiert werden, dabei müssen die beiden Merksätze berücksichtigt werden:
5. **Schritt**: Am Ende muss der Skalierungsfaktor ermittelt und die Werte (Beträge) korrigiert werden, weil ein falscher Wert (siehe Punkt 2.) angenommen wurde.

Beispiel 6.13

Es liegt die nachfolgend gemischte Schaltung vor, die aus einem ohmschen Widerstand ($R = 10\,\Omega$), einer Spule ($X_L = 8\,\Omega$) und einem Kondensator ($X_C = 20\,\Omega$) besteht. Die Versorgungsspannung hat einen Effektivwert u_g von $15\,V$. Die gewählte Bezugsgröße i_R ist rot dargestellt.

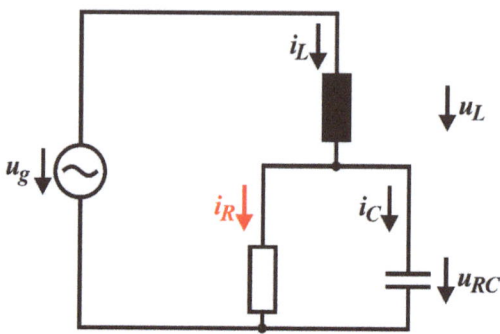

1. Schritt (Maßstab festlegen)
   Z. B.

$$200\ mA \triangleq 1\ cm$$

$$2\ V \triangleq 1\ cm$$

2. Schritt (willkürliche Annahme für den Wert des gewählten Bezugszeigers)

$$i_R = 1\ A$$

3. Schritt (Bezugszeiger, Strom i_R (**A**) durch den Wirkwiderstand, horizontal zeichnen)
4. Schritt (Strom- und Spannungs-Zeiger nacheinander zeichnen)

   (**B**) $\quad u_{RC} = R \cdot i_R = 10\ \Omega \cdot 1\ A = 10\ V$

   (**C**) $\quad i_C = \dfrac{u_{RC}}{X_C} = \dfrac{10\ V}{20\ \Omega} = 0{,}5\ A$

   Beim Kondensator eilt der Strom um 90° vor, der Stromzeiger muss nach oben gezeichnet werden. Durch vektorielle Addition von i_R und i_C ergibt sich i_g.

   (**D**) $\quad i_g = i_L = 1{,}1\ A$ (gemessen)

   (**E**) $\quad u_L = X_L \cdot i_L = 8\ \Omega \cdot 1{,}1\ A = 8{,}8\ V$

   Bei der Induktivität kommt der Strom 90° zu spät, der Spannungszeiger muss um 90° gedreht zum Stromzeiger i_L eingezeichnet werden. Durch vektorielle Addition von u_L und u_{RC} ergibt sich u_g.

   (**F**) $\quad u_g = 10{,}2\ V$ (gemessen)

5. Schritt (Skalierungsfaktor wird bestimmt)

$$SF = \dfrac{u_{g,\text{tatsächlich}}}{u_{g,\text{gemessen}}} = \dfrac{15\ V}{10{,}2\ V} \approx 1{,}5$$

Alle Werte der ermittelten Ströme und Spannungen müssen mit Faktor 1,5 multipliziert werden, d. h. die Zeiger werden alle nur gestreckt.

$$i_{R,\text{tatsächlich}} = 1\,A \cdot 1,5 = 1,5\,A$$

$$u_{RC,\text{tatsächlich}} = 10\,V \cdot 1,5 = 15\,V$$

$$i_{C,\text{tatsächlich}} = 0,5\,A \cdot 1,5 = 0,75\,A$$

$$i_{g,\text{tatsächlich}} = 1,1\,A \cdot 1,5 = 1,65\,A$$

$$u_{L,\text{tatsächlich}} = 8,8\,V \cdot 1,5 = 13,2\,V$$

Alle Phasenwinkel können dem Zeigerdiagramm direkt entnommen werden, da diese unverändert bleiben. Für die Impedanz der Schaltung kann somit φ mit 26° dem Zeigerdiagramm entnommen werden (**G**). Die Impedanz kann mit

$$\underline{Z} = \frac{\left|\underline{u}_{g,\text{tatsächlich}}\right|}{\left|\underline{i}_{g,\text{tatsächlich}}\right|} e^{j26°} = \frac{15\,V}{1,65\,A} e^{j26°} = 9,1\,\Omega\,e^{j26°}$$

angegeben werden (vgl. die exakte Berechnung im Abschn. 6.7, die $8,93\,\Omega\,e^{j26,6°}$ ergab).

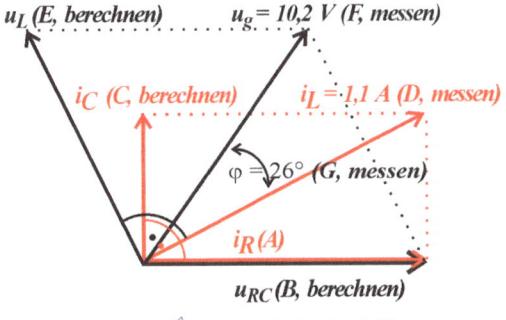

Hinweis: $2V \;\hat{=}\; 0{,}75\,cm$; $200\,mA \;\hat{=}\; 0{,}75\,cm$

◀

6.9 Leistung in Wechselstromnetzwerken

Wie bereits gezeigt, sind Strom und Spannung an einem ohmschen Widerstand in Phase ($\varphi = 0°$) sowie bei einem einzelnen Kondensator oder Spule um jeweils −90° bzw. 90° verschoben, was in der Abb. 6.17 (**links** und **mittig**) anschaulich dargestellt ist. Dieser Bereich entspricht dem maximalen Phasenwinkel-Bereich, sodass bei einer gemischten

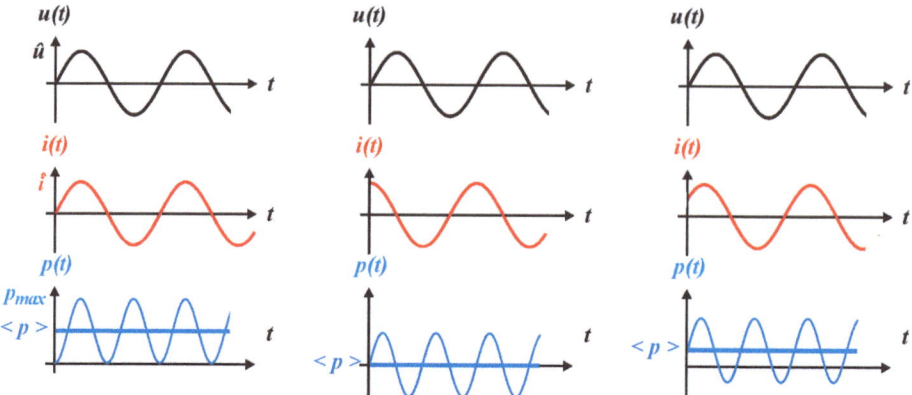

Abb. 6.17 Zeitlicher Verlauf von Strom, Spannung und Leistung für $\varphi = 0°$ (**links**), $\varphi = -90°$ (**mittig**) und $0° < \varphi < 90°$ (**rechts**)

Schaltung der Phasenwinkel nur zwischen 0° und ±90° liegen kann, Abb. 6.17 (**rechts**). Die Leistung berechnet sich aus dem Produkt Strom und Spannung, vgl. Kap. 2.

Es gilt

$$p(t) = u(t) \cdot i(t) = \widehat{u}\sin(\omega t) \cdot \widehat{i}\sin(\omega t + \varphi)$$

mit dem Additionstheorem

$$\sin(A) \cdot \sin(B) = \frac{1}{2}(\cos(A - B) - \cos(A + B))$$

ergibt sich

$$p(t) = \frac{1}{2} \cdot \widehat{u} \cdot \widehat{i}(\cos(\omega t - (\omega t + \varphi)) - \cos(\omega t + (\omega t + \varphi)))$$

$$p(t) = \frac{\widehat{u} \cdot \widehat{i}}{2}(\cos(\varphi) - \cos(2\omega t + \varphi))$$

Bei Bildung des Mittelwertes ergibt sich für den zweiten Kosinusterm der Wert Null, weil der Flächeninhalt über eine komplette Periode Null ist. Damit berechnet sich die mittlere Leistung zu

$$<p> = \frac{\widehat{u} \cdot \widehat{i}}{2}\cos(\varphi) = \frac{\widehat{u}}{\sqrt{2}} \cdot \frac{\widehat{i}}{\sqrt{2}}\cos(\varphi)$$

bzw.

$$<p> = U_{\text{eff}} \cdot I_{\text{eff}} \cos(\varphi) \qquad (6.25)$$

6.9 Leistung in Wechselstromnetzwerken

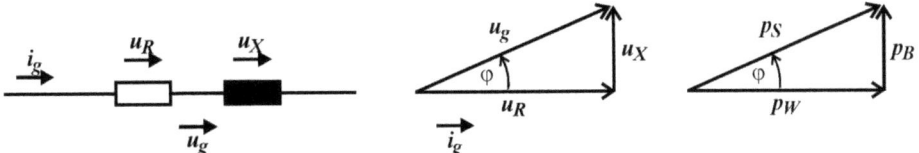

Abb. 6.18 Impedanz einer gemischten Schaltung bestehend aus einem ohmschen (Wirkanteil) und induktiven Anteil (**links**) sowie dem zugehörigen Zeigerdiagramm (**mittig**) und dem daraus sich ergebenden Leistungsdiagramm (**rechts**). Besteht der Blindwiderstand aus einem kapazitiven Anteil, ist die Blindleistung lediglich nach unten gerichtet

Abhängig vom **Phasenwinkel** φ nimmt die **mittlere Leistung Werte** zwischen dem **maximalen Wert für** $\varphi = 0°$ (**ohmscher Widerstand**, auch Wirkwiderstand) an oder aber sie hat für $\varphi = \pm 90°$) den **Wert Null** (im Mittel wird keine Leistung umgesetzt).

Um die Bedeutung der Leistung zu veranschaulichen, wird das sogenannte **Leistungsdreieck** betrachtet. Dabei wird eine beliebig gemischte Schaltung zusammengefasst und auf einen ohmschen Widerstand und einen Blindwiderstand (kapazitiv oder induktiv) reduziert, siehe Abb. 6.18 (**links**). Für den Strom und der Spannung können dann anhand des Zeigerdiagramms die Zusammenhänge in Abb. 6.18 (**mittig**) entnommen werden.

$$p_W = u_R \cdot i_g = u_g \cdot i_g \cos(\varphi)$$

oder

$$p_W = U_{\text{eff}} \cdot I_{\text{eff}} \cos(\varphi) = p_S \cos(\varphi) \quad (6.26)$$

p_W entspricht der oben berechneten **mittleren Leistung** mit der **Einheit** W, die am **Wirkwiderstand** abfällt. Sie wird auch als Wirkleistung bezeichnet, weil diese tatsächlich wirkt und in andere Energieformen, wie Bewegungsenergie, Wärme oder Strahlung umgewandelt wird.

$$p_B = u_x \cdot i_g = u_g \cdot i_g \sin(\varphi)$$

oder

$$p_B = U_{\text{eff}} \cdot I_{\text{eff}} \sin(\varphi) = p_S \sin(\varphi) \quad (6.27)$$

p_B wird als **Blindleistung** bezeichnet und hat die **Einheit** *var* (**v**olt**a**mpere **r**eaktiv, das *r* kommt aus dem englischen und steht für *reactive power*, früher wurde es als Blindwatt bezeichnet). Die Blindleistung fällt am Blindwiderstand ab und hat im Mittel den Wert Null. Die Blindleistung ist die Energie, die prinzipiell nicht umgesetzt wird und das Netz entsprechend trotzdem belastet, da sie zwischen Verbraucher und dem Erzeuger „pendelt" und zur Verfügung gestellt werden muss. Deshalb sollte die Blindleistung möglich klein sein.

Dem Leistungsdreieck kann auch der geometrische Zusammenhang (Pythagoras)

$$p_S = \sqrt{p_W^2 + p_B^2} \tag{6.28}$$

entnommen werden.

$$p_S = u_g \cdot i_g$$

p_S wird als **Scheinleistung** bezeichnet, sie ist das Produkt aus den Strom- und Spannungswerten, die von den Messgeräten angezeigt werden, mit der **Einheit** VA.

Eine wichtige Leistungs-Kenngröße ist der sogenannte **Leistungsfaktor,** der möglichst den Wert 1 annehmen sollte, weil dann die Blindleistung sehr klein ausfällt.

$$\cos(\varphi) = \text{Leistungsfaktor} = \frac{p_W}{p_S} \tag{6.29}$$

Die Zusammenhänge der drei Leistungsarten können im Leistungsdreieck anschaulich dargestellt werden, Abb. 6.18 (**rechts**). Zusätzlich kann auch die „praxisnahe" Merkhilfe in Abb. 6.19 hilfreich sein.

Beispiel 6.14

Der Leistungsfaktor eines Einphasenmotors mit 1,5 kW Wirkleistung beträgt bei verschiedenen Spannungen 0,75. Der Strom der bei einer Spannung von 230 V fließt, berechnet sich mit Gl. 6.26

$$p_W = U_{\text{eff}} \cdot I_{\text{eff}} \cos(\varphi)$$

$$I_{\text{eff}} = \frac{p_W}{U_{\text{eff}} \cdot \cos(\varphi)} = \frac{1{,}5 \, kW}{230 \, V \cdot 0{,}75} = 8{,}7 \, A \blacktriangleleft$$

Beispiel 6.15

Es soll die Wirk- und Blindleistung berechnet werden, wenn die Scheinleistung den Wert von 18 kVA bei einem Phasenverschiebungswinkel von 75° hat.
Mit Gl. 6.26

$$p_W = p_S \cdot \cos(\varphi) = 18 \, kVA \cdot \cos(75°) = 4{,}66 \, kW$$

und aus Gl 6.28 ergibt sich

$$p_S = \sqrt{p_W^2 + p_B^2}$$

$$p_W = \sqrt{p_S^2 - p_B^2} = \sqrt{(18 \, kVA)^2 - (4{,}66 \, kW)^2} = 17{,}39 \, kvar$$

Abb. 6.19 Diaktisch sehr reduzierte, aber praxisnahe, Merkhilfe „Biermaß" für die drei Leistungsarten, wenn davon ausgegangen wird, dass der Alkohol nur in der Flüssigkeit und nicht im Schaum enthalten ist

Das eben ermittelte Leistungsdreieck kann auch in ein **komplexes Leistungsdreieck** überführt werden. Die komplexe Leistung entspricht wieder einer Transformation vom Originalbereich (Zeitbereich) in den Bildbereich (Frequenzbereich). Dazu wird das **Leistungsdreieck im Zeitbereich einfach in die komplexe Ebene** (Gaußsche Zahlenebene) übertragen, siehe Abb. 6.20.

Aus dem Leistungsdreieck in der komplexen Ebene können dann direkt die Leistungsarten als komplexe Zahl entnommen werden.

$$\underline{p}_S = p_W + j p_B$$

oder mit den in der Literatur oft angegebenen Bezeichnungen, die auch für die „reale Leistung" gelten

$$\underline{S} = P + jQ \tag{6.30}$$

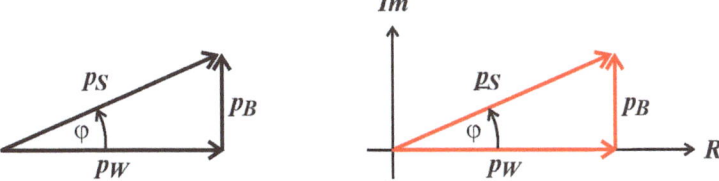

Abb. 6.20 Reelles (**links**) und komplexes Leistungsdreieck (**rechts**)

Wobei S der **Scheinleistung**, P der **Wirkleistung** und Q der **Blindleistung** entsprechen. Soll die Leistung über die komplexe Spannung und den komplexen Strom, die aus Gl. 6.3 und 6.4 der realen Strom- und Spannungsgleichungen transformiert wurden

$$\underline{u} = u_{\text{eff}}\, e^{j(\omega t+\varphi_u)}$$

$$\underline{i} = i_{\text{eff}}\, e^{j(\omega t+\varphi_i)}$$

berechnet werden, ergibt sich

$$\underline{S} = u_{\text{eff}}\, e^{j(\omega t+\varphi_u)} \cdot i_{\text{eff}}\, e^{j(\omega t+\varphi_i)} = u_{\text{eff}} \cdot i_{\text{eff}}\, e^{j(2\omega t+\varphi_u+\varphi_i)}$$

Das Ergebnis ist jedoch **falsch**, weil sich die Summen- und nicht die Differenzphase ergibt. Deshalb muss die Spannung mit dem **konjugiert komplexen Strom** multipliziert werden, damit sich das richtige Ergebnis ergibt.

$$\begin{aligned}\underline{S} &= u_{\text{eff}} \cdot \underline{i}^{*}_{\text{eff}} = u_{\text{eff}}\, e^{j(\omega t+\varphi_u)} \cdot i_{\text{eff}}\, e^{-j(\omega t+\varphi_i)} \\ \underline{S} &= u_{\text{eff}} \cdot i_{\text{eff}}\, e^{j(\varphi_u-\varphi_i)} = \underline{u}_{\text{eff}} \cdot \underline{i}_{\text{eff}}\, e^{j\varphi} \quad \blacktriangleleft \end{aligned} \quad (6.31)$$

Beispiel 6.16

Die Impedanz einer Schaltung beträgt $\underline{Z} = 1000\,\Omega + j157\,\Omega$, sie soll mit $230\,V$ versorgt werden.

Aus der Impedanz

$$\underline{Z} = 1000\,\Omega + j157\,\Omega = 1012\,\Omega\, e^{j8,9°}$$

ergibt sich der Strom

$$\underline{i}_{\text{eff}} = \frac{\underline{u}_{\text{eff}}}{\underline{Z}} = \frac{230\,V\, e^{j0°}}{1012\,\Omega\, e^{j8,9°}} = 227\,mA\, e^{-j8,9°}$$

und damit eine Scheinleistung (vgl. Gl. 6.31)

$$\underline{S} = \underline{u}_{\text{eff}} \cdot \underline{i}^{*}_{\text{eff}}$$

$$\underline{S} = 230\,V\, e^{j0°} \cdot 227\,mA\, e^{j8,9°} = 52,2\,VA\, e^{j8,9°} = 51,6\,W + j8,1\,var \quad \blacktriangleleft$$

6.10 Ortskurve der Impedanz

Der **Blindwiderstand** von Spulen und Kondensatoren ist **frequenzabhängig**. Der ideale **ohmsche Widerstand** ist **nicht frequenzabhängig**. So ergibt sich bei gegebenen Bauteilwerten für Kombinationen (gemischte Schaltung) aus R, L und C ein frequenzabhängiger, komplexer Scheinwiderstand (Impedanz) $\underline{Z}$. Der **Scheinwiderstand** kann

6.10 Ortskurve der Impedanz

auch **graphisch in Abhängigkeit von der Frequenz** dargestellt werden, was als **Ortskurve** bezeichnet wird. Anhand der Ortskurve kann dann das Verhalten der Schaltung über den **gesamten Frequenzbereich „auf einem Blick"** abgelesen werden.

Die Darstellung der Ortskurve erfolgt in der komplexen Ebene. Für die **Erstellung der Ortskurve** gibt es zwei Möglichkeiten. Es werden entweder alle Zeigerspitzen (für alle Frequenzen) des Scheinwiderstandes miteinander verbunden oder die Real- und Imaginärteile (für alle Frequenzen) werden jeweils paarweise in die komplexe Ebene eingetragen, sodass sich immer ein Kurvenverlauf ergibt, wenn die „Punkte" (durch Interpolation) verbunden werden.

Beispiel 6.17

Es liegt eine Reihenschaltung vor, die aus einem ohmschen Widerstand und einer Spule besteht.

Die Impedanz berechnet sich

$$\underline{Z}_{RL}(j\omega) = R + jX_L = R + j\omega L = \sqrt{R^2 + (\omega L)^2} e^{j\arctan\left(\frac{\omega L}{R}\right)}$$

mit dem Betragsquadrat (mit dem Satz von Pythagoras)

$$\left|\underline{Z}_{RL}(j\omega)\right|^2 = R^2 + (\omega L)^2$$

Um die Ortskurve skizzieren zu können, werden die Werte in kartesischer und/oder in eulersche Form für die beiden Grenz-Kreisfrequenzen ($\omega \to 0\,Hz$ und $\omega \to \infty\,Hz$) ermittelt.

Ist die Kreisfrequenz Null, bedeutet dies im Übrigen nichts anderes, als dass die Schaltung mit Gleichspannung und Gleichstrom betrieben wird.

Für eine Kreisfrequenz $\omega \to 0\,Hz$ ergibt sich in der algebraischen

$$\text{Re}\left(\underline{Z}_{RL}\right) \to R$$

$$\text{Im}\left(\underline{Z}_{RL}\right) \to 0$$

sowie in der eulerschen Form

$$\left|\underline{Z}_{RL}(j\omega)\right| \to R \quad \varphi \to 0°$$

was elektrotechnisch einen Kurzschluss der Spule entspricht.

Für eine Kreisfrequenz $\omega \to \infty\,Hz$ ergibt sich in der algebraischen

$$\text{Re}\left(\underline{Z}_{RL}\right) \to R$$

$$\text{Im}\left(\underline{Z}_{RL}\right) \to \infty$$

sowie in der eulerschen Form

$$|\underline{Z}_{RL}(j\omega)| \to \infty \quad \varphi \to 90°$$

Es entsteht so die Ortskurve (rote Linie parallel zur Imaginärachse) der Impedanz von einer Reihenschaltung, die aus einem Wirkwiderstand und einer Spule besteht.

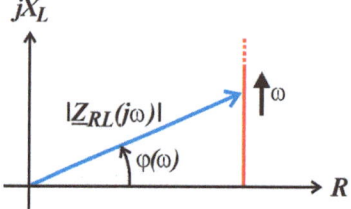

Exemplarisch ist ein Zeiger (blauer Orstvektor) für eine Frequenz eingezeichnet. ◄

Beispiel 6.18

Es liegt eine Parallelschaltung vor, die aus einem ohmschen Widerstand und einem Kondensator besteht.

Die Impedanz berechnet sich

$$\underline{Z}_{RC}(j\omega) = \frac{R \cdot (-jX_C)}{R - jX_C} = \frac{-R \cdot jX_C \cdot (R + jX_C)}{(R - jX_C) \cdot (R + jX_C)} = \frac{RX_C^2 - jX_C R^2}{R^2 + X_C^2}$$

$$\underline{Z}_{RC}(j\omega) = \frac{R\left(\frac{1}{\omega C}\right)^2 - j\frac{R^2}{\omega C}}{R^2 + \left(\frac{1}{\omega C}\right)^2}$$

$$\underline{Z}_{RC}(j\omega) = \frac{R}{1 + (\omega RC)^2} - j\frac{\omega R^2 C}{1 + (\omega RC)^2}$$

$$\underline{Z}_{RC}(j\omega) = \sqrt{\left(\frac{R}{1 + (\omega RC)^2}\right)^2 + \left(\frac{\omega R^2 C}{1 + (\omega RC)^2}\right)^2} \, e^{-j\arctan(\omega RC)}$$

Für die Berechnung des Betragsquadrats kommt wieder der Satz von Pythagoras zur Anwendung. Somit ergibt sich

6.10 Ortskurve der Impedanz

$$|\underline{Z}_{RC}(j\omega)|^2 = \left(\frac{R}{1+(\omega RC)^2}\right)^2 + \left(\frac{\omega R^2 C}{1+(\omega RC)^2}\right)^2$$

was der Form einer Kreisgleichung

$$Z^2 = X^2 + Y^2$$

entspricht.
Die Ortskurve hat somit die Form eines Kreises oder Teil eines Kreises.
Um die Ortskurve skizzieren zu können, werden wieder die Werte in kartesischer und/oder eulersche Form für die beiden Grenz-Kreisfrequenzen ermittelt.

Für eine Kreisfrequenz $\omega \to 0\,Hz$ ergibt sich in der algebraischen

$$\text{Re}(\underline{Z}_{RC}) \to R$$

$$\text{Im}(\underline{Z}_{RC}) \to 0$$

sowie in der eulerschen Form

$$|\underline{Z}_{RC}(j\omega)| \to R \quad \varphi \to 0°$$

Für eine Kreisfrequenz $\omega \to \infty\,Hz$ ergibt sich in der algebraischen

$$\text{Re}(\underline{Z}_{RC}) \to 0$$

$$\text{Im}(\underline{Z}_{RC}) \to 0$$

sowie in der eulerschen Form

$$|\underline{Z}_{RC}(j\omega)| \to 0 \quad \varphi \to -90°$$

was elektrotechnisch einem Kurzschluss entspricht.

Es entsteht so die Ortskurve (roter Halbkreis unterhalb der reellen Achse) der Impedanz von einer Parallelschaltung, die aus einem Widerstand und einer Spule besteht.

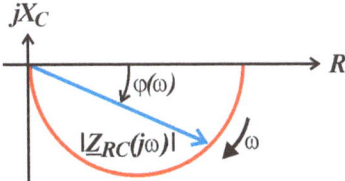

Exemplarisch ist wieder ein Zeiger (blauer Ortsvektor) für eine Frequenz eingezeichnet. ◀

▶ Im Allgemeinen gilt:
Ortskurven von **reine**n *L, C, RL* – und *RC*-**Reihenschaltungen** sind **Senkrechte** zur Wirkachse *R*.
Ortskurven von **reinen** *RL*- und *RC*-**Parallelschaltungen** sind **Teile eines Kreises**.

Die Darstellungen von Ortskurven verschiedenster Schaltungen sind in einschlägiger Literatur zu finden.

Übungsaufgaben zu Kap. 6

6.1) Welche Kreisfrequenz hat ein Wechselstrom der Frequenz $16\,{}^2/_3$ *Hz*?

6.2) Welche Periodendauer hat der in Aufgabe 6.1 genannten Wechselstrom?

6.3) Welchen Momentanwert hat eine sinusförmige Spannung 20 *ms* nach dem Nulldurchgang, wenn die Amplitude (Scheitelwert) 325 *V* und die Frequenz 25 *Hz* betragen?

6.4) Wie viele Sekunden nach Beginn einer Periode hat ein Wechselstrom mit der Amplitude (Scheitelwert) 15 *A* und einer Frequenz von 100 *Hz* einen Augenblickswert (Momentanwert) von 0,5 *A*?

6.5) Eine Luftspule mit der Fläche 5 *cm²* und 120 Windungen rotiert konstant mit einer Frequenz von 15 *Hz* in einem homogenen Magnetfeld der Stärke 12 *T*. Der Normalvektor der Fläche ist zu Beginn parallel zu den Magnetfeldlinien ausgerichtet.
   (a) Wie groß ist der maximale Spannungswert
   (b) Skizzieren Sie den zeitlichen Verlauf der induzierten Spannung.

6.6) Welchen Effektivwert hat der nachfolgende periodische Spannungsverlauf?

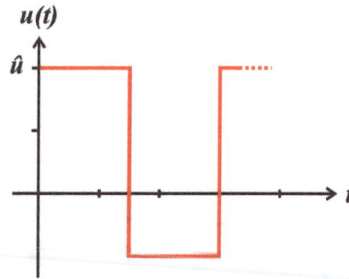

6.7) Welchen Scheitelwert hat die Stromstärke in einer Lampe (ohmscher Widerstand) für 230 *V* Effektivspannung, deren Wirkleistung 25 *W* beträgt?

6.8) Welchen Wert hat der Betrag der Impedanz eines Kondensators ($C = 0,5\ \mu F$), wenn die Frequenz 50 *Hz* beträgt?

6.9) Welche Spannung liegt an einem Kondensator ($C = 2\ \mu F$) bei einem Strom von 145 mA an, wenn die Frequenz 50 Hz beträgt?

6.10) Welchen Wert hat der Betrag der Impedanz einer Spule ($L = 2\ mH$), wenn die Frequenz 50 Hz beträgt?

6.11) Welchen Induktivitätswert hat eine Spule bei 50 Hz, wenn die Stromstärke 2 A und die Spannung 18 V gemessen werden?

6.12) Welchen Wert hat der Betrag der Impedanz einer Spule bei 48 Hz, wenn die Spule bei 50 Hz den Wert 12 Ω aufweist?

6.13) Welche Impedanz hat eine Reihenschaltung, die aus einem ohmschen Widerstand ($R = 1\ \Omega$) und einer Spule ($L = 2\ mH$) besteht, wenn die Frequenz 50 Hz beträgt?

6.14) Wie groß muss die Induktivität L in einer Reihenschaltung sein, die aus einem ohmschen Widerstand ($R = 3,5\ \Omega$) und einer Spule besteht, wenn der Phasenwinkel 30° und die Frequenz 50 Hz betragen sollen?

6.15) Welche Impedanz hat eine Reihenschaltung, die aus einem ohmschen Widerstand ($R = 30\ k\Omega$) und einem Kondensator ($C = 50\ pF$) besteht, wenn die Frequenz 300 kHz beträgt?

6.16) Welche Impedanz hat eine Parallelschaltung, die aus einem ohmschen Widerstand ($R = 20\ k\Omega$) und einem Kondensator ($C = 10\ nF$) besteht, wenn die Frequenz 1 kHz beträgt?

6.17) Welche Impedanz hat die Schaltung?

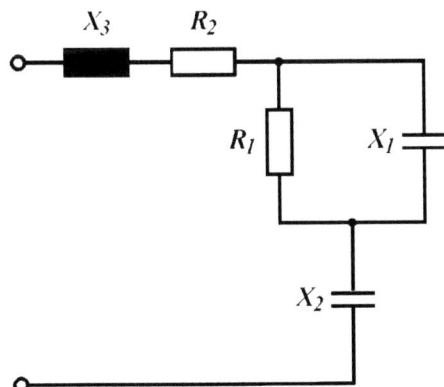

Gegebene Werte: $R_1 = 3\ \Omega$, $R_2 = 2\ \Omega$, $X_1 = 4\ \Omega$, $X_2 = 5\ \Omega$, $X_3 = 4\ \Omega$

6.18) Wie groß ist der Gesamtstrom i_g (Betrag und Phase) sowie die Spannung u_L (Betrag und Phase)?

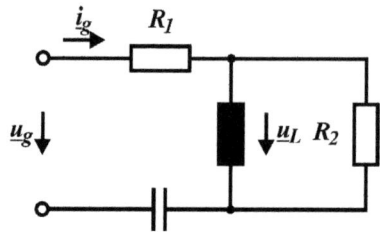

Gegebene Werte:
$R_1 = 10\ \Omega$, $R_2 = 40\ \Omega$, $C = 100\ \mu F$, $L = 0{,}2\ H$, $u_g = 230\ V\ /\ 50\ Hz$

6.19) Wie groß sind die Ströme und Spannungen (Betrag und Phase), wenn die Klemmenspannung 1000 V beträgt?

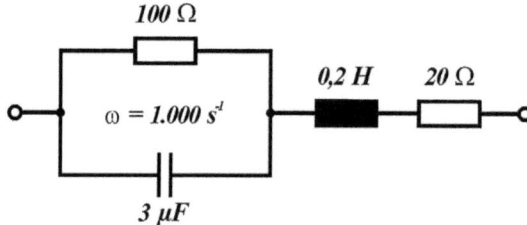

6.20) Zeichnen Sie maßstäblich für die nachfolgende Schaltung das Zeigerdiagramm und ermitteln Sie den Gesamtstrom i_g sowie die Spannung u_L jeweils nach Betrag und Phase.

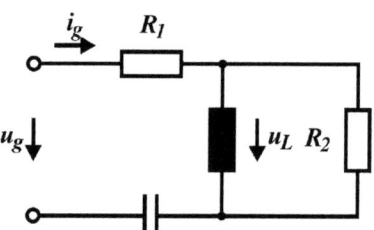

Gegebene Werte:
$R_1 = 10\ \Omega$, $R_2 = 40\ \Omega$, $X_C = 31{,}8\ \Omega$, $X_L = 62{,}8\ \Omega$, $u_g = 230\ V$

6.21) Welche Wirk- und Blindleistungen ergeben sich aus einer Scheinleistung von 18 kVA bei einem Phasenverschiebungswinkel von 35°?

6.22) Der Leistungsfaktor eines Einphasenmotors von 1,5 kW Wirkleistung beträgt bei verschiedenen Drehzahlen 0,89. Welcher Strom fließt bei einer Spannung von 230 V?

6.10 Ortskurve der Impedanz

6.23) Ein Soundsystem verbraucht 0,36 A bei einer Spannung von 230 V. Der Leistungsfaktor beträgt 0,9.
   a) Welche Wirkleistung nimmt das Gerät auf?
   b) Was kostet ein 12-stündiger Betrieb (Preis pro Kilowattstunde 0,45 EUR)?

6.24) Es sind ein ohmscher Widerstand und eine Spule in Reihe geschaltet. Berechnen Sie die Wirk-, Blind- und Scheinleitung, wenn an der Reihenschaltung eine Spannung von 230 V / 50 Hz anliegt ($R = 12\ \Omega$, $L = 0{,}03\ H$).

6.25) Die Reihenschaltung aus einem ohmschen Widerstandes und einer Spule liegt an einer Netzspannung ($U = 230\ V / 50\ Hz$, $R = 6{,}6\ \Omega$ und $L = 36{,}6\ mH$).
   a) Wie groß sind Wirk-, Blind- und Scheinleistung der Schaltung.
   b) Wie groß ist die parallel geschaltete Kompensationskapazität C, wenn damit der „bessere" Leistungsfaktor 0,92 (induktiv) eingestellt werden soll.

6.26) Konstruieren Sie die Ortskurve der Impedanz für den Kreisfrequenzbereich 0 Hz bis 10 kHz ($C = 500\ nF$, $R = 500\ \Omega$).

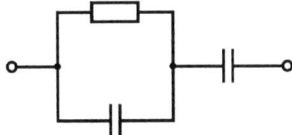

6.27) Konstruieren Sie die Ortskurve der Impedanz für den Kreisfrequenzbereich 0 Hz bis 60 kHz ($L = 100\ mH$, $R = 1\ k\Omega$).

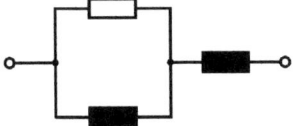

Lösungen zu den Aufgaben aus Kap. 6

6.1) $\omega = 2\pi f = 2\pi \cdot 16\frac{2}{3}\ Hz = 104{,}7\ \frac{1}{s}$

6.2) $\omega = \dfrac{2\pi}{T}$

$\rightarrow T = \dfrac{2\pi}{\omega} = \dfrac{2\pi}{104{,}7}\ s = 0{,}06\ s = 60\ ms$

6.3) $\omega = 2\pi f = 2\pi \cdot 25\ Hz = 157{,}1\ \frac{1}{s}$

$u(t) = \widehat{u}\sin(\omega t) = 32\ V \sin(157{,}1\ \frac{1}{s} \cdot 0{,}02\ s) = -0{,}13\ V = -103\ mV$ Es ist darauf zu achten, dass der Taschenrechner auf Bogenmaß eingestellt ist.

6.4) $\omega = 2\pi f = 2\pi \cdot 100\, Hz = 628{,}3\, \frac{1}{s}$

$i(t) = \hat{i}\, \sin(\omega t)$

$\rightarrow t = \frac{1}{\omega} \cdot \arcsin\left(\frac{i}{\hat{i}}\right) = \frac{1}{628{,}3}\, s \cdot \arcsin\left(\frac{0{,}5}{15}\right) = 53\, \mu s$

Es ist darauf zu achten, dass der Taschenrechner auf Bogenmaß eingestellt ist.

6.5) (a) $\phi(t) = \int \vec{B}\, d\vec{A}$

Wenn sich eine Leiterschleife in einem konstanten Magnetfeld befindet (Feldlinien und dem Flächennormalenvektor sind parallel), gilt: $\phi(t) = B \cdot A$

Wenn sich eine Leiterschleife in einem konstanten Magnetfeld mit der Winkelgeschwindigkeit ω bewegt, erfolgt eine Flächenänderung.

Die Fläche ist abhängig vom Winkel, der zwischen den Feldlinien und dem Flächennormalenvektor liegt.

$\phi(t) = B \cdot A \cos(\varphi)$

Mit einer konstanten Winkelgeschwindigkeit ω = φ/t ergibt sich

$\phi(t) = B \cdot A \cos(\omega t)$

$u_{\text{ind}} = -N \frac{d\phi}{dt} = -N \cdot B \cdot A \frac{d}{dt}(\cos(\omega t))$

$\rightarrow u_{\text{ind}} = N \cdot B \cdot A \cdot \omega \sin(\omega t)$

$\rightarrow u_{\text{ind,max}} = N \cdot B \cdot A \cdot \omega = N \cdot B \cdot A \cdot 2\pi \cdot f$

$u_{\text{ind,max}} = 120 \cdot 12\, T \cdot 5 \cdot 10^{-4}\, m^2 \cdot 2\pi \cdot 15\, Hz = 67{,}9\, V$

(b)

6.6) $U_{\text{eff}} = \sqrt{\frac{1}{T}\int_0^T u^2(t)\, dt} = \sqrt{\frac{1}{T} \cdot \left[\hat{u}^2 \cdot \frac{T}{2} + \left(-\frac{\hat{u}}{2}\right)^2 \cdot \frac{T}{2}\right]} = \frac{1}{2}\sqrt{\frac{5}{2}} \cdot \hat{u} = 0{,}79 \cdot \hat{u}$

Einfache Flächenintegration.

6.10 Ortskurve der Impedanz

6.7)
$$P = U_{\text{eff}} \cdot I_{\text{eff}} = U_{\text{eff}} \cdot \frac{\hat{i}}{\sqrt{2}}$$
$$\to \hat{i} = \frac{P}{U_{\text{eff}}} \cdot \sqrt{2} = \frac{25\ W}{230\ V} \cdot \sqrt{2} = 154\ mA$$

6.8) $X_C = \frac{1}{\omega C} = \frac{1}{2\pi f \cdot C} = \frac{1}{2\pi \cdot 50\ Hz \cdot 0{,}5\ \mu F} = 6.366\ \Omega = 6{,}37\ k\Omega$

6.9) $X_C = \frac{1}{\omega C} = \frac{1}{2\pi f \cdot C} = \frac{u}{i}$
$$\to u = \frac{i}{2\pi f \cdot C} = \frac{145\ mA}{2\pi \cdot 50\ Hz \cdot 2\ \mu F} = 230\ V$$

6.10) $X_L = \omega L = 2\pi f \cdot L = 2\pi \cdot 50\ Hz \cdot 2\ mH = 0{,}628\ \Omega = 628\ m\Omega$

6.11) $X_L = \omega L = 2\pi f \cdot L = \frac{u}{i}$
$$\to L = \frac{u}{2\pi f \cdot i} = \frac{18\ V}{2\pi \cdot 50\ Hz \cdot 2\ A} = 0{,}0286\ H = 28{,}6\ mH$$

6.12)
$$X_{48} = \omega_{48} L = 2\pi f_{48} \cdot L$$
$$X_{50} = \omega_{50} L = 2\pi f_{50} \cdot L$$
$$\to \frac{X_{48}}{f_{48}} = \frac{X_{50}}{f_{50}} \to X_{48} = f_{48} \cdot \frac{X_{50}}{f_{50}} = 48\ Hz \cdot \frac{12\ \Omega}{50\ Hz} = 11{,}5\ \Omega$$

6.13) Entweder
$$Z = \sqrt{R^2 + X_L^2} = \sqrt{R^2 + (2\pi f \cdot L)^2}$$
$$= \sqrt{(1\Omega)^2 + (2\pi \cdot 50\ Hz \cdot 2\ mH)^2} = 1{,}18\ \Omega$$
$$\varphi = \arctan\left(\frac{X_L}{R}\right) = \arctan\left(\frac{2\pi f \cdot L}{R}\right) = \arctan\left(\frac{2\pi \cdot 50\ Hz \cdot 2\ mH}{1\ \Omega}\right) = 32{,}1°$$

oder
$$\underline{Z} = \underline{Z}_R + \underline{Z}_L = R + j2\pi f \cdot L = 1\ \Omega + j2\pi \cdot 50\ Hz \cdot 2\ mH$$
$$= 1\ \Omega + j0{,}628\ \Omega$$

Mit dem Taschenrechner die kartesische Form in die Exponentialform überführen.

$$\underline{Z} = 1{,}18\ \Omega e^{j32{,}1°}$$
$$\underline{Z} = \sqrt{Re(\underline{Z})^2 + Im(\underline{Z})^2}\, e^{j\arctan\left(\frac{Im(\underline{Z})}{Re(\underline{Z})}\right)}$$
$$= \sqrt{R^2 + (2\pi f \cdot L)^2}\, e^{j\arctan\left(\frac{2\pi f \cdot L}{R}\right)}$$

6.14) $\tan(\varphi) = \dfrac{X_L}{R} = \dfrac{2\pi f \cdot L}{R}$

$\rightarrow L = \dfrac{\tan(\varphi) \cdot R}{2\pi f} = \dfrac{\tan(30°) \cdot 3{,}5\,\Omega}{2\pi \cdot 50\,Hz} = 0{,}0064\,H = 6{,}4\,mH$

6.15) Entweder

$$Z = \sqrt{R^2 + X_C^2} = \sqrt{R^2 + \left(\dfrac{1}{2\pi f \cdot C}\right)^2}$$

$$Z = \sqrt{(30\,k\Omega)^2 + \left(\dfrac{1}{2\pi \cdot 300\,kHz \cdot 50\,pF}\right)^2} = 31{,}8\,k\Omega$$

$$\varphi = -\arctan\left(\dfrac{X_C}{R}\right) = -\arctan\left(\dfrac{1}{2\pi f \cdot C \cdot R}\right)$$

$$\varphi = -\arctan\left(\dfrac{1}{2\pi \cdot 300\,kHz \cdot 50\,pF \cdot 30\,k\Omega}\right) = -19{,}5°$$

oder
$$\underline{Z} = \underline{Z}_R + \underline{Z}_C = R + \dfrac{1}{j 2\pi f \cdot C}$$

$$\underline{Z} = 30\,\Omega + \dfrac{1}{j 2\pi \cdot 300\,kHz \cdot 50\,pF} = 30\,k\Omega - j10{,}61\,k\Omega$$

Mit dem Taschenrechner die kartesische Form in die Exponentialform überführen.

$\underline{Z} = 31{,}8\,k\Omega\,e^{-j19{,}5°}$

$$\underline{Z} = \sqrt{Re(\underline{Z})^2 + Im(\underline{Z})^2}\,e^{j\arctan\left(\frac{Im(\underline{Z})}{Re(\underline{Z})}\right)}$$

$$= \sqrt{R^2 + \left(\dfrac{1}{2\pi f \cdot C}\right)^2}\,e^{-j\arctan\left(\frac{1}{2\pi f \cdot C \cdot R}\right)}$$

6.16) $\underline{Z}_C = \dfrac{1}{j\omega \cdot C} = -j\dfrac{1}{2\pi f \cdot C} = -j\dfrac{1}{2\pi \cdot 1\,kHz \cdot 10\,nF} = -j15{,}9\,k\Omega$

$-15{,}9\,k\Omega\,e^{-j90°}$

$$\underline{Z} = \underline{Z}_R \| \underline{Z}_C = \dfrac{\underline{Z}_R \cdot \underline{Z}_C}{\underline{Z}_R + \underline{Z}_C} = \dfrac{20\,k\Omega \cdot 15{,}9\,k\Omega\,e^{-j90°}}{20\,k\Omega - j15{,}9\,k\Omega}$$

$$= \dfrac{318\,M\Omega^2\,e^{-j90°}}{25{,}55\,k\Omega\,e^{-j38{,}5°}}$$

$\underline{Z} = 12{,}45\,k\Omega\,e^{-j51{,}5°}$

6.10 Ortskurve der Impedanz

6.17) $\underline{Z}_{R1} = 3\,\Omega$

$\underline{Z}_{R2} = 2\,\Omega$

$\underline{Z}_{X1} = 4\,\Omega\, e^{-j90°}$

$\underline{Z}_{X2} = 5\,\Omega\, e^{-j90°}$

$\underline{Z}_{X3} = 4\,\Omega\, e^{j90°}$

$\underline{Z}_p = \underline{Z}_{R1} \parallel \underline{Z}_{X1} = \dfrac{\underline{Z}_{R1} \cdot \underline{Z}_{X1}}{\underline{Z}_{R1} + \underline{Z}_{X1}} = \dfrac{3\,\Omega \cdot 4\,\Omega\, e^{-j90°}}{3\,\Omega - j4\,\Omega} = \dfrac{12\,\Omega^2\, e^{-j90°}}{5\,\Omega\, e^{-j53,1°}}$

$= 2,4\,\Omega\, e^{-j36,9°}$

$\underline{Z}_p = 1,9\,\Omega - j1,4\,\Omega$

$\underline{Z}_g = \underline{Z}_p + \underline{Z}_{X2} + \underline{Z}_{R2} + \underline{Z}_{X3} = 1,9\,\Omega - j1,4\,\Omega - j5\,\Omega + 2\,\Omega + j4\,\Omega$

$= 3,9\,\Omega - j2,4\,\Omega$

$\underline{Z}_g = 4,6\,\Omega\, e^{-j31,6°}$

6.18) $\underline{Z}_{R2} = 40\,\Omega$

$\underline{Z}_{R1} = 10\,\Omega$

$\underline{Z}_L = j\omega \cdot L = j2\pi f \cdot L = j2\pi \cdot 50\,Hz \cdot 0,2\,H = j62,8\,\Omega = 62,8\,\Omega\, e^{j90°}$

$\underline{Z}_C = \dfrac{1}{j\omega \cdot C} = -j\dfrac{1}{2\pi f \cdot C} = -j\dfrac{1}{2\pi \cdot 50\,Hz \cdot 100\,\mu H} = -j31,8\,\Omega$

$= 31,8\,\Omega \cdot e^{-j90°}$

$\underline{Z}_p = \underline{Z}_{R2} \parallel \underline{Z}_L = \dfrac{\underline{Z}_{R2} \cdot \underline{Z}_L}{\underline{Z}_{R2} + \underline{Z}_L} = \dfrac{40\,\Omega \cdot 62,8\,\Omega\, e^{j90°}}{40\,\Omega + j62,8\,\Omega} = \dfrac{2.512\,\Omega^2\, e^{j90°}}{74,5\,\Omega\, e^{j57,5°}}$

$= 33,7\,\Omega\, e^{j32,5°}$

$\underline{Z}_p = 28,4\,\Omega + j18,1\,\Omega$

$\underline{Z}_g = \underline{Z}_p + \underline{Z}_C + \underline{Z}_{R1} = 28,4\,\Omega + j18,1\,\Omega - j31,8\,\Omega + 10\,\Omega$

$= 38,4\,\Omega - j13,7\,\Omega$

$\underline{Z}_g = 40,8\,\Omega\, e^{-j19,7°}$

Die Gesamtspannung $\underline{u}_g$ ist der Bezugspunkt (Bezugszeiger, $\varphi = 0°$).

$\underline{i}_g = \dfrac{\underline{u}_g}{\underline{Z}_g} = \dfrac{230\,V\, e^{j0°}}{40,8\,\Omega\, e^{-j19,7°}} = 5,64\,A\, e^{j19,7°}$

Mit dem Spannungsteiler

$$\underline{u}_L = \underline{u}_g \frac{\underline{Z}_p}{\underline{Z}_g} = 230\ V\ e^{j0°} \frac{33{,}7\ \Omega\ e^{j32{,}5°}}{40{,}8\ \Omega\ e^{-j19{,}7°}} = 190\ V\ e^{j52{,}2°}$$

6.19) $\underline{Z}_{100\Omega} = 100\ \Omega$

$\underline{Z}_{20\ \Omega} = 20\ \Omega$

$$\underline{Z}_L = j\omega L = j1.000\ \frac{1}{s} \cdot 0{,}2\ H = j200\ \Omega = 200\ \Omega\ e^{j90°}$$

$$\underline{Z}_C = \frac{1}{j\omega C} = \frac{1}{j1.000\ \frac{1}{s} \cdot 3\ \mu F} = -j330\ \Omega = 330\ \Omega\ e^{-j90°}$$

$$\underline{Z}_p = \underline{Z}_{100\Omega}\ \|\ \underline{Z}_C = \frac{\underline{Z}_{100\ \Omega} \cdot \underline{Z}_C}{\underline{Z}_{100\Omega} + \underline{Z}_C} = \frac{100\ \Omega \cdot 330\ \Omega\ e^{-j90°}}{100\ \Omega - j330\ \Omega}$$

$$\underline{Z}_p = \frac{33\ k\Omega^2\ e^{-j90°}}{344{,}8\ \Omega\ e^{-j73{,}1°}} = 95{,}7\ \Omega\ e^{-j16{,}9°} = 91{,}6\ \Omega - j27{,}8\ \Omega$$

$$\underline{Z}_g = \underline{Z}_p + \underline{Z}_L + \underline{Z}_{20\Omega} = 91{,}6\ \Omega - j27{,}8\ \Omega + j200\ \Omega + 20\ \Omega = 111{,}6\ \Omega - j172{,}2\ \Omega$$

$$\underline{Z}_g = 205{,}2\ \Omega\ e^{j57°}$$

Die Gesamtspannung $\underline{u}_g$ ist der Bezugspunkt (Bezugszeiger, $\varphi = 0°$).

$$\underline{i}_g = \frac{\underline{u}_g}{\underline{Z}_g} = \frac{1.000\ V\ e^{j0°}}{205{,}2\ \Omega\ e^{j57°}} = 4{,}87\ A\ e^{-j57{,}1°}\text{Mit dem Spannungsteiler}$$

$$\underline{u}_{100\ \Omega,\ 3\ \mu F} = \underline{u}_g \frac{\underline{Z}_p}{\underline{Z}_g} = 1.000\ V\ e^{j0°} \frac{95{,}7\ \Omega\ e^{-j16{,}9°}}{205{,}2\ \Omega\ e^{j57°}} = 466{,}3\ V\ e^{-j73{,}9°}$$

$$\underline{i}_{100\ \Omega} = \frac{\underline{u}_{100\ \Omega,\ 3\ \mu F}}{\underline{Z}_{100\ \Omega}} = \frac{466{,}3\ V\ e^{-j73{,}9°}}{100\ \Omega} = 4{,}66\ A\ e^{-j73{,}9°}$$

$$\underline{i}_{3\ \mu F} = \frac{\underline{u}_{100\ \Omega,\ 3\ \mu F}}{\underline{Z}_C} = \frac{466{,}3\ V\ e^{-j73{,}9°}}{330\ \Omega\ e^{-j90°}} = 1{,}41\ A\ e^{j16{,}1°}$$

$$\underline{u}_{20\ \Omega} = \underline{Z}_{20\ \Omega} \cdot \underline{i}_g = 20\ \Omega\ 4{,}87\ A\ e^{-j57{,}1°} = 97{,}4\ V\ e^{-j57{,}1°}$$

$$\underline{u}_{0{,}2\ H} = \underline{Z}_L \cdot \underline{i}_g = 200\ \Omega\ e^{j90°} \cdot 4{,}87\ A\ e^{-j57{,}1°} = 974\ V\ e^{j32{,}9°}$$

6.20) 1) Maßstab festlegen: z. B. $1\ A \triangleq 10\ cm$ und $10\ V \triangleq 2\ cm$

2) Annahme, z. B. $i_{R2} = 1\ A$

3) Spannungen und Ströme eintragen

$$u_L = R_2 \cdot i_{R2} = 40\ V$$

$$i_L = \frac{u_L}{X_L} = 0{,}64\ A$$

Induktivität kommt der Strom zu **spät**

6.10 Ortskurve der Impedanz

$$i_g = 1{,}2\ A\,(\text{gemessen})$$
$$u_{R1} = R_1 \cdot i_g = 12\ V$$
$$u_C = X_C \cdot i_g = 38{,}2\ V$$

Kondensator eilt der Strom **vor**

$$u_g = 48\ V\,(\text{gemessen})$$

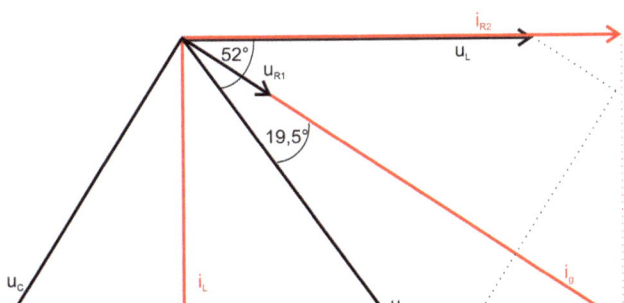

4) Skalierungsfaktor bestimmen

$$SF = \frac{230\ V}{48\ V} = 4{,}8$$

Alle Werte müssen mit 4,8 multipliziert werden.

6.21)

$$P = P_W = U_{\text{eff}} \cdot I_{\text{eff}} \cos(\varphi)$$

$$= P \cdot S \cos(\varphi) = 18\ \text{kVA} \cos(35°) = 14{,}7\ \text{kW}$$

$$Q = P_B = U_{\text{eff}} \cdot I_{\text{eff}} \sin(\varphi)$$

$$= P \cdot S \sin(\varphi) = 18\ \text{kVA} \sin(35°) = 10{,}3\ \text{kW}$$

6.22) $\cos(\varphi) = \dfrac{P}{S} = \dfrac{P_W}{P_S} \rightarrow P_S = \dfrac{P_W}{\cos(\varphi)} = U_{\text{eff}} \cdot I_{\text{eff}}$

$$\rightarrow I_{\text{eff}} = \frac{P_W}{U_{\text{eff}} \cdot \cos(\varphi)} = \frac{1{,}5\ kW}{230\ V \cdot 0{,}89} = 7{,}33\ A$$

6.23) (a) $P = P_W = U_{eff} \cdot I_{eff} \cdot \cos(\varphi) = 230 \text{ V} \cdot 0{,}36 \text{ A} \cdot 0{,}9 = 74{,}5 \text{ W}$

(b) Kosten $= P_W \cdot \text{Dauer} \cdot \frac{\text{Kosten}}{h} = 0{,}0745 \text{ kW} \cdot 12 \text{ h} \cdot 0{,}45 \frac{EUR}{kWh} = 0{,}40 \text{ } EUR$

6.24) $\underline{Z} = \underline{Z}_R + \underline{Z}_L = R + j2\pi f \cdot L = 12 \text{ }\Omega + j2\pi \cdot 50 \text{ Hz} \cdot 0{,}03 \text{ H}$

$\underline{Z} = 12 \text{ }\Omega + j9{,}4 \text{ }\Omega = 15{,}2 \text{ }\Omega \text{ } e^{j38°}$

$\underline{i} = \frac{\underline{u}}{\underline{Z}} = \frac{230 \text{ V } e^{j0°}}{15{,}2 \text{ }\Omega \text{ } e^{j38°}} = 15{,}1 \text{ A } e^{-j38°}$

$\underline{S} = P + jQ = \underline{u} \cdot \underline{i}^* = 230 \text{ V } e^{j0°} \cdot 15{,}1 \text{ A } e^{j38°}$

$\underline{S} = \underline{p}_S = 3{,}47 \text{ kVA } e^{j38°} = 2{,}73 \text{ kW} + j2{,}14 \text{ kvar}$

$\rightarrow P = 2{,}73 \text{ kW}$

$\rightarrow Q = 2{,}14 \text{ kvar}$

6.25) (a) $\underline{Z} = \underline{Z}_R + \underline{Z}_L = R + j\omega \cdot L = R + j2\pi f \cdot L = 6{,}6 \text{ }\Omega + j2\pi \cdot 50 \text{ Hz} \cdot 0{,}0366 \text{ H}$

$\underline{Z} = 6{,}6 \text{ }\Omega + j11{,}5 \text{ }\Omega = 13{,}2 \text{ }\Omega \text{ } e^{j60{,}1°}$

$\underline{i} = \frac{\underline{u}}{\underline{Z}} = \frac{230 \text{ V } e^{j0°}}{13{,}2 \text{ }\Omega \text{ } e^{j60{,}1°}} = 17{,}4 \text{ A } e^{-j60{,}1°}$

$\underline{S} = P + jQ = \underline{p}_S = \underline{u} \cdot \underline{i}^* = p_W + jp_B = 230 \text{ V } e^{j0°} \cdot 17{,}4 \text{ A } e^{j60{,}1°} = 4 \text{ kVA } e^{j60{,}1°}$

$\underline{S} = \underline{p}_S = 1{,}99 \text{ kW} + j3{,}47 \text{ kvar}$

$\rightarrow P = 1{,}99 \text{ kW}$

$\rightarrow Q = 3{,}47 \text{ kvar}$

(b) Verkleinerung des Blindwiderstandes durch einen parallel geschalteten Kondensator mit der Kapazität C.

$\underline{Z}_p = \underline{Z} \parallel \underline{Z}_C = \frac{\underline{Z}_C \cdot \underline{Z}}{\underline{Z}_C + \underline{Z}} = \frac{\frac{1}{j\omega C} \cdot (R + j\omega L)}{\frac{1}{j\omega C} + R + j\omega L} = \frac{R + j\omega L}{1 + j\omega CR - \omega^2 LC}$

$\underline{Z}_p = \frac{(R + j\omega L) \cdot (1 - \omega^2 LC - j\omega CR)}{(1 + j\omega CR - \omega^2 LC) \cdot (1 - \omega^2 LC - j\omega CR)} =$

$\underline{Z}_p = \frac{R + j(\omega L - \omega R^2 C - \omega^3 L^2 C)}{(1 - \omega^2 LC)^2 + (\omega CR)^2}$

Der Leistungsfaktor entspricht einem Phasenwinkel, auf den die Impedanz durch den Kondensator C eingestellt werden muss. Aus dem Leistungsfaktor ergibt sich der Phasenwinkel.

6.10 Ortskurve der Impedanz

$\cos(\varphi) = 0{,}92 \rightarrow \varphi = 23{,}1°$

$\tan(\varphi) = \tan(23{,}1°) = 0{,}43 = \dfrac{Im(\underline{Z}_p)}{Re(\underline{Z}_p)} = \dfrac{\omega L - \omega R^2 C - \omega^3 L^2 C}{R}$

$\rightarrow C = \dfrac{\omega L - R \cdot 0{,}43}{\omega \cdot (R^2 + \omega^2 L^2)} = \dfrac{2\pi f \cdot L - R \cdot 0{,}43}{2\pi f \cdot (R^2 + (2\pi f)^2 L^2)}$

$C = \dfrac{2\pi \cdot 50\,Hz \cdot 36{,}6\,mH - 6{,}6\,\Omega \cdot 0{,}43}{2\pi \cdot 50\,Hz \cdot \left((6{,}6\,\Omega)^2 + (2\pi \cdot 50\,Hz)^2 \cdot (36{,}6\,mH)^2\right)} = 157\,\mu F$

6.26) $\underline{Z}_R = R$

$\underline{Z}_C = \dfrac{1}{j\omega \cdot C}$

$\underline{Z}_p = \underline{Z}_C \parallel \underline{Z}_R = \dfrac{\underline{Z}_C \cdot \underline{Z}_R}{\underline{Z}_C + \underline{Z}_R} = \dfrac{\frac{1}{j\omega C} \cdot R}{\frac{1}{j\omega C} + R} = \dfrac{R}{1 + j\omega RC}$

$\underline{Z}_g = \underline{Z}_p + \underline{Z}_C = \dfrac{R}{1 + j\omega RC} + \dfrac{1}{j\omega C} = \dfrac{R \cdot (1 - j\omega RC)}{(1 + j\omega RC) \cdot (1 - j\omega RC)} + \dfrac{1}{j\omega C}$

$\underline{Z}_g = \dfrac{R}{1 + (\omega RC)^2} - j\left(\dfrac{\omega R^2 C}{1 + (\omega RC)^2} + \dfrac{1}{\omega C}\right)$

Es werden die R- und C-Werte eingesetzt und Real- sowie Imaginärteil für verschiedene Frequenzen berechnet und in die komplexe Ebene (als Koordinaten) eingetragen.

$Re(\underline{Z}_g) = \dfrac{R}{1 + (\omega RC)^2}$

$Im(\underline{Z}_g) = -\left(\dfrac{\omega R^2 C}{1 + (\omega RC)^2} + \dfrac{1}{\omega C}\right)$ Z. B. für $\omega = 500\,s^{-1}$

$Re(\underline{Z}_g) = \dfrac{R}{1 + (\omega RC)^2} = \dfrac{500\,\Omega}{1 + \left(500\,\frac{1}{s} \cdot 500\,\Omega \cdot 500\,nF\right)^2} = 492\,\Omega$

$Im(\underline{Z}_g) = -\left(\dfrac{\omega R^2 C}{1 + (\omega RC)^2} + \dfrac{1}{\omega C}\right)$

$Im(\underline{Z}_g) = -\left(\dfrac{500\,\frac{1}{s} \cdot (500\,\Omega)^2 \cdot 500\,nF}{1 + \left(500\,\frac{1}{s} \cdot 500\,\Omega \cdot 500\,nF\right)^2} + \dfrac{1}{500\,\frac{1}{s} \cdot 500\,nF}\right) = -4.061{,}6\,\Omega$

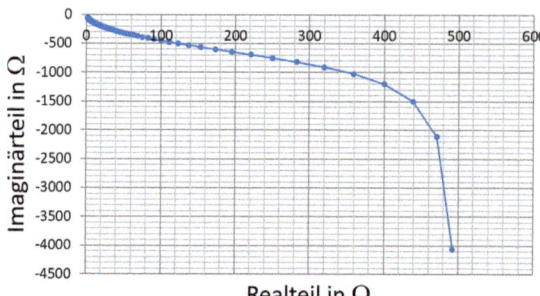

6.27) $\underline{Z}_R = R$ $\underline{Z}_L = j\omega \cdot L$ $\underline{Z}_p = \underline{Z}_L // \underline{Z}_R = \frac{Z_L \cdot Z_R}{Z_L + Z_R} = \frac{j\omega L \cdot R}{j\omega L + R}$

$\underline{Z}_g = \underline{Z}_p + \underline{Z}_L = \frac{j\omega L \cdot R}{j\omega L + R} + j\omega L = \frac{j\omega L \cdot R \cdot (R - j\omega L)}{(j\omega L + R) \cdot (R - j\omega L)} + j\omega L$ $\underline{Z}_g = \frac{(\omega L)^2 \cdot R + j\omega L \cdot R^2}{(\omega L)^2 + R^2} + j\omega L$

$\underline{Z}_g = \frac{(\omega L)^2 \cdot R}{(\omega L)^2 + R^2} + j\left(\frac{\omega L \cdot R^2}{(\omega L)^2 + R^2} + \omega L\right)$

Es werden die R- und L-Werte eingesetzt und Real- sowie Imaginärteil für verschiedene Frequenzen berechnet und in die komplexe Ebene (als Koordinaten) eingetragen.

$Re(\underline{Z}_g) = \frac{(\omega L)^2 \cdot R}{(\omega L)^2 + R^2}$ $Im(\underline{Z}_g) = \frac{\omega L \cdot R^2}{(\omega L)^2 + R^2} + \omega L$ Z. B. für $\omega = 5000\ s^{-1}$

$$Re(\underline{Z}_g) = \frac{(\omega L)^2 \cdot R}{(\omega L)^2 + R^2} = \frac{\left(5000\frac{1}{s} \cdot 0,1\ H\right)^2 \cdot 1\ k\Omega}{\left(5000\frac{1}{s} \cdot 0,1\ H\right)^2 + (1\ k\Omega)^2} = 200\ \Omega$$

$$Im(\underline{Z}_g) = \frac{\omega L \cdot R^2}{(\omega L)^2 + R^2} + \omega L$$

$$Im(\underline{Z}_g) = \frac{5000\frac{1}{s} \cdot 0,1\ H \cdot (1\ k\Omega)^2}{\left(5000\frac{1}{s} \cdot 0,1\ H\right)^2 + (1\ k\Omega)^2} + 5000\frac{1}{s} \cdot 0,1\ H = 900\ \Omega$$

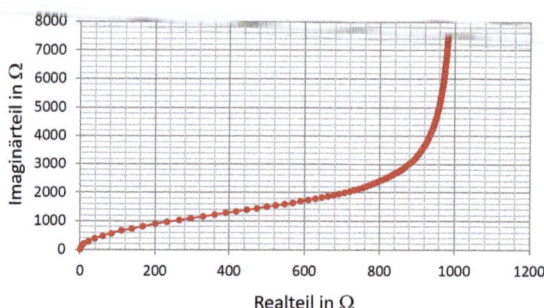

Weitere Strom- und Spannungsverläufe 7

In der Elektrotechnik wird allgemein von einer Gleichspannung bzw. von Gleichstrom gesprochen, wenn der Betrag und das Vorzeichen einer Spannung oder eines Stromes über einen längeren Betrachtungszeitraum konstant bleibt.

In Abb. 7.1, **links** ist eine sog. „**reine Gleichspannung**" dargestellt. Eine Wechselspannung bzw. ein Wechselstrom wird allgemein durch einen regelmäßigen Vorzeichenwechsel, also mit einem regelmäßigen Wechsel der Polarität, gekennzeichnet. In einem idealen Wechselstromsystem bestehen die Spannungen und Ströme aus reinen Sinuswellen, sodass dann von einer harmonischen Wechselspannung (mit der Periode T) gesprochen wird, vgl. Abb. 7.1, **rechts** sowie Kap. 6. Der zeitliche Mittelwert ist dabei immer Null.

Beispielsweise wird zum **Laden** eines **Smartphones** eine Gleichspannung benötigt. Aus der Steckdose kommt jedoch eine harmonische Wechselspannung, sodass im Netzteil des Smartphones eine Gleichspannung erzeugt werden muss. Mithilfe elektronischer Bauteile im Netzteil wird zum Beispiel eine Zweiweg-Gleichrichtung der harmonischen Wechselspannung vollzogen. In Abb. 7.2, **links** ist das Ergebnis dieser Gleichrichtung dargestellt. Es handelt sich dabei um eine sogenannte „**pulsierende Gleichspannung**", die zeitlich zwar nicht konstant ist, sie weist aber **keinen** Vorzeichenwechsel auf. Doch was ist das für ein Verlauf?

▶ Ein (komplexer) Verlauf, der nicht durch eine einfache Sinus-Schwingungen dargestellt werden kann, sich jedoch nach einer gewissen Zeit wiederholt, wird als nicht-harmonische, periodische Schwingung bezeichnet.

Neben reinen Gleichspannungen und harmonischen Wechselspannungen gibt es offensichtlich noch weitere Spannungsarten, die in der Elektrotechnik eine Rolle spielen. Hierzu zählen u. a. die zuvor genannte pulsierende Spannung (Abb. 7.2, **links**) oder

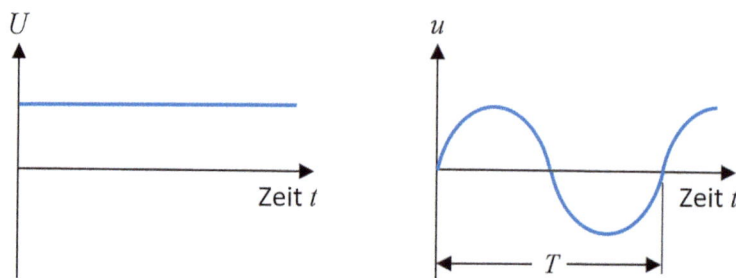

Abb. 7.1 Verlauf einer reinen Gleichspannung (**links**), Verlauf einer harmonischen Wechselspannung (**rechts**)

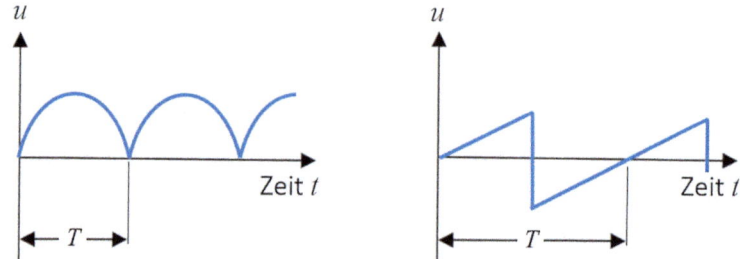

Abb. 7.2 Verlauf einer pulsierenden Gleichspannung (**links**), Verlauf einer Sägezahn-Wechselspannung (**rechts**)

auch z. B. die sogenannte Sägezahn-Wechselspannung, siehe Abb. 7.2, **rechts**. Beide Spannungsverläufe sind nicht-harmonisch, jedoch periodisch, da sie sich nach der Zeit T wiederholen.

Die Sägezahn-Wechselspannung ist also ebenfalls eine besondere Form einer nicht-harmonischen, periodischen Schwingung. In der Elektrotechnik / Elektronik wird ein derartiger Verlauf u. a. bei Steuerungsprozessen benötigt, beispielsweise aber auch, um Kennlinien von nicht-linearen Bauteilen ermitteln zu können. Es gibt jedoch sehr viel mehr Spannungs-, Strom- oder Signalverläufe, um die vielfältigen Aufgaben in unserer technischen Welt erfüllen zu können. In diesem Abschnitt soll jedoch der Schwerpunkt auf nicht-harmonische periodische Verläufe gelegt werden. In Abb. 7.3 sind daher einige einfache Verläufe mit der Periode T dargestellt.

Viele der in Abb. 7.3 aufgeführten nicht-harmonischen, periodischen Verläufe finden in allen Bereiche der Elektrotechnik und in angrenzenden Fachgebieten Anwendung. Sei es bei Steuerung eines Produktionsprozesses, in Nachrichtentechnik, in der Energietechnik oder gar bei der Fahrbahnregelung eines autonom fahrendes Autos, ohne diese Signal- und Spannungsverläufe ist keine Technisierung bzw. Automatisierung möglich.

7.1 Übersicht der Elementarzweipole

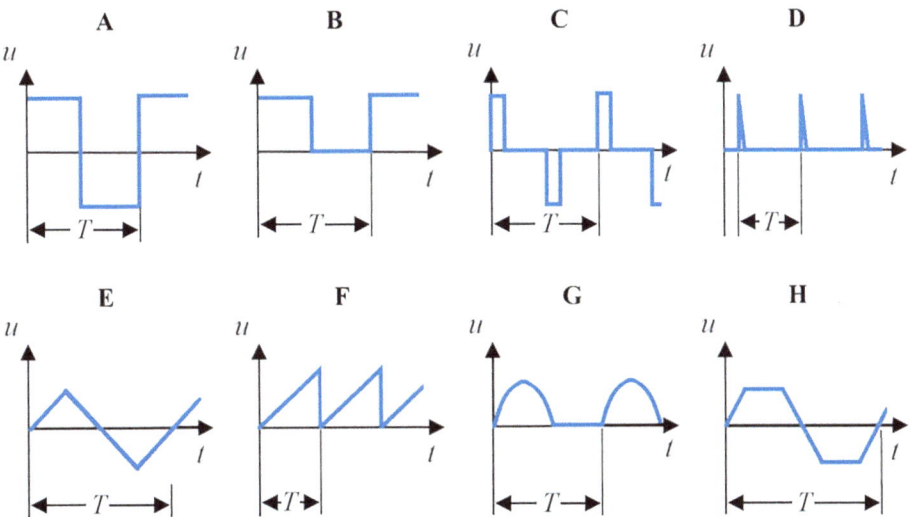

Abb. 7.3 **A** und **B**: Rechteckspannung, **C**: Rechteckimpuls, **D**: Nadelimpuls, **E**: Dreieckspannung, **F**: Sägezahn-Gleichsannung, **G**: Einweg-Gleichrichtung einer Sinuswechselspannung, **H**: Trapezspannung

Im Gegensatz zu einem harmonischen Wechselstromsystem, in dem die Spannungen und Ströme aus reinen Sinuswellen bestehen, ist die Analyse und Berechnung von Schaltungssystemen mit nicht-harmonischen, periodischen Strom- und Spannungsverläufen wesentlich aufwendiger. An dieser Stelle sollen daher zunächst einige Grundlagen vertieft werden.

7.1 Übersicht der Elementarzweipole

Bisher wurden der ohmsche Widerstand, der Kondensator und die Spule im **idealen Gleich-** und im einphasigen **harmonischen Wechsel-Stromkreis** betrachtet. In Tab. 7.1 ist eine Zusammenfassung aufgeführt, in der das Verhalten der einzelnen, passiven Bauelemente (Elementarzweipole) für eine gewisse Zeit dargestellt ist, wenn an diesen eine konstante **Gleichspannung** bzw. ein konstanter **Gleichstrom** kurzzeitig anliegt.

Werden die Elementarzweipole Kondensator (Gl. 7.1) und Spule (Gl. 7.2) jedoch mit einer **Wechselspannung bzw. -strom** beaufschlagt, zeigen die Bauteile keine zeitlich konstanten Verläufe mehr, es kommt jetzt zu einem frequenzabhängigen Verhalten, siehe Kap. 6.6.

Für Kondensatoren gilt

$$\underline{Z}_C = \frac{\underline{u}_C}{\underline{i}} = \frac{1}{j\omega C} = -j\frac{1}{\omega C} = -jX_C = |\underline{X}_C|e^{-j90°} \qquad (7.1)$$

Tab. 7.1 Zeitliche Strom- und Spannungsverläufe der drei elementaren Zweipole „ohmscher Widerstand (**links**), Kondensator (**mittig**) und Spule (**rechts**). Dargestellt sind die zeitlichen Strom- (schwarz) und Spannungsverläufe (rot) nach dem Anlegen einer konstanten Gleichspannung (rot) bzw. -stroms (schwarz)

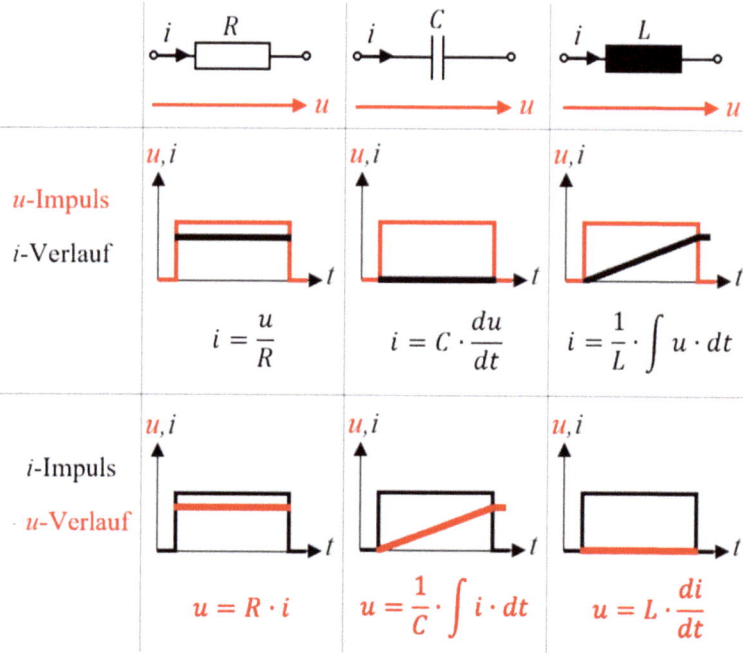

Bei niedrigen Kreisfrequenzen ω bieten Kondensatoren eine hohe Impedanz $\underline{Z}_C$ sodass der Wechselstromwiderstand (Impedanz) gegenüber Wechselstrom hoch ist. Zudem nimmt die Impedanz mit steigender Frequenz ab. Eine schlagartige Änderung des Stroms ist nämlich nicht möglich. Dies liegt daran, dass die Kapazität des Kondensators keine schnellen Änderungen des Stroms zulässt, weil die Ladungsträger nicht beliebig schnell auf- oder abfließen können (siehe Kap. 6.6).

Für Spulen gilt analog

$$\underline{Z}_L = \frac{u_L}{\underline{i}} = j\omega L = jX_L = |\underline{X}_L|e^{j90°} \tag{7.2}$$

Bei niedrigen Kreisfrequenzen ω bieten Spulen eine geringe Impedanz $\underline{Z}_L$, d. h., der Wechselstromwiderstand ist gegenüber Wechselstrom gering. Mit steigender Frequenz nimmt die Impedanz einer Spule zu. Eine schlagartige Änderung des Stroms ist nämlich wieder nicht möglich. Dies liegt daran, dass die Induktivität der Spule keine schnellen

Änderungen des Stroms zulässt, weil die Spule einen Gegenstrom (und damit ein magnetisches Gegenfeld) erzeugt (siehe Kap. 5).

Diese Grundlagen führen direkt auf eine wesentliche Grundregel im Schaltungsdesign:

▶ Aus Tab. 7.1 und aus den Gl. (7.1–7.2) wird deutlich, dass elektrische Schaltungen, die für Gleichspannung ausgelegt wurden, in der Regel nicht an Wechselspannung betrieben werden können und umgekehrt.

7.2 Periodische Spannungen

Im Gegensatz zu harmonischen Wechselspannungen, die aus nur einer Schwingung mit einer einzigen Frequenz bestehen, enthalten nicht-harmonische, periodische Spannungen eine **große Anzahl** von Frequenzen. Dies führt unweigerlich zu einem höheren Analyse- und Berechnungsaufwand elektrischer Systeme.

7.2.1 Einführung

Eine harmonische Wechselspannung besteht demnach aus einer Sinusschwingung mit nur einer Amplitude und einer einzigen Frequenz, der Grund(kreis)frequenz. Es gilt nach Kap. 6.

$$u(t) = \widehat{u}\sin(\omega t) \quad (7.3)$$

Nicht-harmonische, periodische Spannungen hingegen sind i. Allg. elektrische Spannungen oder Ströme, die zwar periodisch sind, jedoch die Grundschwingung (Fundamentalschwingung) und **ganzzahlige Vielfache** einer Grundfrequenz aufweisen, die als Harmonische bezeichnet werden.

Wenn zwei **oder** mehrere **harmonische** Spannungen mit **unterschiedlichen** Frequenzen und/oder Amplituden kombiniert werden, ergibt sich eine periodische Spannung mit einer komplexen Frequenzstruktur, die nicht-harmonisch ist. Diese Kombination kann durch Addition der Einzelschwingungen erfolgen – auch **Signalmodulation** genannt. In Abb. 7.4 wurden beispielsweise drei harmonische Wechselspannungen verschiedener Frequenz überlagert, sodass – in erster Näherung – eine Rechteckspannung entsteht. Die Mathematiker Fourier und Dirichlet haben im 19ten Jahrhundert nachgewiesen, dass jede periodische Spannung durch eine Summe unendlich vieler Sinus- und Kosinusschwingungen dargestellt werden kann. Je größer also die Anzahl der überlagerten harmonischen Wechselspannungen mit unterschiedlicher Frequenz und/oder Amplitude ist, desto besser wird die Näherung der Rechteckspannung. Das Gibbsche Phänomen, das Überschwingungen an Sprungstellen beschreibt, soll an dieser Stelle nicht näher betrachtet werden.

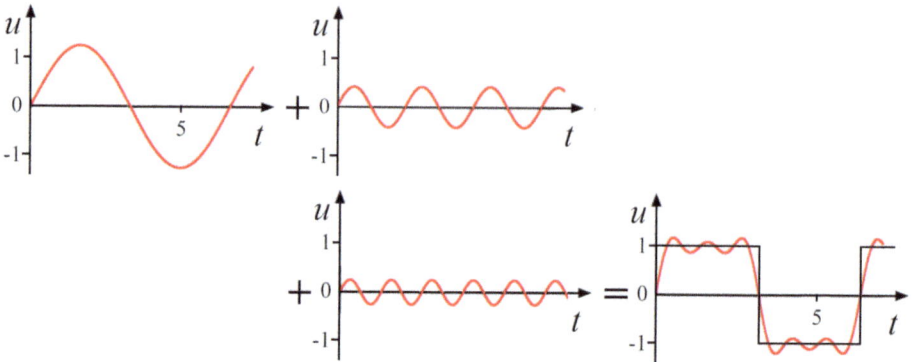

Abb. 7.4 Durch die Überlagerung der Grundschwingung mit mehreren harmonischen Wechselspannungen unterschiedlicher Frequenz wird näherungsweise eine periodische Rechteckspannung erzeugt

▶ Nicht-harmonische periodische Spannungen können, je nach ihrer Frequenzstruktur, ihrem Amplitudenprofil und ihrer Periodendauer, verschiedene Auswirkungen auf eine elektrische Schaltung haben. Hierzu zählen z. B. Interferenzen und Störungen, Verzerrungen oder Resonanzphänomene.

Derartige nicht-sinusförmige periodische Signale können auf verschiedene Weise erzeugt werden. Speziell entworfene Schaltungsgeneratoren können z. B. Rechteck-, Dreieckoder Rampe erzeugen. Zudem können einige Verläufe mithilfe von Analogschaltungen, wie z. B. Multivibratoren oder Schwingkreise, erzeugt werden.

Nicht nur in Laboren und Werkstätten werden u. a. oft sog. Funktionsgeneratoren (vgl. Abb. 7.5) verwendet, da sich hiermit, über eine Vielzahl von einstellbaren Parametern, die Form der Ausgangsspannung flexibel einstellen lässt.

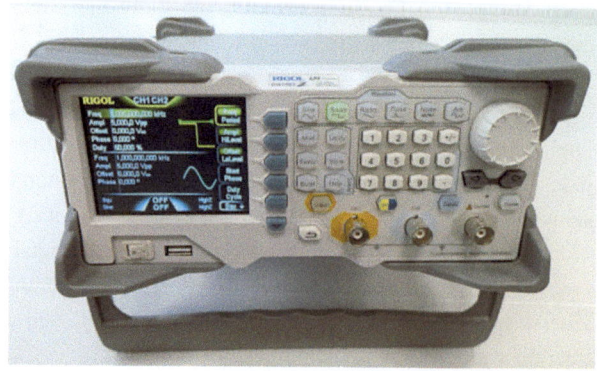

Abb. 7.5 Foto eines Funktionsgenerators

7.2.2 Mathematische Beschreibung

Periodische Spannungsverläufe sind **deterministisch**, also vorher bestimmbar und damit „beschreibbar". Aus der Mathematik sind verschiedene Möglichkeiten bekannt, wie allgemeine Funktionen durch Ersatzfunktionen angenähert werden können. Beispielsweise kann mit einer **Taylor-Reihe** eine Ersatzfunktion so entwickelt werden, dass diese in der Umgebung der Entwicklungsstelle einen möglichst guten Ersatz darstellen kann.

Es ist naheliegend, dass sich demnach auch für periodische Spannungsverläufe, wie zum Beispiel eine Rechteckspannung (vgl. Abb. 7.3 A), periodische **Ersatzfunktionen** $u_E(t)$ finden lassen. Es ist jedoch zu beachten, dass die Taylor-Reihenentwicklung nicht immer die beste Methode ist, um nicht-harmonische, periodische Funktionen zu approximieren, insbesondere wenn die Funktion sehr **komplex** ist oder wenn eine hohe **Genauigkeit** erforderlich ist. Zudem ist es wenig zweckmäßig, eine periodische Funktion durch Polynome anzunähern, da diese die Periodizität nur schlecht widerspiegeln.

▶ Um komplexe, nicht-harmonische periodische Funktionen anzunähern, bei denen eine hohe Genauigkeit an die Approximationsfunktion gefordert wird, werden in der Elektrotechnik oft **Fourier-Reihen** verwendet, sofern die anzunähernde Funktion 2π-periodisch ist.

In einigen Fällen kann jedoch auch die sogenannte Fourier-Reihe nicht zu einer genauen Darstellung der Spannung konvergieren, insbesondere wenn die Spannung unendlich viele Frequenzkomponenten enthält oder nicht stetig ist.

Analog zu Abb. 7.4 beschreiben **Fourier-Reihen** die Vorstellung, dass jede periodische Funktion durch die Überlagerung der Grundschwingung $\sin(\omega t)$ und / oder $\cos(\omega t)$ mit Oberschwingungen $\sin(k\omega t)$ und / oder $\cos(k\omega t)$ beschrieben werden kann.

Eine solche **Ersatzfunktion** beinhaltet im Allgemeinen sowohl cos- als auch sin-Terme sowie einen konstanten Anteil c_0 (Gleichanteil oder Offset). In der Mathematik wird diese Gleichung auch trigonometrische Reihe genannt

$$u_E(t) = c_0 + \sum_{k=1}^{\infty} a_k \cos(k\omega t) + b_k \sin(k\omega t) \qquad (7.4)$$

Die Koeffizienten (a_k und b_k) der Reihe müssen dann so angepasst werden, dass die gegebene Funktion (Spannungsverlauf $u_G(t)$, z. B. Rechteckspannung) möglichst gut durch die Ersatzfunktionen $u_E(t)$ angenähert wird, vgl. Abb. 7.6.

Dabei sollte die Abweichung δ zwischen dem gegebenen Spannungsverlauf $u_G(t)$ und den harmonischen Ersatzfunktionen $u_E(t)$ zu jedem Zeitpunkt möglichst klein sein, in Abb. 7.6 ist die Abweichung in blau eingezeichnet.

Die Abweichung δ ist eine Funktion von a_k sowie von b_k und sie soll minimal werden. Im einfachsten Fall kann die Summe aller Abweichungen zwischen der gegebenen Spannung $u_G(t)$ und der Ersatzspannung $u_E(t)$ durch Differenzbildung zu jedem Zeitpunkt t ermittelt werden, sodass gilt

Abb. 7.6 Ein gegebener Spannungsverlauf (schwarz) wird durch eine Ersatzfunktion (rot) angenähert. Die Abweichung zwischen den Funktionen ist blau gekennzeichnet

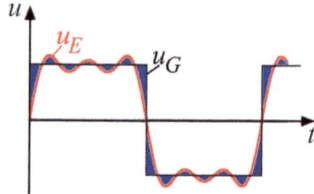

$$\delta(a_k, b_k) = \sum [u_G(t) - u_E(t, a_k, b_k)] = Minimum! \tag{7.5}$$

Da aber die gesamte Abweichung bei einem periodischen Verlauf zu beiden Seiten möglich ist, ist die Abweichung δ eher ungeeignet. Es könnte nämlich ein falsches Ergebnis durch sich kompensierende positive und negative Werte ergeben, wenn z. B. am Periodenanfang die Abweichung zu klein und am Periodenende zu groß ist.

Um diese „Vorzeichenabhängigkeit" zu vermeiden, bietet sich das Quadrat der Abweichung $\Delta \, (= \delta^2)$ an, mit der dann die Koeffizienten bestimmt werden können.

$$\Delta(a_k, b_k) = \int_0^T [u_G(t) - u_E(t, a_k, b_k)]^2 \, dt = Minimum! \tag{7.6}$$

Auf eine ausführliche Herleitung der Berechnungsvorschrift der Koeffizienten wird in diesem Buch verzichtet und auf entsprechende Literatur verwiesen. Es ergeben sich die folgenden Berechnungsvorschriften für die Koeffizienten c_0, a_k und b_k, mit $k = 1, 2, 3, \cdots$.

$$c_0 = \frac{1}{T} \int_0^T u_G(t) \, dt \tag{7.7}$$

$$a_k = \frac{2}{T} \int_0^T u_G(t) \cos(k\omega t) \, dt \tag{7.8}$$

$$b_k = \frac{2}{T} \int_0^T u_G(t) \sin(k\omega t) \, dt \tag{7.9}$$

Somit kann mit den Gl. (7.4) und (7.7 bis 7.9) ein beliebig periodischer Spannungsverlauf $u_G(t)$ durch eine Fourier-Reihe beschrieben werden. Sie kann also als eine Summe von harmonischen Schwingungen mit der Grund(kreis)frequenz und den Harmonischen (ganzzahlige Vielfachen der Grundfrequenz) mit den jeweiligen Amplituden a_k und b_k dargestellt werden.

▶ Bei der Berechnung des Gleichanteils c_0 (Gl. 7.7) ist über die gesamte Periode, ähnlich bei einer Flächenberechnung, zu integrieren, weil der Mittelwert (Gleichwert) bestimmt wird.

7.2 Periodische Spannungen

Bei der Bestimmung der Koeffizienten a_k und b_k Gl. (7.8–7.9) muss die Periodizität bei der Ersatzfunktion erhalten bleiben. Deshalb muss sichergestellt werden, dass bei der Integration über der vollen oder der halben Periode (dann mit 2 multipliziert) integriert wird. Es handelt sich hier nämlich nicht um Flächenintegrale!

Abb. 7.7 zeigt eine Rechteckspannung, die nun durch eine Fourier-Reihe angenähert werden soll. Es handelt sich bei der Rechteckspannung um eine nicht-harmonische, jedoch 2π-periodische Funktion.

Es gilt nach Gl. (7.4)

$$u_E(t) = c_0 + \sum_{k=1}^{\infty} a_k \cos(k\omega t) + b_k \sin(k\omega t)$$

mit der Periodendauer $T = 1s$ ergibt sich die Kreisfrequenz

$$\omega = 2\pi f = \frac{2\pi}{T} = \frac{2\pi}{1\,ms} = 2\frac{\pi}{ms}$$

Die Berechnung des **Gleichanteils** c_0 über eine Periode ergibt

$$c_0 = \frac{1}{T}\int_0^T u_G(t)\,dt$$

$$c_0 = \frac{1}{T}\left(\int_0^{T/2} u_G(t)\,dt + \int_{T/2}^T u_G(t)\,dt\right)$$

$$c_0 = \frac{1}{T}\left(\int_0^{T/2} \hat{u}_G\,dt + \int_{T/2}^T -\hat{u}_G\,dt\right)$$

$$c_0 = \frac{1}{1\,s}\left(\int_{0\,s}^{0,5\,s} 10\,V\,dt + \int_{0,5\,s}^{1\,s} -10\,V\,dt\right) = 10\frac{V}{s}\left(t\Big|_{0\,s}^{0,5\,s} - t\Big|_{0,5\,s}^{1\,s}\right) =$$

$$c_0 = 10\,\frac{V}{s}[0,5\,s - 0\,s - (1\,s - 0,5\,s)] = 0$$

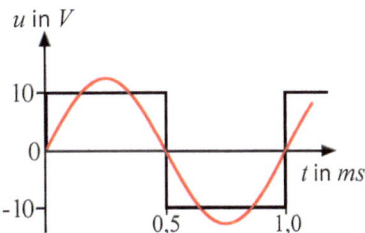

Abb. 7.7 Beispiel einer Rechteckspannung (schwarz). Durch Hineinlegen einer Sinus-Kurve (rot) kann die 2π-Periodizität überprüft werden

Der Gleichanteil c_0 ist gleich Null. Dies hätte auch bei näherer Betrachtung der Rechteckspannung festgestellt werden können, da der Flächenwert über und unter der x-Achse gleich groß ist (Mittelwert ist Null).

▶ Der Gleichanteil gibt die durchschnittliche Verschiebung der Funktion entlang der Ordinate (oft y-Achse) an. Wenn die Funktion symmetrisch um die Abszisse (oft x-Achse) ist (Flächenwert über und unter der Abszisse gleich), ist der Gleichanteil Null. Wenn die Funktion eine asymmetrische Verschiebung aufweist, wird der Gleichanteil von Null abweichen.

Da die gegebene Rechteckfunktion keine durchschnittliche Verschiebung entlang der Ordinate (u-Achse, vgl. Abb. 7.7) aufweist, muss der Gleichanteil c_0 gleich Null sein. Dies wurde durch die Berechnung zuvor erwiesen.

Die Bestimmung der **Koeffizienten** a_k über eine Periode ergibt

$$a_k = \frac{2}{T} \int_0^T u_G(t) \cos(k\omega t)\, dt$$

$$a_k = \frac{2}{T} \left(\int_0^{T/2} \widehat{u}_G \cos(k\omega t)\, dt + \int_{T/2}^T -\widehat{u}_G \cos(k\omega t)\, dt \right)$$

$$a_k = \frac{2\widehat{u}_G}{T} \left(\frac{1}{k\omega} \sin(k\omega t) \bigg|_0^{T/2} - \frac{1}{k\omega} \sin(k\omega t) \bigg|_{T/2}^T \right)$$

$$a_k = \frac{2\widehat{u}_G}{Tk\omega} \left\{ \sin\left(k\omega \frac{T}{2}\right) - \sin(0) - \left[\sin(k\omega T) - \sin\left(k\omega \frac{T}{2}\right) \right] \right\}$$

mit der Kreisfrequenz ω ergibt sich

$$a_k = \frac{\widehat{u}_G}{k\pi} \{ \sin(k\pi) - \sin(0) - [\sin(2k\pi) - \sin(k\pi)] \}$$

An dieser Stelle müssen die einzelnen Sinusterme gemäß Abb. 7.8 betrachtet werden.

$\sin(0)$ ist immer Null, für $k = 1, 2, 3 \cdots$ sind die Terme $\sin(k\pi)$ und $\sin(2k\pi)$ alle ebenfalls Null, da $\sin(\pi) = \sin(2\pi) = \sin(3\pi) = \cdots = 0$.

Alle Koeffizienten a_k sind also für $k = 1, 2, 3 \cdots$ Null. Dies hätte ebenfalls bei näherer Betrachtung der Rechteckspannung festgestellt werden können, weil die periodische Spannung nur durch Sinusterme beschrieben werden kann.

7.2 Periodische Spannungen

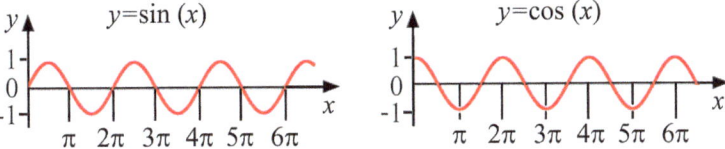

Abb. 7.8 Allgemeiner periodischer Verlauf der Sinus- und Kosinus-Funktion

▶ Für ungerade Funktionen für $f(x) = -f(-x)$, also bei Punktsymmetrie, sind alle Koeffizienten $a_k = 0$. Für gerade Funktionen für $f(x) = f(-x)$, also bei Achsensymmetrie, sind alle Koeffizienten $b_k = 0$.

Die gegebene Rechteckfunktion ist punktsymmetrisch, also müssen alle Koeffizienten a_k Null sein, was durch die Berechnung zuvor bewiesen wurde. Entsprechend müssen die Koeffizienten b_k ungleich Null sein.

Die Bestimmung der **Koeffizienten b_k** über eine Periode ergibt

$$b_k = \frac{2}{T} \int_0^T u_G(t) \sin(k\omega t)\, dt$$

$$b_k = \frac{2}{T} \left(\int_0^{T/2} \widehat{u}_G \sin(k\omega t)\, dt + \int_{T/2}^T -\widehat{u}_G \sin(k\omega t)\, dt \right)$$

$$b_k = \frac{2\widehat{u}_G}{T} \left(-\frac{1}{k\omega}\cos(k\omega t)\Big|_0^{\frac{T}{2}} + \frac{1}{k\omega}\cos(k\omega t)\Big|_{T/2}^T \right)$$

$$b_k = \frac{2\widehat{u}_G}{Tk\omega} \left\{ -\cos\left(k\omega \frac{T}{2}\right) + \cos(0) - \left[-\cos(k\omega T) - \cos\left(k\omega \frac{T}{2}\right) \right] \right\}$$

mit der Kreisfrequenz ω

$$b_k = \frac{\widehat{u}_G}{k\pi} \{ -\cos(k\pi) + \cos(0) + \cos(2k\pi) - \cos(k\pi) \}$$

An dieser Stelle müssen die einzelnen Kosinusterme betrachtet werden, vgl. Abb. 7.8: $\cos(0)$ ist immer Eins, für alle ungeraden $k = 1, 3, 5, \cdots$ sind die Terme $\cos(k\pi)$ gleich -1, für alle geraden Terme $k = 2, 4, 6, \cdots$ sind die Terme $\cos(k\pi)$ gleich $+1$, der Term $\cos(2\pi k)$ ist für alle $k = 1, 2, 3, \cdots$ gleich $+1$.

Damit ergeben sich für die Koeffizienten b_k
für k **ungerade** ($k = 1, 3, 5, \cdots$)

$$b_k = \frac{\widehat{u}_G}{k\pi} \{ -(-1) + 1 + 1 - (-1) \} = \frac{4\widehat{u}_G}{k\pi}$$

und für k **gerade** ($k = 2, 4, 6, \cdots$)

$$b_k = \frac{\widehat{u}_G}{k\pi}\{-1+1+1-1\} = 0$$

Mit Gl. (7.4) ergibt sich durch einsetzen der berechneten Größen für die Ersatzspannung

$$u_E(t) = 0 + \sum_{k=1}^{\infty} 0 \cdot \cos(k\omega t) + b_k \sin(k\omega t) = \sum_{k=1}^{\infty} \frac{4\widehat{u}_G}{\pi} \sin(k\omega t)$$

Alle a_k sind gleich Null, sodass nur Sinus-Anteile in der Ersatzfunktion enthalten sind. Zudem sind alle geraden b_k gleich Null. Es ergibt sich schließlich für die Ersatzspannung für $k = 1, 3, 5, \cdots$

$$u_E(t) = \frac{4\widehat{u}_G}{\pi}\left[\sin(\omega t) + \frac{1}{3}\sin(3\omega t) + \frac{1}{5}\sin(5\omega t) + \ldots\right] \tag{7.10}$$

Die Reihe in Gl. (7.10) kann unendlich fortgesetzt werden, sofern eine höhere Genauigkeit gefordert ist. Abb. 7.9 zeigt eine Ersatzspannung für die gegebene Rechteckspannung. Die Fourier-Reihe wurde nach dem dritten Glied abgebrochen, sodass die Ersatzspannung $u_E(t)$ aus der Grundschwingung mit zwei überlagerten Oberschwingungen besteht. Oberschwingungen sind sogenannte **höhere** harmonische Schwingungen.

Ein wesentlicher Vorteil einer Fourier-Reihenentwicklung wie in Gl. (7.10) ist, dass – bei guter Näherung der Ersatzspannung – das sogenannte **Frequenzspektrum** dargestellt werden kann. Im Frequenzspektrum werden die Frequenzen mit ihren zugehörigen Amplituden dargestellt. Größere Amplituden bedeuten eine höhere Energie im System oder eine stärkere Präsenz dieser Frequenz in der Spannung. Das Frequenzspektrum kann

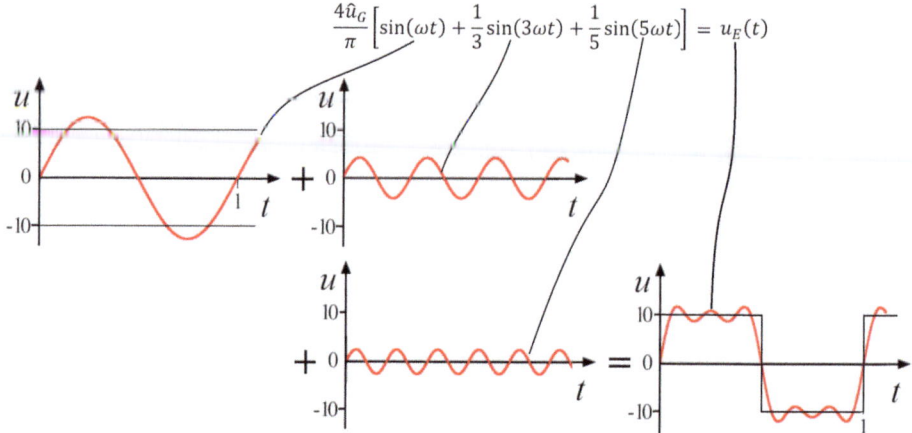

Abb. 7.9 Darstellung der Grundschwingung und von zwei Oberschwingungen, die nach Überlagerung die Ersatzspannung (Rechteckspannung) ergeben

7.2 Periodische Spannungen

auch dazu verwendet werden, um bestimmte Frequenzkomponenten zu filtern oder zu entfernen. In Abb. 7.10, **links** ist das zu Abb. 7.9 zugehörige Frequenzspektrum mit der Grundschwingung und zwei Oberschwingungen dargestellt. Das Spektrum einer genaueren Näherung mit der Grundschwingung und fünf Oberschwingungen in entsprechend in Abb. 7.10, **rechts** aufgeführt.

Für die Amplitude b_k der Grundschwingung ($k = 1$) ergibt sich mit $\hat{u}_G = 10$ V

$$b_k = \frac{4\hat{u}_G}{k\pi}$$

$$b_1 = \frac{4\hat{u}_G}{1 \cdot \pi} = \frac{4 \cdot 10 \text{ V}}{\pi} = 12{,}73 \text{ V}$$

für die Amplitude der ersten Oberschwingung ($k = 3$) entsprechend

$$b_3 = \frac{4\hat{u}_G}{3 \cdot \pi} = \frac{4 \cdot 10 \text{ V}}{3\pi} = 4{,}24 \text{ V}$$

und für die Amplitude der zweiten Oberschwingung ($k = 5$)

$$b_5 = \frac{4\hat{u}_G}{5 \cdot \pi} = \frac{4 \cdot 10 \text{ V}}{5\pi} = 2{,}55 \text{ V}$$

usw.

Aufgrund der besseren Übersichtlichkeit werden die Amplituden oft normiert, d. h. auf den Maximalwert bezogen, vgl. Abb. 7.10. So ergeben sich für die normierten Amplituden $A_{\text{norm},k}$

Grundschwingung $A_{\text{norm},1} = \frac{b_1}{b_1} = \frac{12{,}73 \text{ V}}{12{,}73 \text{ V}} = 1$

erste Oberschwingung $A_{\text{norm},3} = \frac{b_3}{b_1} = \frac{4{,}24 \text{ V}}{12{,}73 \text{ V}} = 0{,}33$

zweite Oberschwingung $A_{\text{norm},5} = \frac{b_5}{b_1} = \frac{2{,}55 \text{ V}}{12{,}73 \text{ V}} = 0{,}20$

usw.

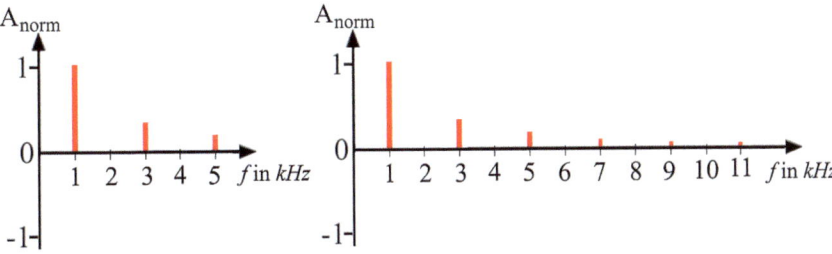

Abb. 7.10 Frequenzspektrum einer Rechteckspannung. Näherung mit der Grundschwingung und zwei Oberschwingungen (**links**) sowie einer besseren Näherung mit der Grundschwingung und fünf Oberschwingungen (**rechts**)

Die für das Frequenzspektrum notwendigen Frequenzen f_k berechnen sich mit $k = 1, 3, 5, \cdots$ und $T = 1\ ms$ zu

$$\omega_k = k \cdot \frac{2\pi}{T} = 2\pi k f_k$$

$$f_1 = 1 \cdot \frac{1}{0{,}001\ s} = 1\ kHz$$

$$f_3 = 3 \cdot \frac{1}{0{,}001\ s} = 3\ kHz$$

$$f_5 = 5 \cdot \frac{1}{0{,}001\ s} = 5\ kHz$$

usw.

Es wurde gezeigt, dass ein beliebig **periodischer Spannungsverlauf** durch eine Ersatzfunktion, der sogenannten Fourier-Reihe, „entwickelt" werden kann. Die Reihe besteht aus Koeffizienten, die den enthaltenen **diskreten** Frequenzanteilen (Grundschwingung und höhere harmonischen Schwingungen) des periodischen Spannungsverlaufs entsprechen.

Es stellt sich nun die Frage, ob auch ein **nicht-periodischer Spannungsverlauf**, wie zum Beispiel ein einmaliger Spannungsimpuls, der in technischen System (z. B. elektrisches / elektronisches Filter oder Regelkreis etc.) vorkommt, auch aus harmonische Schwingungen entwickelt werden kann. Um diese Frage beantworten zu können, wird zunächst ein solcher Spannungsimpuls „erzeugt". Dazu kann gedanklich die Periodendauer T eines periodischen Spannungsverlaufs einen sehr großen Wert annehmen, sodass nur noch ein Spannungsimpuls im „sichtbaren Bereich" bleibt, siehe Abb. 7.11. Wenn die Rechtecke immer weiter auseinander „wandern", wächst die Periode T.

Bleibt die **Impulsdauer konstant,** also die Breite des Rechtecks, und die Kreisfrequenz $\omega = 2\pi/T$ des periodischen Signals wird kleiner (T wird also größer), „rutschen" die diskreten Frequenzen der Schwingungen dichter zusammen. Der Frequenzabstand $\Delta\omega$ bzw. $\Delta f\ (= f_0 - 0, = f_1 - f_0, = f_2 - f_1, \cdots)$ wird schmaler.

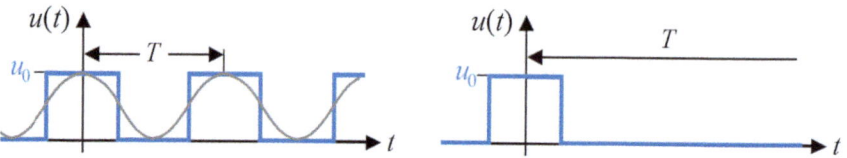

Abb. 7.11 Darstellung eines periodischen Spannungsverlaufs (**links**) und eines aperiodischen Spannungsverlaufs (**rechts**), der durch einen Grenzübergang ($T \to \infty$) erzeugt wurde (**links**)

7.2 Periodische Spannungen

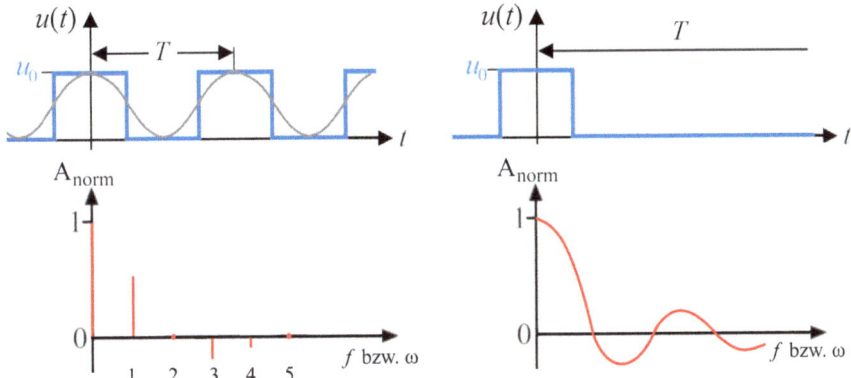

Abb. 7.12 Qualitative Darstellungen des diskreten Frequenzspektrums einer Rechteckimpulsfolge (**links**) und qualitative Darstellung der Spektralfunktion eines aus der Rechteckimpulsfolge erzeugter Rechteckimpulses (**rechts**)

Wird der Grenzübergang ($T \to \infty$) in der Fourier-Reihe mathematisch berücksichtigt, werden die Frequenzabstände immer kleiner und die Differenzen Δf gehen über in Differenziale df. Auf die mathematische Herleitung wird in diesem Buch wieder verzichtet und auf entsprechende Literatur verwiesen, es ergibt sich aber, anstelle einer Fourier-Reihe, das sogenannte komplexe **Fourier-Integral** $\underline{F}(j\omega)$.

$$\underline{F}(j\omega) = \int_{-\infty}^{+\infty} f(t)\, e^{-j\omega t}\, dt \qquad (7.11)$$

Im Gegensatz zu einem **periodischen** Spannungsverlauf, bei dem nur **ganzzahlige Vielfache** einer Grundfrequenz f_0 bzw. ω_0 auftreten können, existiert nun ein **kontinuierliches** Schwingungsspektrum, dessen spektrale Verteilung durch die **Spektralfunktion** (Amplitudendichte) beschrieben wird, siehe Abb. 7.12, **rechts**.

Eine solche Spektralfunktion existiert jedoch nur, wenn der Spannungsverlauf auch absolut integrierbar ist (das uneigentliche Integral konvergiert), also die Spannungs-Zeit-Fläche einen endlichen Wert aufweist.

In der Elektrotechnik kommen jedoch auch Ein-, Aus- und Umschaltvorgänge vor, bei denen die Spannungs-Zeit-Fläche keinen endlichen Wert besitzt, siehe Abb. 7.13.

Abb. 7.13 Darstellung eines elektrischen Einschaltvorgangs, bei dem die Spannung u_0 dauerhaft nach dem Einschalten zum Zeitpunkt t_0 anliegt

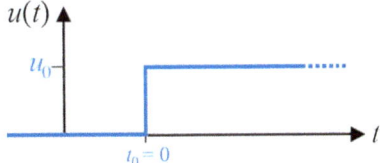

Um auch solche Spannungsverläufe (Schaltvorgänge) mathematisch erfassen zu können, muss das Fourier-Integral verändert werden. Dazu wird formal die imaginäre Größe $j\omega$ bei der Fourier-Transformation durch die **komplexe** Größe $s = \sigma + j\omega$ ersetzt. Durch den nun zusätzlichen **Realteil** σ ist jetzt eine **Dämpfung** des Spannungsverlaufs möglich, sodass die Spannungs-Zeit-Fläche einen endlichen Wert annehmen kann (das uneigentliche Integral konvergiert). Es ergibt sich damit anstelle des **Fourier-Integrals** $\underline{F}(j\omega)$ das in der Technik sehr häufig eingesetzte **Laplace-Integral** $F(s)$. Auf eine ausführliche Herleitung und Betrachtung wird in diesem Buch wieder verzichtet und auf entsprechende Literatur verwiesen.

$$F(s) = \int_0^\infty f(t)e^{-st}dt = \int_0^\infty f(t)e^{-\sigma}e^{-j\omega t}dt \qquad (7.12)$$

▶ Die Fourier-Transformation kann als Spezialfall der Laplace-Transformation gesehen werden. Die Fourier-Transformation eignet sich für die Analyse stationärer Spannungen (z. B. aperiodische Spannungen), während mit der Laplace-Transformation wegen „der Dämpfung" auch instabile und ansteigende Spannungen analysiert werden können.

Die fouriertransformierte Bildfunktion (Spektralfunktion oder Amplitudendichte) hat auch eine physikalische Bedeutung, sie gibt Aufschluss über die Energie der Spannung. Dem gegenüber hat die laplacetransformierte Bildfunktion nur eine mathematische und keine physikalische Bedeutung.

Kurzfragen 8

Kapitel 1

1)	Es gibt folgende physikalische Einheitenarten: (a) SI-Basiseinheiten (b) Währungseinheiten (c) SI-abgeleitete Einheiten (d) SI-Zusatzeinheiten (e) Auslandseinheiten (f) MKSA-Einheiten
2)	Ein Elektron kann (a) eine positive Ladung aufweisen. (b) eine negative Ladung aufweisen. (c) keine Ladung aufweisen.
3)	Die Gleichung $1\,V = 1\,kg\frac{m^2}{As^3}$ ist eine (a) Größengleichung. (b) Einheitengleichung.
4)	In der Elektrotechnik gilt folgende Festlegung: (a) Zeitlich konstante elektrische Größen werden in der Regel mit großen Formelzeichen beschrieben. (b) Zeitlich veränderliche elektrische Größen werden in der Regel mit großen Formelzeichen beschrieben.
5)	Es gibt folgende physikalische Gleichungsarten: (a) Größengleichungen (b) Einheitsgleichungen (c) Einheitengleichungen (d) Absolutgleichungen

6)	Ein Proton kann (a) eine positive Ladung aufweisen. (b) eine negative Ladung aufweisen. (c) keine Ladung aufweisen.
7)	Welche Aussage ist richtig? (a) Die Stromstärke I ist eine SI-Einheit und wird über die Kraftwirkung definiert. (b) Der Strom I ist keine SI-Einheit und wird über die Anzahl der Ladungsträger pro Zeit als physikalische Größe definiert.
8)	Die Gleichung $W = F \cdot s$ ist eine (a) Einheitengleichung. (b) Größengleichung.
9)	Ein Neutron kann (a) eine positive Ladung aufweisen. (b) eine negative Ladung aufweisen. (c) keine Ladung aufweisen
10)	Strom kann fließen in (a) metallischen Leitern. (b) Elektrolyten. (c) idealen Isolatoren.

Lösungen

1) a, c, f
2) b
3) b
4) a
5) a, c
6) a
7) a
8) b
9) c
10) a, b

Kapitel 2

1)	Welche Aussage(n) ist(sind) richtig? (a) Strom ist die chaotische Bewegung von Ladungsträgern. (b) Spannung ist die geordnete Bewegung von Ladungsträgern. (c) Spannung basiert auf der Trennung von Ladungsträgern. (d) Spannung basiert auf der Spaltung von Ladungsträgern. (e) Die Trennung von Ladungsträgern bewirkt in jedem Fall einen Strom. (f) Spannung ist die Bewegung von Ladungsträgern. (g) Strom ist die geordnete Bewegung von Ladungsträgern.
2)	Körper können unterschiedlich stark geladen sein. Die elektrische Ladung eines Körpers gibt an, (a) wie viele Ladungsträger durch den Körper fließen, (b) wie groß sein Elektronenüberschuss ist, (c) wie groß sein Elektronenmangel ist, (d) wie groß die Spannung ist, die an ihm anliegt.
3)	Der Wert der Elementarladung q beträgt (a) $q = 0{,}715 \cdot 10^5 \, As$ (b) $q = 1{,}902 \cdot 10^{-19} \, As$ (c) $q = 1{,}602 \cdot 10^{-19} \, As$
4)	Ein Kamm ist durch Reibung an Wolle negativ geladen worden, das heißt (a) er hat Elektronenmangel. (b) er hat Elektronenüberschuss. (c) er besteht aus Atomen, in denen mehr Protonen als Elektronen vorhanden sind.
5)	Welche Aussage ist richtig? (a) Der Strom ist die zeitliche Ableitung der bewegten Ladung. (b) Die Ladung ist das Integral der Stromstärke. (c) Die Ladung ist die Ableitung der Stromstärke.
6)	Die Stromdichte ist definiert als (a) Strom pro Länge. (b) Strom pro Fläche. (c) Strom pro Volumen.

7)	In welcher Abbildung sind Strom- und Spannungsrichtungen richtig eingezeichnet? 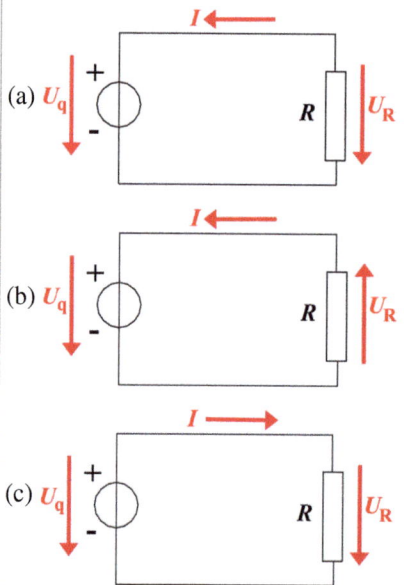
8)	Die technische Stromrichtung ist die Bewegungsrichtung (a) der negativen Ladungsträger. (b) der positiven Ladungsträger.
9)	Welche Aussage ist richtig? (a) Energie ist die Fähigkeit Arbeit zu leisten. (b) Arbeit ist die Fähigkeit Energie zu leisten.
10)	Welche Aussage(n) ist(sind) richtig? (a) Bei Änderung des Leitungsquerschnitts bleibt die Bewegungsgeschwindigkeit der Elektronen gleich. (b) Bei einer Querschnittsverringerung muss mit starker Wärmeentwicklung gerechnet werden. (c) Schnelle Elektronenbewegungen führen zu heftigen Zusammenstößen im Kristallgitter. (d) Je größer der Leiterwiderstand R, desto mehr wird dem Stromfluss entgegengewirkt, d. h. es fließt weniger Strom.
11)	Welche Aussage(n) ist(sind) richtig? (a) Die Differenz zwischen zwei Potenzialen wird elektrische Spannung genannt. (b) Die Differenz zwischen zwei Potenzialen wird elektrischer Strom genannt. (c) In der Elektrotechnik wird das Potenzial der Erde nicht als Bezugspotenzial gewählt. (d) In der Elektrotechnik wird das Potenzial der Erde als Bezugspotenzial gewählt.

12)	Das Ohmsche Gesetz ist mathematisch (a) eine Gerade durch Null der Funktion $U = f(I)$ der Steigung R. (b) eine Gerade durch Null der Funktion $I = f(U)$ der Steigung R. (c) eine Gerade durch Null der Funktion $U = f(I)$ der Steigung $1/R$. (d) eine Gerade durch Null der Funktion $I = f(U)$ der Steigung $1/R$. (e) eine Gerade nicht durch Null der Funktion $U = f(I)$ der Steigung R.
13)	Wie ist die Vorgehensweise, wenn der Gesamtwiderstand bestimmt werden soll? (a) In einer Reihenschaltung von Widerständen werden die Leitwerte addiert. (b) In einer Reihenschaltung werden die Widerstände addiert. (c) In einer Parallelschaltung werden die Widerstände addiert. (d) In einer Parallelschaltung werden die Leitwerte addiert.
14)	Leistung ist definiert als (a) Arbeit mal Zeit. (b) Arbeit pro Zeit. (c) Zeit pro Arbeit.
15)	Was ist die Coulombsche Gesetz? (a) Die elektrische Kraft zwischen zwei Ladungen ist direkt proportional zum Produkt der Ladungen und umgekehrt proportional zum Quadrat des Abstandes zwischen ihnen. (b) Die elektrische Kraft zwischen zwei Ladungen ist umgekehrt proportional zum Produkt der Ladungen und direkt proportional zum Quadrat des Abstandes zwischen ihnen.
16)	Wie werden Objekte elektrostatisch aufgeladen? (a) Transfer von Elektronen (b) Durch Reibung (c) Berührung oder Annäherung (Aufladung)
17)	Die Wärmewirkung des Stromes basiert auf (a) der Reibung der Elektronen am Gitter. (b) dem Energieaustausch durch Stöße der Elektronen im Gitter.
18)	An der Steckdose ist auch ohne angeschlossenem Verbraucher vorhanden? (a) Strom (b) Spannung
19)	An welcher Stelle fließt im Stromkreis der größte Strom? (a) Am Pluspol der Spannungsquelle. (b) Am Minuspol der Spannungsquelle. (c) Im Verbraucher. (d) Der Strom ist überall gleich groß.
20)	Welche Bedeutung hat folgendes Schaltungssymbol? —◯— (a) Ideale Stromquelle (b) Ideale Spannungsquelle (c) Ideale Lampe (d) Idealer Widerstand

Lösungen

1) c, g
2) b, c
3) c
4) b
5) a, b
6) b
7) c
8) b
9) a
10) b, c, d
11) a, d
12) a, d
13) b, d
14) b
15) a
16) a, b, c
17) a, b
18) b
19) d
20) b

Kapitel 3

1)	Eine positive Ladung erhält eine Kraftwirkung (a) in Richtung der elektrischen Feldstärke. (b) entgegen der Richtung der elektrischen Feldstärke.
2)	Influenz wird genannt, wenn (a) ein Dielektrikum in ein elektrisches Feld gebracht wird. (b) Ladungstrennung in einem elektrostatischen Feld erfolgt. (c) ein Dielektrikum den gesamten Raum ausfüllt, in dem ein elektrisches Feld vorhanden ist.
3)	Die Kraft auf eine Ladung nimmt (a) mit der elektrischen Feldstärke zu. (b) mit der elektrischen Feldstärke ab. (c) mit der Ladung zu. (d) mit der Ladung ab.
4)	Die Einheit der elektrischen Feldstärke kann angeben werden in (a) V/cm (b) V/cm^2 (c) V/m (d) V/m^3

5)	Der Vektor der elektrischen Feldstärke zeigt (a) vom höheren Potenzial zum niedrigeren Potenzial. (b) vom niedrigeren Potenzial zum höheren Potenzial. (c) in Richtung gleichbleibender Potenziale. (d) in Richtung des höchsten Potenzials.
6)	Der Vektor der elektrischen Feldstärke zeigt in einem langgestreckten Leiter (a) in Richtung des elektrischen Stromes (Stromdichte). (b) entgegen der Richtung des elektrischen Stromes (Stromdichte). (c) senkrecht zur Richtung des elektrischen Stromes (Stromdichte). (d) weder in noch entgegen des elektrischen Stromes (Stromdichte).
7)	Der elektrische Fluss ist (a) ein Maß für die Anzahl der Ladungen. (b) ein Maß für den Transport von Ladungsträgern. (c) ein Maß für die Anzahl der elektrischen Feldlinien, die eine Fläche durchdringen. (d) ein Maß für die Kraft, die auf einen Körper wirken.
8)	Mit dem Gaußschen Gesetz (a) kann der Strom innerhalb eines Leiters berechnet werden. (b) kann der magnetische Fluss berechnet werden. (c) kann die Coulombkraft zwischen Ladungen berechnet werden. (d) kann die elektrische Feldstärke berechnet werden.
9)	Die Verschiebungspolarisation beruht auf (a) Ausrichtung von Molekülen. (b) Verschiebung der Elektronenwolken. (c) Verschiebung von Molekülen. (d) Drehung von Atomen.
10)	Das elektrische Feld eines Plattenkondensators wird durch die Polarisationsladungen des Dielektrikums (a) verstärkt. (b) nicht beeinflusst. (c) geschwächt. (d) geschwächt oder verstärkt, abhängig von der Richtung des äußeren Feldes.
11)	Die relative Permittivität gibt (a) den Unterschied zwischen einem Leiter und einem Halbleiter an. (b) das Vielfache der Permittivität des Vakuums an. (c) den Unterschied zwischen einem Leiter und einem Isolator an. (d) das Vielfache der Permittivität eines Metalls an.
12)	Welche Aussagen bzgl. Kondensatoren trifft zu? (a) Bei Parallelschaltung ist die auf den Kondensatoren gespeicherte Gesamtladung gleich der Summe der Einzelladungen. (b) Bei Parallelschaltung ist die Gesamtkapazität immer größer als die größte Einzelkapazität. (c) In einer Parallelschaltung werden die Einzelkapazitäten addiert. (d) In einer Reihenschaltung werden die Einzelkapazitäten addiert. (e) In einer Reihenschaltung ist die Spannung über allen Kondensatoren gleich der Summe der Einzelspannungen.

Lösungen

1) a
2) b
3) a, c
4) a, c
5) a
6) b
7) c
8) d
9) b
10) c
11) b
12) a, b, c, e

Kapitel 4

1)	Die Dichte magnetischer Feldlinien ist im Allgemeinen (a) ortsabhängig. (b) ortsunabhängig. (c) von der Stärke des Magnetfeldes abhängig. (d) von der Ausrichtung der Pole abhängig.
2)	Die Gesamtheit aller magnetischen Feldlinien wird als (a) Hysterese bezeichnet. (b) magnetische Flussdichte bezeichnet. (c) magnetischer Fluss bezeichnet. (d) magnetische Induktion bezeichnet.
3)	Die Größe, die die Anzahl der Feldlinien pro Flächeneinheit angibt, heißt (a) magnetische Induktion. (b) Flächendichte. (c) magnetische Spannungsdichte. (d) magnetische Flussdichte.
4)	Ein Magnetfeld (a) kann von jeder Batterie erzeugt werden. (b) umgibt bewegte Ladungsträger. (c) wird erzeugt, wenn ein elektrischer Strom fließt. (d) wird durch eine elektrische Spannung erzeugt.
5)	Definitionsgemäß treten magnetische Feldlinien (a) im Südpol ein und im Nordpol aus. (b) im Nordpol aus und im Südpol ein. (c) abhängig vom Betrachtungsort aus dem Nord- oder Südpol aus. (d) abhängig von dem Bezugspunkt aus dem Nord- oder Südpol aus.

6)	Die „Stärke" des Magnetfeldes (a) nimmt mit dem Abstand vom verursachenden Strom ab. (b) nimmt mit dem Abstand vom verursachenden Strom zu. (c) ist unabhängig vom Abstand des verursachenden Stroms. (d) ist unabhängig vom verursachenden Strom.
7)	Magnetische Feldlinien (a) sind nicht geschlossen. (b) sind abwechselnd geschlossen und nicht geschlossen. (c) sind geschlossen. (d) sind nur geschlossen, wenn die Feldlinien Materie durchdringen.
8)	Die magnetische Feldkonstante beträgt (a) $\mu_0 = 1{,}2566 \cdot 10^{-6} \; Vs/Am$ (b) $\mu_0 = 1{,}0006 \cdot 10^{-7} \; Vs/Am$ (c) $\mu_0 = 0{,}2566 \cdot 10^{-6} \; Vs/Am$ (d) $\mu_0 = 4\pi \cdot 10^{-7} \; Vs/Am$
9)	Welche Stoffe haben ferromagnetische Eigenschaften? (a) Kupfer (b) Nickel (c) Aluminium (d) Eisen
10)	Die Permeabilität ist die (a) elektrische Feldkonstante. (b) Dielektrizitätszahl des Vakuums. (c) Durchlässigkeit von Materie für magnetische Felder. (d) die Dielektrizitätskonstante.
11)	Wenn der Daumen der (a) linken Hand in Richtung des fließenden Stromes weist, zeigen die gekrümmten Finger die Richtung der magnetischen Feldlinien an. (b) rechten Hand in Richtung des fließenden Stromes weist, zeigen die gekrümmten Finger die Richtung der magnetischen Feldlinien an. (c) rechten Hand in Richtung des Elektronenflusses weist, zeigen die gekrümmten Finger die Richtung der magnetischen Feldlinien an. (d) linken Hand in Richtung des Elektronenflusses weist, zeigen die gekrümmten Finger die Richtung der magnetischen Feldlinien an.
12)	Stromdurchflossene Spulen wirken wie Magnete. Die magnetische Wirkung einer stromdurchflossenen Spule ist umso größer, (a) je kleiner die Windungszahl der Spule ist. (b) je größer der Strom ist, der durch die Spule fließt, (c) je mehr Magnete sich in ihrer Nähe befinden. (d) je größer die Windungszahl der Spule ist.

13)	Welche Aussage(n) zum Eisenkreis ist(sind) richtig? (a) Ferromagnetische Stoffe magnetisieren sich in einem externen Magnetfeld so, dass sich die magnetische Flussdichte in ihrem Inneren im Vergleich zum Außenraum erhöht. (b) Ferromagnetische Stoffe magnetisieren sich in einem externen Magnetfeld so, dass sich die magnetische Flussdichte im Außenraum im Vergleich zum Innenraum erhöht. (c) Magnetisierte ferromagnetische Stoffe werden in Richtung höherer Feldstärken („in das Magnetfeld hinein") gezogen (Bündeln der Feldlinien). (d) Durch einen Luftspalt im Eisenkreis wird die magnetische Feldstärke verringert. (e) Durch einen Luftspalt im Eisenkreis wird das magnetische Feld stark verringert, es ist aber noch immer viel größer als bei einer Luftspule. (f) Der wesentliche Nachteil eines Luftspalts im Eisenkreis ist, dass die relative Permeabilität konstant ist, was zu einem linearen Zusammenhang zwischen der magnetischen Flussdichte B und der magnetischen Feldstärke H führt.
14)	Ein ferromagnetischer Stoff ist durch ein äußeres Magnetfeld gesättigt, wenn (a) alle „Elementarmagnete" ausgerichtet sind. (b) die Frequenz des äußeren Feldes zu groß ist. (c) sich die die Polarität des äußeren Feldes ändert. (d) der ferromagnetische Stoff zuvor über die Curie-Temperatur erhitzt wurde.

Lösungen

1) a, c
2) c
3) a, d
4) b, c
5) b
6) a
7) c
8) a, d
9) b, d
10) c
11) b
12) b, d
13) a, c, d, e
14) a

Kapitel 5

1)	Eine elektrische Spannung kann (a) mit einer bewegten Leiterschleife induziert werden, die sich in einem Magnetfeld befindet. (b) mit einer Leiterschleife induziert werden, wenn sich das von der Schleife umfasste Magnetfeld ändert. (c) durch Änderung des Leiterschleifenstroms induziert werden. (d) durch Verformung einer Leiterschleife induziert werden, die sich in einem Magnetfeld befindet.
2)	In der Elektrodynamik werden (a) nur zeitlich veränderliche elektrische Felder betrachtet. (b) nur zeitlich veränderliche magnetische Felder betrachtet. (c) statische Felder betrachtet. (d) gekoppelte elektrische und magnetische Felder betrachtet.
3)	Welche Aussage(n) ist(sind) richtig? (a) Die Induktionsspannung ist so gepolt, dass der Induktionsstrom in einer Induktionsschleife die Flussänderung verstärkt. (b) Die Induktionsspannung ist so gepolt, dass der Induktionsstrom in einer Induktionsschleife unabhängig von der Flussänderung ist. (c) Die Induktionsspannung ist so gepolt, dass der Induktionsstrom in einer Induktionsschleife unabhängig von der Flussänderung ist. (d) Die Induktionsspannung ist so gepolt, dass der Induktionsstrom in einer Induktionsschleife der Flussänderung entgegenwirkt.
4)	Welche Darstellung ist korrekt? (a) 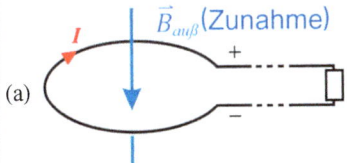 (b) 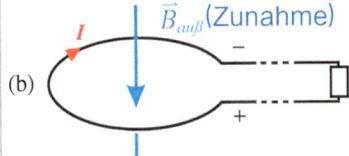 (c) 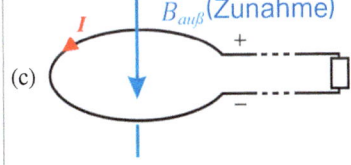

5)	Welche Aussage(n) bezüglich Spulen ist (sind) richtig? (a) Der Gesamtstrom in einer Parallelschaltung ist gleich die Summe der Einzelströme. (b) Bei einer Parallelschaltung ist die Gesamtinduktivität immer größer als die größte Einzelinduktivität. (c) Bei einer Parallelschaltung ist die Gesamtinduktivität immer kleiner als die kleinste Einzelinduktivität. (d) In einer Reihenschaltung werden die Einzelinduktivitäten addiert.
6)	Welche Aussage(n) bezüglich Spulen-Strom und -Spannung ist (sind) richtig? (a) Der Strom ergibt sich aus der zeitlichen Ableitung der Spannung multipliziert mit der Induktivität. (b) Der Strom ergibt sich aus dem Integral der Spannung dividiert durch die Induktivität. (c) Die Spannung ergibt sich aus dem Integral des Stroms dividiert durch die Induktivität. (d) Die Spannung ergibt sich aus der zeitlichen Ableitung des Stroms multipliziert mit der Induktivität.
7)	Die Induktivität ist abhängig von (a) der Geometrie einer Spule. (b) der Permittivität. (c) der Permeabilität. (d) nur von der Windungsanzahl der Spule.
8)	Die Selbstinduktivität wirkt (a) wie eine Spannungsquelle mit einer Polung, die der Stromzu- oder abnahme verstärkt. (b) wie eine Spannungsquelle mit einer Polung, die der Stromzu- oder abnahme behindert. (c) wie eine Spannungsquelle, die keinen Einfluss auf die Stromzu- oder abnahme hat. (d) wie eine Stromquelle, die keinen Einfluss auf die Stromzu- oder abnahme hat.
9)	Um die Lorentzkraft zu ermitteln besagt die „Rechte-Hand-Regel" folgendes. (a) Zeigt der Daumen gegen die Stromrichtung und der Zeigefinger in Magnetfeldrichtung, so zeigt der Mittelfinger in Richtung der Lorentzkraft. (b) Zeigt der Daumen in Magnetfeldrichtung und der Zeigefinger gegen die Stromrichtung, so zeigt der Mittelfinger in Richtung der Lorentzkraft. (c) Zeigt der Daumen in Stromrichtung und der Zeigefinger in Magnetfeldrichtung, so zeigt der Mittelfinger in Richtung der Lorentzkraft. (d) Zeigt der Daumen in Magnetfeldrichtung und der Zeigefinger in Stromrichtung, so zeigt der Mittelfinger in Richtung der Lorentzkraft.

10) Welche Kraftrichtung ist korrekt eingezeichnet?

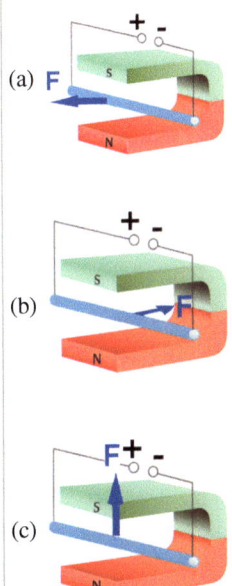

Lösungen

1) a, b, d
2) d
3) d
4) c
5) a, c, d
6) b, d
7) a, c
8) b
9) c
10) a

Kapitel 6

1)	Der Amplitudenwert (Scheitelwert) des Effektivwertes 230 V einer harmonischen Spannung beträgt (a) 162,6 V (b) 325 V (c) 230 V (d) 115 V

2)	Der Effektivwert eines harmonischen Stroms mit der Amplitude 20 mA (Scheitelwert) beträgt (a) 28,3 mA (b) 40 mA (c) 20 mA (d) 14,1 mA
3)	Vereinbarungsgemäß hat die Kreisfrequenz die Einheit (a) Hz^{-1} (b) Hz (c) s^{-1} (d) s
4)	Welche Aussage(n) bezüglich der Voltmeter-Einstellung ist (sind) richtig? (a) Nur in Stellung AC wird der Effektivwert einer Spannung angezeigt. (b) Nur Messgeräte mit dem Hinweis TRUE RMS zeigen unabhängig vom zeitlichen Verlauf einer Spannung den Effektivwert an. (c) In Stellung AC wird immer der Effektivwert für harmonische Spannungen angezeigt. (d) In Stellung AC wird immer der Effektivwert angezeigt.
5)	Welche Aussage(n) bezüglich der komplexen Berechnung ist (sind) richtig? (a) Eine Transformation in den Frequenzbereich vereinfact die Berechnung, weil nur noch algebraische Gleichungen vorliegen. (b) Eine Transformation in den Zeitbereich vereinfacht die Berechnung, weil nur noch algebraische Gleichungen vorliegen. (c) Eine Transformation in den Frequenzbereich vereinfacht die Berechnung, weil nur noch Differentialgleichungen vorliegen. (d) Eine Transformation in den Zeitbereich vereinfacht die Berechnung, weil nur noch Differentialgleichungen vorliegen.
6)	Welche Aussage(n) ist(sind) richtig? (a) Der Betrag der Impedanz einer Spule nimmt mit zunehmender Frequenz mit ω^{-1} ab. (b) Der Betrag der Impedanz eines Kondensators nimmt mit zunehmender Frequenz mit ω^{-1} ab. (c) Der Betrag der Impedanz einer Spule nimmt mit zunehmender Frequenz mit ω zu. (d) Der Betrag der Impedanz eines Kondensators nimmt mit zunehmender Frequenz mit ω zu.
7)	Welche Aussage(n) ist(sind) richtig? (a) Bei einer Spule eilt die Spannung dem Strom voraus. (b) Bei einer Spule eilt der Strom der Spannung voraus. (c) Bei einem Kondensator eilt die Spannung dem Strom voraus. (d) Bei einem Kondensator eilt der Strom der Spannung voraus.

8)	Die Blindleistung hat die Einheit (a) Watt (b) VA (c) var (d) Ws
9)	Welche Aussage(n) bezüglich der komplexen Leistung ist(sind) richtig? $\underline{p}_W = p_S - jp_B$ $\underline{p}_B = p_W + jp_S$ $\underline{p}_W = p_B - jp_S$ $\underline{p}_S = p_W + jp_B$
10)	Welche Aussage(n) ist(sind) richtig? (a) Scheinwiderstände werden in Abhängigkeit von L und C als Ortskurve dargestellt. (b) Scheinwiderstände werden in Abhängigkeit von der Frequenz als Ortskurve dargestellt. (c) Ortskurven werden in der komplexen Ebenen dargestellt. (d) Die Ortskurve zeigt graphisch das komplette Frequenzverhalten einer Schaltung.
11)	Welche Aussage(n) ist(sind) richtig? (a) Die Ortskurven von Reihenschaltungen, die aus Elementarzweipolen bestehen, sind Teile eines Kreises unterhalb der reellen Achse. (b) Die Ortskurven von Reihenschaltungen, die aus Elementarzweipolen bestehen, verlaufen parallel zur reellen Achse. (c) Die Ortskurven von Reihenschaltungen, die aus Elementarzweipolen bestehen, verlaufen parallel zur imaginären Achse. (d) Die Ortskurven von Reihenschaltungen, die aus Elementarzweipolen bestehen, sind Teile eines Kreises oberhalb der reellen Achse.

Lösungen

1) b
2) d
3) c
4) b, c
5) a
6) b, c
7) a, d
8) c
9) a, d
10) b, c, d
11) c

Kapitel 7

1)	Was zeichnet eine periodische Spannung aus? (a) Es ist nur im Frequenzbereich definiert. (b) Es wiederholt sich in regelmäßigen Abständen. (c) Es verändert sich kontinuierlich ohne Wiederholung. (d) Es existiert nur für eine bestimmte Zeit.
2)	Welche der folgenden Aussagen trifft auf eine nicht-periodische Spannung zu? (a) Es wiederholt sich nach einer festen Zeitspanne. (b) Es hat keine definierte Periode und wiederholt sich nicht. (c) Es existiert nur im Frequenzbereich.
3)	Wofür wird die Fourier-Reihe in der Elektrotechnik verwendet? (a) Um nicht-lineare Schaltungen zu berechnen. (b) Um periodische Spannungen in eine endliche Summe von Sinus- und Kosinusfunktionen zu zerlegen. (c) Um den Wechselstromwiderstand in elektrischen Schaltungen zu berechnen.
4)	Welche Art von Spannungen kann durch eine Fourier-Reihe dargestellt werden? (a) Nur harmonische Spannungen. (b) Nur sinusförmige Spannungen. (c) Periodische Spannungen in beliebiger Form. (d) Nur aperiodische Spannungen
5)	Was repräsentiert der Koeffizient a_0 in einer Fourier-Reihe? (a) Die Frequenz der Spannung. (b) Die Phasenverschiebung der Spannung. (c) Die Gleichstromkomponente (DC) der Spannung. (d) Den Gleichanteil der Spannung.
6)	Wofür wird die Fourier-Transformation in der Elektrotechnik häufig verwendet? (a) Zur Analyse von Schaltungen im Zeitbereich. (b) Zur Analyse von Schaltungen im Originalbereich. (c) Zur Analyse von Signalen im Frequenzbereich.
7)	Was beschreibt das Ergebnis der Fourier-Transformation einer Spannung? (a) Die Zeit-Darstellung einer Spannung. (b) Die Frequenz-Darstellung einer Spannung. (c) Gleichzeitige Darstellung von Zeit und Frequenz.
8)	Aus welchem Grund werden Transformationen, z. B. vom Zeit-/Originalbereich in den Frequenzbereich durchgeführt? (a) Sie ermöglicht die Lösung nicht-linearer Probleme. (b) Sie vereinfachen das Berechnen elektrischer Schaltungen durch Umwandlung in algebraische Gleichungen. (c) Sie vereinfachen die Lösung von linearen Differentialgleichungen durch Umwandlung in algebraische Gleichungen.

9)	Welche Aussage(n) ist (sind) richtig? (a) Die Fourier-Transformation nutzt die komplexe Exponentialfunktion $e^{j\omega t}$, es können unter keinen Umständen nicht-periodische Spannungen analysiert werden. (b) Die Fourier-Transformation transformiert eine Spannung aus dem Zeitbereich in den Frequenzbereich, um eine nicht-periodische Spannung in eine diskrete Summe von Sinus- und Kosinusfunktionen zu zerlegen. (c) Die Laplace-Transformation nutzt die komplexe Exponentialfunktion e^{st}, wobei $s=\sigma+j\omega t$ ist. Der Parameter s ist ein komplexer Wert, mit einem zusätzlichen Realteil, welcher einer Dämpfung entspricht.
10)	Welche der folgenden Aussagen ist korrekt für eine nicht-periodische Spannung in der Elektrotechnik? (a) Sie besteht nur aus einer Schwingung mit einer einzigen Frequenz. (b) Sie kann nicht durch eine Fourier-Reihe dargestellt werden. (c) Sie hat ein kontinuierliches Spektrum. (d) Ihr Frequenzspektrum enthält nur diskrete harmonische Frequenzen.

Lösungen

1) b
2) b
3) b
4) c
5) c, d
6) c
7) b
8) b, c
9) c
10) c

MIX
Papier aus verantwortungsvollen Quellen
Paper from responsible sources
FSC® C105338

If you have any concerns about our products,
you can contact us on
ProductSafety@springernature.com

In case Publisher is established outside the EU,
the EU authorized representative is:
**Springer Nature Customer Service Center GmbH
Europaplatz 3, 69115 Heidelberg, Germany**

Printed by Libri Plureos GmbH
in Hamburg, Germany